城市地质生态学

〔加〕曾 卫 著

科 学 出 版 社

北 京

内 容 简 介

城市地质生态学是一门交叉学科，本书试图将城市科学与地质生态环境相结合来解释城市现象和研究城市问题，认为地球最初不同的地质生态环境形态决定了人类最初不同的生产方式和生活方式，从人们常说的"一方水土养一方人"，到现今城市不同的社会结构、经济产业和宗教文化等，无一不是不同的地质生态环境作用于城市的结果。随着人类社会科技不断发展进步，地质生态环境与城市发展之间的生成逻辑似乎发生了一些变化，但这仅仅是表象，其本质从未改变。作者希望直接从地质生态环境方面展开研究，按照地质生态环境的科学原理解决城市问题，保护城市或维系城市生命。

这是一本自然科学研究与应用科学相结合的书籍，可供土木建筑、城乡规划、自然资源和地质地理等相关领域的研究人员阅读，也可供土木工程建设、自然资源环境、城乡规划等政府管理部门参考，以及对城市问题和城市研究感兴趣的广大读者阅读。

图书在版编目(CIP)数据

城市地质生态学 / (加) 曾卫著. —北京：科学出版社，2024.3
ISBN 978-7-03-078242-7

Ⅰ.①城⋯ Ⅱ.①曾⋯ Ⅲ.①城市地质环境–环境生态学
Ⅳ.①X21

中国国家版本馆 CIP 数据核字（2024）第 059523 号

责任编辑：刘莉莉 / 责任校对：彭 映
责任印制：罗 科 / 封面设计：墨创文化

科 学 出 版 社 出版

北京东黄城根北街16号
邮政编码：100717
http://www.sciencep.com

四川煤田地质制图印务有限责任公司 印刷
科学出版社发行 各地新华书店经销
*
2024 年 3 月第 一 版 开本：B5（720×1000）
2024 年 3 月第一次印刷 印张：17 1/2
字数：350 000

定价：169.00 元
（如有印装质量问题，我社负责调换）

序

　　很高兴受邀为曾卫教授近十年的研究成果——《城市地质生态学》一书作序。早年间我与曾卫教授在学生期间因研究生学术交流相识,犹记得 1987 年全国首届研究生学术论文研讨会在重庆建筑工程学院(现重庆大学)召开,我作为南京工学院(现东南大学)的研究生代表,还包括孟建民、王澍、阮昕、刘塨、苏娜、陈红等,与来自全国各建筑类院系的近 50 名研究生参加了第一次由研究生自己发起并组织的学术盛会,曾卫教授当时担任重庆建筑工程学院的研究生会主席,也是这次学术会议的主要组织者之一。此后曾教授前往加拿大麦吉尔大学(McGill University)留学,直至回国担任教授十余载,我们一直仍保持着友好的学术交往。曾卫教授这本《城市地质生态学》就是他回国执教后潜心学术研究的成果,是续《山地森林城市》之后又一个城市科学的结晶。曾教授将地质生态环境与城市规划建设相结合的学术研究与实践路径,综合运用了地质生态学、城市环境地质学、人居环境科学、山地城市学等多学科理论知识,重点突出了城市与自然和谐交融的思想主题,对研究当下我国城市发展模式的转型大有裨益。

　　从"自然中的城市"到"城市中的自然"是城市化进程的历史宿命。"城市设计主要研究城市空间形态的建构肌理和场所营造,是对包括人、自然、社会、文化、空间形态等因素在内的城市人居环境所进行的设计研究、工程实践和实施管理活动"。城市设计的关键点是应该主要做两件事:一是研究城市空间形态的建构肌理;二是场所营造。城市发展与自然环境相辅相成,在城市发展过程中自然资源不仅是塑造城市高品质环境的重要基底,也往往作为城市特色所在,河岸、湖泊、海湾、旷野、山谷、山丘、湿地等都可成为城市地质生态特色的重要构成要素。然而,自然生态系统承受人类活动所带来的压力是有限的,开展城市设计就必须认识到城市作为一个开放的复杂巨系统,涉及生物圈、水圈、岩石圈、大气圈以及人工环境系统等相关内容,需要运用融贯的系统方法来研究城市地质生态环境,以达到维持城市发展、生态环境以及地质环境动态平衡的目的。不同的地质生态环境形成不同的生存方式、产生不同的生产方式、构成不同的社会经济文化,便会孕育出不同的城市形态。《城市地质生态学》也为城市设计提供了新的理论和实践支撑。

　　《城市地质生态学》一书逻辑严谨且论据翔实,全书共分上下两篇,上篇构建了从基础研究到专业研究层面的城市地质生态学理论体系,而下篇则以城市的实践研究对其予以论证。全书首先梳理了国内外现有地质生态领域的研究背景与热点趋势,辨析了相关理论,其中有城市学、地质学、地理学、生态学、环境学等作为基础理论,更进一步地运用了城市地质学、城市生态学、地质生态学、景观生态学等由学科交叉而派生的专业理论;其次以城市学、地质学与生态学为主线,从三大学科的理论内涵入手推演其复杂关系,构建了包含"价值观与时空观""基本原理与基础理论""内涵特征与综合层次""学科基础与融贯的综合研究"等内容的城市地质生态学理论框架;然后循序渐进地分析了三大主线的关联性和耦合协调性,并构建了"地质生态与城市建设耦合协调研究"的理论框架、技术路径和组成要素;接着以部分山地城市为例,提出了基于指标评价的城市地质生态的测试与技术方法;最后聚焦城市的空间结构、衰落现象、次生灾害等现实问题,利用遥感影像图库、ArcGIS 地理空间信息分析、SPSS 数学分析等技术手段,对龙门山断裂带地震及次生灾害进行了实践研究论证。

总体来看,城市地质生态是一门交叉与融合性很强的学科,《城市地质生态学》一书内容丰富,结构完整,是综合性很强且值得一读的好书。该书从地质生态的视角出发解析城市规划,虽然实践详解选择山地城市为例,但书中构建的方法论则适用于所有地质类型的城市。随着气候变化和环境危机的加剧,我们应从区域、国家和全球的尺度来审视每个城市所处的实际地质生态环境,以客观而专业的空间分析手段来为它们的规划提供借鉴和思考。

王建国
2023年11月12日

王建国,建筑学专家,中国工程院院士,国家一级注册建筑师。现任东南大学建筑学院教授、博士生导师,东南大学城市设计研究所所长,兼任中国建筑学会副理事长、中国城市规划学会副理事长。长期从事城市设计和建筑学领域的科研、教学和工程实践并取得创新成果,其中科教成果获教育部自然科学奖一等奖 1 项,教育部科技进步奖一等奖 1 项、二等奖 3 项;实践成果获全国优秀设计一、二等奖 5 项,省部级优秀设计一等奖 8 项、国际奖 2 项。出版论著 7 部,发表论文 200 余篇,授权发明专利 4 项。曾获全国百篇优秀博士学位论文奖(导师),国家科技领军人才(教学名师)等称号。2021 年11 月 3 日,王建国主持的项目"中国城镇建筑遗产多尺度保护理论、关键技术及应用"获 2020 年度国家科学技术进步奖一等奖。

前　　言

　　城市是自然环境与人类社会结合的产物,在自然环境与人类社会的双重影响下形成不同的城市形态,不同的城市功能与不同的地质生态环境会形成不同的城市地质生态环境。地质生态学是研究地质学中的生态问题,并且把人类经济活动影响下岩石圈-水圈-生物圈-大气圈发生的作用,作为地质生态学的科学研究内容。城市地质生态是将地质生态环境作为城市生存的重要而复杂的承载系统,研究其不同的状态和变化是如何影响相应的城市建设和发展,并建立相应的城市规划理论和技术方法,重点从以下几个方面进行推演和探索性研究。

　　城市地质生态学是一门交叉学科,涉及的相关理论很多。对于地质生态研究的内涵,目前地质学、生态学、地理学、城市学、环境学等不同学科的学者对其进行解读的角度与侧重点均有差别。本书从融贯综合研究的角度、地质生态学的角度、城市地质生态理论演变过程的角度及城市系统与地质生态系统的角度等较为全面地诠释城市地质生态学的研究内容。

　　地质生态环境包含岩石圈、水圈、大气圈和生物圈的复合环境,人类赖以生存的地质生态环境承受着岩石圈、水圈、生物圈及大气圈的综合影响,受地球自身演化所控制,也受宇宙因素的制约。随着人类活动空间范围扩大和建设改造能力提高,对岩石圈表层的影响不断强化,这种影响与水圈、生物圈和大气圈共同构成相互联系、相互作用、相互制衡、相互协调变化的影响力,使地球生态系统发生变化,影响地质生态环境。地质生态环境对人类生存的影响可概括为两大方面:有利的条件与优化环境要素(积极影响),不利的条件与劣化环境要素(消极影响)。两者的关系一直处于变化的状态,影响也是相互的。积极影响主要指地质生态环境在人类的发展历程中起到的促进与优化作用,消极影响主要指人类的生活受到地质生态环境的不利影响。

　　城市地质生态,即城市-地质生态环境是地质生态环境的物理构成因素之一,综合体现了地质生态环境的演变机制、资源性以及化学构成。城市地质生态的研究对象为与城市建设发展息息相关的城市地质生态环境。城市地质生态环境与城市可持续发展、居民生存以及生活息息相关,其研究的内容包括区域或城市范围内的地下水、地表水、大气、岩石、土壤、地质结构、地质动力过程及其产生的地质灾害与城市地质生态环境问题。城市地质生态环境具有地质生态环境资源性与灾害性的双重特征,也具有城市发展所特有的复杂性与广泛性,在研究过程中需要明确城市地质生态环境的层级关系,从而区别不同类型与规模的单元,避免在城市发展建设过程中出现混乱。不同层次的城市地质生态环境单元不仅在研究范围与城市居民量等方面不同，其研究内容与深度也发生了变化。

地质生态变化诱发地质灾害，是指在地球的发展演化过程中，由各种地质作用形成的灾害性地质事件。地质生态环境灾害是自然环境条件发生改变或因人为原因导致的环境破坏所引起的地质结构发生改变从而引发的灾害现象。强烈的人类工程活动作为一种十分重要的作用力，会对城市地质环境产生显著影响，从而引发不同程度的环境地质问题和地质灾害。地质生态环境灾害是一个复杂的、多层次的、多因素的动态现象，由地质环境或地质体发生变化所引发的地质灾害，也可衍生出一系列的其他灾害。

地质生态变化下城市衰落是城市这个有机的生命体在不断新陈代谢过程中的重要环节，是由城市不间断地发展运动的特性导致的，可能是一个长期的过程，也可能是一段极短的时间，具体可以表现为城镇空间结构、形态、功能、资源、产值、价值等的停滞和倒退，它的出现常常伴有严重的经济、文化、环境等问题。类似的概念还有"城市衰退""城市收缩"等。随着工业化和城市化的加速，地质生态变化下乡村衰退也成为一个不可忽视的现象，应研究造成乡村衰落的诱因及对村镇衰落的影响，探索环境地质灾害影响下的山地乡村衰落现象形成原因。

"地质生态因子"这一概念综合了生态因子与地质因子，包含对人类生存环境有影响的各种环境因子。地质生态环境因子，可按自然和人工将其分为两类，自然地质生态因子包括气候、水资源、地形地貌等；而人工地质生态因子则包括工程设施、道路、人为排放等。

对于地质生态复杂地形条件下的城市空间结构的独特性，该地域的地形地貌、气候、水文以及动植物资源等均是重要影响因素。将"复杂地形"和"城市空间结构"关联起来进行统筹研究，基础工作则是对两者进行全面认知，分析复杂地形构成要素、种类分布及其特征。城市空间结构的动态性系统特征决定了其具有演绎的历史过程，这种变化涉及自然环境、资源分布、城市开发、社会经济等各方面。本书试图通过对不同时期城市空间结构的现状提取与演变过程分析，总结变化的时空规律，为城市未来合理规划与健康有序发展提供服务。

地质生态环境质量评价体系是环境管理工程的重要手段之一，通过地质生态环境质量评价，弄清环境质量变化发展的规律，进行地质生态环境系统分析，进而可以确定地质生态环境系统预防与整治的方案。

综上，本书最终从城市自身地质生态环境特色出发，依托地质生态学、城市环境地质学、人居环境科学、山地城市学等多学科知识，以及人居环境学等相关学科，融贯各学科理论知识，以影响城市的地质生态环境及变化因子为研究对象，研究城市地质生态的学科基础、内涵特征、基本理论与原理以及理论发展过程，地质生态环境对山地城市的影响及两者之间的关系，深入挖掘其影响机制，提出适合地质生态城市建设的基本策略。

相比而言，地质生态环境变化是一个地质环境因素和生态环境因素在较长的时间里不断累积的过程，地质生态环境无时无刻不在发生变化，但并不是每一个变化都能让人类社会感应到，而且对城市的影响虽然是显而易见，甚至是巨大的，但整个过程和生命周期又是缓慢的，这也是城市地质生态研究的难处和研究结果的不确定性。从地质生态环境聚焦到对城市的影响研究，从城市地质生态环境研究再形成一门融合交叉的城市地质生态学，目前的研究都还处在初步阶段。本书以现有的认知和完成的一些初步研究，抛砖引玉，概括并构建了城市地质生态研究的理论和实践框架，希望未来有更多的学者和专家们投入到这一领域中来，进一步保护城市地质生态环境和资源，维护城市安全，促进人与自然和谐共生的人类社会健康发展。

作者

2023 年 4 月 22 日

目　录

第0章 绪　论

0.1　研究背景

0.1.1　地质生态环境危机

1. 全球地质生态环境危机

18世纪以来，大工业生产的推进、人口的增长以及城市的发展从外表到组成再到结构深深地改变了天空、大地和海洋。地质年代，这个用来记录和判定整个地球显著变化的时间单位，正被变革的人类生产技术不断改写着，寒武纪、二叠纪、古近纪、新近纪、第四纪……这些要经历百万年甚至上亿年的地质年代及变迁，人类短短几百年的工业文明就能对地质环境变迁造成相同的效果。这是人类的荣耀，但也宣示着人类即将面临全球地质生态环境危机。

1952年，英国伦敦烟雾事件，造成多人死亡。1955~1972年，日本富山县含镉废水污染了河水和稻米，造成几百人伤亡。还有比利时马斯河谷烟雾事件、日本水俣病事件等，造成了物种灭绝、山体滑坡、泥石流、热岛效应、水土流失、厄尔尼诺现象等，引起了社会各界的巨大轰动。

1992年，联合国环境与发展大会在里约热内卢对"全球脆弱生态系统的管理：山区的可持续发展"做了专门论述，会议指出："地球上绝大部分山区正面临环境恶化，需要立即采取行动，适当管理山区资源，促进社会的经济发展。"

全球地质生态环境正处于严峻的危机当中，其污染状况不容乐观。世界各地自然地质生态灾害频发，火山爆发、洪涝、海啸、地震等自然地质灾害数量呈现出整体上升的趋势。联合国全球灾害数据库中相关数据图表显示，20世纪全球自然地质生态灾害的数目在一百年的时间里增长近十倍，20世纪下半叶自然地质生态灾害的受灾人数急剧增长。生活在受到污染与破坏的城市生态环境及地质环境当中，会引发人类各种疾病，如日本的水俣病、泰国的黑脚病等。

2. 中国地质生态环境危机

中国的地质生态环境遭到破坏主要是由于中国进入快速城市化发展后，掠夺式的开采和粗放式的开发对地质生态环境起到了巨大的破坏作用。目前，中国地质生态环境问题日益突出，大规模的环境污染和生态破坏问题时有发生。例如，出现了全球气候变化，如雾霾、温室效应、臭氧层破坏、酸雨等现象；出现了物种变化，如野生物种减少、物种灭绝、热带雨林及森林数量锐减等情况；出现了各类环境污染，如越境污染、海洋污染、河道污染；出现了土地层的性质变化，如土壤侵蚀、水土流失等；以及由于地质生态环境改变而出现的地质生态灾害，如地震、海啸、塌陷、土地沙漠化等。各种现象表明，大范围的地质环境危机正严重威胁着中国城市的发展。地质生态环境的危机已经不只是一个理论问题，而是实实在在发生着的情形，它所造成的不利影响已经渗透到人类生活的方方面面。2006～2015 年各类地质生态环境灾害数量统计如表 0.1 所示。

表 0.1　2006～2015 年各类地质生态环境灾害数量统计

年份	地质灾害数量/次	滑坡灾害数量/次	崩塌灾害数量/次	泥石流灾害数量/次	地面塌陷灾害数量/次	死亡人数/人	直接经济损失/万元
2015	8 355	5 668	1 870	483	292	226	250 528
2014	10 937	8 149	1 860	554	307	360	567 027
2013	15 374	9 832	3 288	1 547	385	482	1 043 568
2012	14 675	11 112	2 152	952	364	293	625 253
2011	15 804	11 504	2 445	1 356	386	244	413 151
2010	30 670	22 250	5 688	1 981	478	2 244	638 509
2009	10 580	6 310	2 378	1 442	326	331	190 109
2008	26 580	13 450	8 080	843	454	656	326 936
2007	25 364	15 478	7 722	1 215	578	598	247 528
2006	102 804	88 523	13 160	417	398	663	431 590

0.1.2　城市背景——城市地质生态环境危机

联合国人居署发布的《2022 年世界城市报告：展望城市未来》指出，到 2050 年，全球城市人口将增长 22 亿人，城市化仍然是 21 世纪一个强大的趋势，到 2070 年，低收入国家城市人口预计将增长近 2.5 倍。人口大量聚集于城市，自然地质生态环境难以依靠自我循环消化城市三十余亿人生活生产所排放的各类污染物，生态环境以及地质环境将因为城市发展产生深刻变化。联合国全球灾害数据库中的统计数据指出，20 世纪 80 年代至今，人为技术造成的地质生态灾害数量呈直线上升的趋势，并在 21 世纪初达到峰值。污染物在城市地质生态环境中不断积累，不仅不利于城市经济社会的持续发展，同时也给人类生产生活以及健康带来危害。土壤退化、酸雨、臭氧层耗损、全球变暖、海洋环境污染、城市垃圾污染、工业"三废"污染、生态系统简化等问题造成生态系统功能逐渐衰退；人口增长与城市的快速发展给我国地质生态环境带来巨大压力。

我国地质生态环境危机主要出现在快速城镇化之后，"摊大饼"式的城市发展模式、粗放式的城市土地开发以及掠夺式的资源开采利用严重加剧了我国地质生态环境危机。近年来，"5·12"汶川地震、"4·14"玉树地震、"8·7"舟曲泥石流、"4·20"雅安地震等地质灾害相继发生，我国地质生态环境变化及其对城市的负面影响逐渐成为社会各界关注的焦点。《中国环境发展报告(2013)》中指出，我国城市生态环境及地质环境问题成为城市发展的不可承受之重，城市水资源短缺、地面沉降、交通拥堵、空气污染、生活垃圾污染、水土流失、热岛效应等给原本就脆弱的城市生态系统造成更为严峻的影响。

0.1.3　学科背景——多学科交叉融贯研究

随着科学技术的不断进步与发展、新的学科以及边缘学科等不断涌现，学科的细化分工使得人们在研究城市这样一个复杂巨系统时需要交叉、融贯相关学科的理论知识，通过各学科的协作与配合，从而得到科学合理的综合规划。我国城市规划学科从 20 世纪 50 年代以来以建筑学与城市规划理论以及各种工程科学配合工作的方式，通过与建筑学、生态学、地质学、经济学、地理学、社会学、心理学、美学、哲学等学科的交叉融合，已逐渐形成较为完善的城市规划学科体系。

1992 年联合国环境与发展大会颁布《21 世纪议程》，强调城市发展需要与生态环境以及地质环境协调共生，以促进城市社会经济以及地质生态环境的持续发展。面对复杂的城市地质灾害与生态环境问题，我们不能仅仅依靠城市规划学科及其工程技术手段解决，而需要融贯交叉其他相关学科理论、方法进行系统、综合的研究。城市地质生态环境研究除了融贯运用地质学、生态学、环境学、地理学等地质生态学相关学科知识，同时也需充分吸收利用建筑学、城乡规划学、景观学、社会学、经济学等城市学科相关理论，形成较为系统的城市地质生态理论，指导城市可持续发展。

0.2　研究热点和研究趋势

关键词是作者对于文章内容的概括和精练，能够反映文章的核心内容，通过分析关键词的聚合，可以理清研究的发展脉络和发展方向，根据关键词聚类图谱还可以分析期刊的研究热点。在 CiteSpace 共现关键词分析中，关键词共现频率反映了与地质生态研究主题的紧密程度，频次越大，相应的关键的圆圈也就越大。

0.2.1　国内外研究热点

1. 国内研究热点

总体来说，国内的研究热点呈现明显的中心性特征，更加重视地质生态环境作为城市建设和发展机制的支撑作用。大量的研究围绕地质生态环境灾害(包括地震、洪水、泥石流等自然灾害)对城市的影响作用展开。研究主要从前期和后期的两部分展开:一方面,前期进行城市地质调查和城市地质环境的综合评价,借助地理信息手段提供技术辅助,深度挖掘城市地质灾害点,从而为规划提供决策支撑,进而用规划手段进行干预;另一方面,后期研究灾害承载机制和防治对策,从建筑控制、动态监测、应急管理以及灾害意识培养等方面进行地质灾害防治对策以及预警预测,由此形成基于评估—分析—对策脉络的城市地质灾害应对机制。此外,国内的研究同样注意到人类城市建设活动对于地质生态环境的反作用力,如地下水、大型水工程建设等对地质生态环境的影响研究。值得注意的是,随着生态文明理念的提出,国内生态保护与修复得到了极高的关注,因此国内关于生态修复与保护的研究成果显著,主要成果涉及从法律制度制定、生态技术修复以及政府监管等方面进行生态环境的保护和修复治理(图 0.1)。

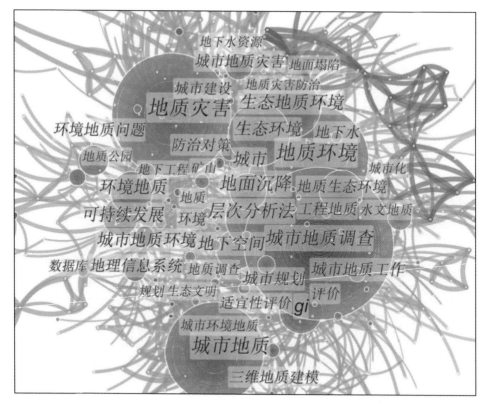

图 0.1 国内研究热点聚类图

2. 国外研究热点

从图 0.2 可以看出，国外研究的关键词节点数量更多，大小较为均衡，地质生态环境研究领域更加多元化，且研究方向更具针对性，研究分类更为细致化，并在垂直细分领域进行深入的探索，呈现多主体、多领域的分布特征。从关键词聚类来看，相比国内地质生态研究的正向承载作用方向，国外地质生态研究更加重视人类活动对地质生态环境的反向作用机制，研究在人为干扰下，生态系统内在的变化机理、规律和对人类的反效应，以此来寻求受损生态系统的恢复、重建以及保护方案，主要包括土地利用、城市废物处置、土壤管理与保护、水资源管理等。在地质生态环境对城市及人类的作用影响方面，国外的研究主要集中在地质灾害方面，包括地质灾害危险评估、地质灾害监测、场地尺度下灾害导致的噪声以及地震微分区研究。地质生态环境旅游同样是国外研究关注的话题，相比国内更重视地质景观或公园的规划，国外的研究更加关注在人类足迹和大规模的旅游活动中地质生态环境将受何影响以及如何实现地质生态环境与旅游产业的协调发展。

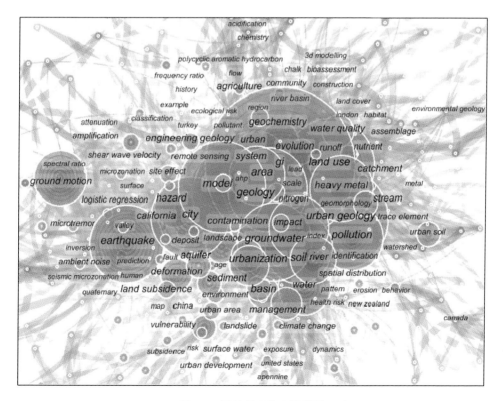

图 0.2　国外研究热点聚类图

0.2.2 国内外研究趋势

1. 国内研究趋势

为了明晰城市地质生态领域的研究发展趋势，本书将研究时间设定为 1990～2020 年。将关键词图谱按照时区和时间线显示，进而得出地质生态学研究领域的发展变化和趋势，可将其分为三个阶段。

1) 以地质调查和灾害为基点的探索阶段

国内城市地质调查源于 20 世纪 70 年代，以解决水资源供给为需求导向开展了 60 多个城市的水工地质调查。20 世纪 80 年代，频发的自然地质灾害使我国开始重视地质灾害链、灾害群等理论的研究，于 90 年代针对大巴山区、黄土高原、渤海湾区等典型地形地貌地区开展了 1∶50000 地质生态调查定点工作。21 世纪初期，随着王长生对"地质生态学"概念的引入，更多学者开始认识到地质生态环境对于城市发展的双重特征——资源性和灾害性，地质生态研究开始集中于地质灾害的类型、特征、影响因素、分布状况、区域发展规律等领域。2004 年起，开展了全国 287 个地级以上城市的地质生态摸底调查。2005 年起，一方面，根据城市地质地貌特征，对西南山区、西北黄土区、长三角地区、珠三角地区及矿区等开展了地质灾害详细调查、地面沉降调查以及岩溶塌陷调查；另一方面，根据城市发展现状对重大工程区及城市群开展了稳定性评价和地下水污染调查。城市地质环境调查为地质灾害防治提供了前期的信息支撑条件，许多新的研究方法、研究技术被提出和灵活运用，为地质灾害的治理实践提供了有效的指导。

2) 以 3S 技术为辅助的实践阶段

随着地理信息系统(geographic information system，GIS)、遥感(remote sensing，RS)等技术手段在 2001 年的引入，国内地质生态研究范围不断扩大，研究内容从单纯的地质调查及灾害防治到可持续发展理念下的地质生态环境保护，包括矿产资源开发、喀斯特地貌和土地荒漠化研究等，并开始利用地理信息系统对不同城市、地区、流域等地质生态环境质量进行综合评价，包括分区分地的评价指标体系构建、适宜性评价、风险评价等。

3) 以生态文明为导向的发展阶段

生态文明理念被提出以来，我国地质生态环境研究领域内产生了关于生态修复与保护的研究热点。在此阶段，伴随技术手段的不断成熟和对生态重视程度的不断加深，生态保护及其修复方式逐渐走向信息化，如以水敏性和水循环为重点的海绵城市、低冲击开发理念研究等。

2. 国外研究趋势

1)20 世纪 90 年代前

西方的地质生态研究最早可以追溯到 20 世纪 20~30 年代,以德国为首的西方国家开始进行城市地质填图的调查工作,如德国在此时期绘制了用于城市规划的特殊土壤分布图,出版了 1∶10000 及 1∶5000 的地质图,国外的地质生态填图工作主要是为城市规划和建设提供一定的依据。在此基础上,20 世纪 60~80 年代,地质生态研究在研究方法上实现了定性化到定量化转型,在研究思路上实现了从调查治理到预防治理的转型。20 世纪 90 年代起,国外的地质生态研究进入了崭新的发展阶段。

2)20 世纪 90 年代至 21 世纪初

到 20 世纪 90 年代,地质生态学开始蓬勃发展,其发展的源头在于污染治理。随着城市化进程加速以及人类无节制的开采行为造成的负面影响,西方国家开始认识到环境保护的重要性,在此阶段针对水资源、土壤资源污染的成因分析以及修复策略的研究开始涌现,由此地质生态的重要性开始被强调。

3)21 世纪

进入 21 世纪后,随着信息技术的普遍应用,1992 年关于土地利用的研究开始出现,到 21 世纪初"城市地质学"的概念被提出,地质生态的研究开始系统性地涉及城市规划及建设地区。

上篇：城市地质生态学理论研究

第1章 城市地质生态相关学科基础

1.1 基础学科研究

1.1.1 城市学

城市伴随着阶级分化与私有制的产生而出现，并随着人类对生产、生活等方面需求的变化而得到发展。城市规划是人类为了维持城市公共生活的空间秩序而制定的未来空间安排，也是一门直接改造城市这一客观世界的工程技术(图1.1)。城市学是在城市规划的基础上提出的一门系统科学，是城市规划的理论基础。我国著名科学家钱学森先生认为城市学的研究对象即为城市本身，是专属于城市的一门综合性科学理论，可为城市发展规划提供依据。城市学是一门处于理论与应用中间层次的科学，它所研究的并非只是某一个城市，而是一定区域范围内的城市体系结构；相比城市规划而言，城市学更偏重于理论层面，但与地理学、经济学这些自然科学和社会科学相比，又是一门应用型科学[1]。

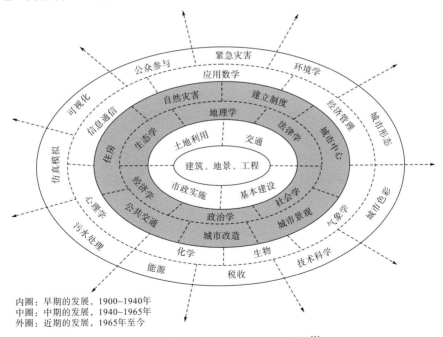

图 1.1 城市规划学科的发展分析图[1]

作为直接改造客观世界的城乡规划学是从传统城市规划学科中演变、发展而来的，是支撑城乡经济、社会以及文化可持续发展与城市化建设的核心学科[2]，是一门通过研究城乡人居环境与地质生态环境的演化机制、规律与相关理论方法，进而科学进行城乡规划、建设与管理的学科[3]。作为一级学科，城乡规划学拥有着科学、系统的城乡规划理论(图 1.2)，包括住房与社区建设规划、区域发展与规划、城乡生态环境与基础设施规划等二级学科。

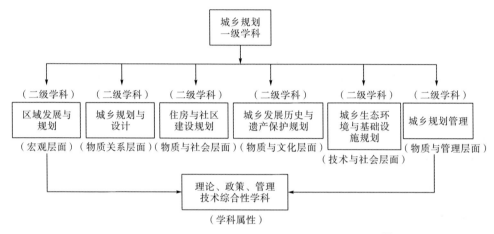

图 1.2 城乡规划下属二级学科的具体内容及属性关系[2]

1.1.2 地质学

地球是人类的母亲。人类为了获取生存所需要的淡水、空气、矿藏等必需资源，对地球表层的物质构成、发育条件以及分布规律等进行了研究与探索，从而逐步形成一门独立的科学——地质学。从地质学的产生与发展可以看出，地质学是一门以地球为研究对象的自然科学，研究的主要内容包括地球的内部结构、外部特征、物质组成与演变规律，地球大气圈、水圈、生物圈、岩石圈与土壤圈之间相互作用及其在人类经济建设过程中的应用等方面的内容。地质学的研究范围包括从地核到地球大气圈外层的各个圈层，但由于技术条件的限制，目前主要研究地球的表层空间。随着人类生存与发展的需要以及科学技术的进步，现代地质学所研究的内容也越发广泛与深入，已发展出一系列独立的地质学科分支[4](表 1.1)。

表 1.1 地质学的主要学科分支[4]

研究内容和性质	主要学科分支
地球物质组成、分类及成因	地球化学、矿物学、岩石学
地壳运动、地质作用与构造	构造地质学、动力地质学、地震地质学

研究内容和性质		主要学科分支
地壳的发展历史与演变规律		古生物学、地质年代学、区域地质学、古地理学、第四纪地质学、地层学
地质学的应用	资源方面	矿床地质学、矿产地质学、矿山地质学、水文地质学、旅游地质学
	能源方面	天然气地质学、石油地质学、地热学、煤田地质学、放射性矿产地质学
	环境与人类社会经济活动方面	地质生态学、环境地质学、工程地质学、灾害地质学
综合学科及新兴学科		地球物理学、地球化学、海洋地质学、数学地质学、遥感地质学、板块构造学

　　进入 20 世纪之后，地质学的研究从定性推理研究过渡到定量评价研究，并向微观与宏观相结合的方向发展，与化学、物理学、数学、天文学等学科结合，形成一系列新兴边缘学科[5]。尤其是随着城市大量的开发与建设，城市地质环境受到极大改变，由钢筋混凝土所制造的城市空间打破了自然生态环境的平衡，从而产生各种地质环境问题与生态环境污染，相关地质学家与生态学家后期习惯将地质问题与生态问题整合进行研究，从而逐渐形成地质生态学这一门边缘分支学科。

1.1.3　地理学

　　地理学(geography)是关于地球及其特征、居民和现象的学问。它是研究地球表层各圈层相互作用关系及其空间差异与变化过程的学科体系，主要包括自然地理学和人文地理学两大部分。

　　地理学家常被认为和地图学家(cartographer)相似，两者都研究地名与数字。虽然很多地理学家都经历过地名学及地图学的训练，但两者都不是他们关注的重点。地理学家研究众多现象、过程、特征以及人类和自然环境的相互关系在空间及时间上的分布。因为空间及时间影响了多种主题(如经济、健康、气候、植物及动物)，所以地理学是一个高度跨学科性的学科。

　　"geography" 一词源自希腊文 "geo"(大地)和 "graphein"(描述)，即描述地球表面的科学。最早使用 "geography" 的人为埃拉托斯特尼，他用此词来表示研究地球的学问。地理学描述和分析发生在地球表面的自然、生物和人文现象的空间变化，探讨它们之间的相互关系及其重要的区域类型。

　　地理学是一门古老的学科，曾被称为科学之母。古代的地理学主要探索与地球形状、大小有关的测量方法，或对已知的区域和国家进行描述。传统上，地理学在描述不同地区及居民的情形时，就和历史学密切联系；在确定地球的大小和地区的位置时，就和天文学及哲学有联系[代表学者有厄拉多塞(Eratosthenes)和托勒密]。德国博物学者及地理学家亚历山大·冯·洪堡(Alexander von Humboldt,

1769～1859)是兴起现代地理学的一位关键人物，因为他做出了精确的测量、细心的观察记录，并且分别对人文与自然特征的重要区域类型进行了制图。

地理学以往仅指地球的绘图与勘查，今天已发展成为一门研究范围广泛的学科。地球表面各种现象的任何空间变化类型都受到自然界和人类生活这两个因素的影响制约，因而地理学家必须熟悉生物学、社会学及地学等学科。例如，人们习惯将非洲的沙漠化归咎于干旱，但研究表明，非洲的沙漠化是因过度放牧、农业过度扩展和毁林烧柴而加剧的。许多现象是由其他学科的专家研究的，但地理学家的特殊任务是调查研究其分布模式、地域配合、联结各组成部分的网络，以及其相互作用的过程。

随着人类社会的发展，地理知识的积累逐步形成一门研究自然界和人的关系的科学。简单地说，地理学就是研究人与地理环境关系的学科，研究的目的是更好地开发和保护地球表面的自然资源，协调自然与人类的关系。

地理学作为一个学科，可以粗略分为两个较小的领域：自然地理学及人文地理学。自然地理学调查自然环境，如何造成地形、气候、水、土壤、植被、生命的各种现象及它们之间的关系。人文地理学专注于人类建造的环境和空间是如何被人类制造、看待和管理以及人类如何影响其占用的空间。综合以上两个领域，使用不同的方法令第三领域出现，即环境地理学(environmental geography)。环境地理学在自然地理学与人文地理学的研究成果上，评价人类与自然的相互关系，并提出人类征服自然、改造自然以适应自身永续发展的安全状态和技术(包括生产技术和制度技术)条件。

地理学在现代可进一步分为自然地理学、人文地理学和地理信息系统三个分支。自然地理学主要研究地貌、土壤等地球表层自然现象和自然灾害，土地利用与覆盖以及生态环境与地理之间的关系。人文地理学包括历史地理学、文化与社会地理学、人口地理学、政治地理学、经济地理学(包括对农业、工业、贸易和运输的研究)和城市地理学。地理信息系统则是计算机技术与现代地理学相结合的产物，采用计算机建模和模拟技术实现地理环境与过程的虚拟，以便于对地理现象进行直观科学的分析，并提供决策依据。

1.1.4 生态学

生态学源于生物学。1866 年，德国生物学家恩斯特·海克尔(Ernst Haeckel)首次提出生态学这一术语，他认为生态学是研究生物与其环境(包括有机环境与无机环境)全部关系的科学，其研究的核心内容为"关系"，包括生物及其群体与环境之间直接或间接的相互作用与影响。1971 年 E. P. 奥德姆(E. P. Odum)将生态学定义为一门研究自然界功能与构造的科学[5]。同年，联合国教科文组织施行的"人与生物圈计划"中，将生态学定义成"人与自然界相互关系的科学"，即生态学是研究人类与自然系统的关系的自然科学。本书综合各位专家学者对生态学的理解，认为生态学是一门研究生物系统与环境系统两者关系的科学，现阶段生态学的研究重点在于如何使人类在一个可持续发展的生态服务系统中生存[6-8]。

　　生态学历经一百多年的发展，逐渐介入人类的发展决策当中，交叉、融合、吸收其他学科的相关知识，产生大量生态学分支学科，形成一个复杂且庞大的综合性学科体系(图 1.3)。生态学的相关原则与理论在城市社会经济体系中也得到了应用，产生许多与城市发展密切相关的应用性生态学分支学科，包括人口生态学、污染生态学、生态工程学、商业生态学、社会生态学等。当今的生态学顺应全球环境与社会经济发展的变化，成为一门融合众多相关学科理论与知识的复杂学科，是人类认识自然、改造自然的世界观与方法论，并且逐渐从地质学与环境科学等物质实体研究中抽离出来，侧重于研究人类与资源环境之间在时、空、量、序、构方面的耦合关系[9]。中国科学院院士、著名生态学家蒋有绪认为生态学应介入地球表面系统科学的研究，将生态学过程与地球表面的生物、物理、化学过程(如大气过程、水文过程、地质变化过程等)整合起来，多学科、多领域共同探究人类活动对地球表面生态环境的影响[10]。从这一角度来讲，城市地质生态学的研究也属于生态学研究的范畴，它的研究目的是充分发挥城市地质环境的生态效益，促进城市生态转型，使城市发展、生态环境以及地质环境三者实现生态平衡与可持续发展。

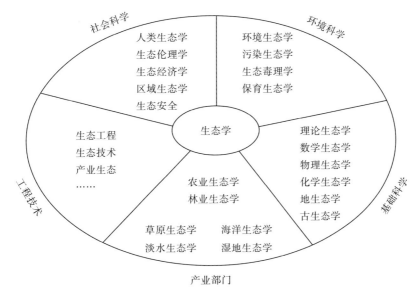

图 1.3　生态学与其他学科的融合以及分化[9]

1.1.5 环境学

环境学是一门研究环境的科学，它涉及物理、化学、生物三个学科。环境学提供了综合、定量和跨学科的方法来研究环境系统。由于大多数环境问题涉及人类活动，因此经济、法律和社会科学知识往往也可用于环境学研究。综合来说，环境学是一门研究人类社会发展活动与环境演化规律之间相互作用关系，寻求人类社会与环境协同演化、持续发展途径与方法的科学。

环境学的研究领域，在 20 世纪 50~60 年代侧重于自然科学和工程技术方面，后来逐渐扩大到社会学、经济学、法学等社会科学方面。对环境问题的系统研究，要运用地学、生物学、化学、物理学、医学、工程学、数学、社会学、经济学及法学等多种学科的知识。所以，环境学是一门综合性很强的学科。它在宏观上研究人类同环境之间的相互作用、相互促进、相互制约的对立统一关系，揭示社会经济发展和环境保护协调发展的基本规律；在微观上研究环境中的物质，尤其是人类活动排放的污染物的分子、原子等微小粒子在有机体内迁移、转化和蓄积的过程及其运动规律，探索它们对生命的影响及其作用机理等。

1.2 交叉学科研究

1.2.1 城市地质学

1. 城市地质学的概念

城市地质学是一门综合考虑城市及其周边区域空间范围中各种地质要素及其演变规律的学科。一方面，研究这些要素为城市建设与发展所提供的能量、资源、所施加的约束条件；另一方面，研究城市的发展与变化对各种城市地质环境要素所产生的作用与影响。其本质就是使地质学家与城市地质工作者直接参与到城市的规划、建设与管理工作中，从而为城市规划、建设以及管理提供可靠的科学依据[11]。

目前，对城市地质学的学科内涵认识依旧处于不断探索与研究当中。朱锦生[12]认为城市地质学属于环境地质学的范畴，是环境地质学的一个分支，是城市规划与建设过程中不可或缺的基础工作之一。张洪涛[13]认为城市地质学其核心仍为地质学的内容，其他部分则为地质学与其他学科的延伸或渗透。姬广义等[14]认为城市地质学是将基础地质学的理论、方法以及研究成果等应用在城市的地质科学新分支，是城市科学、地质学、建筑学、环境科学等交叉融合的一门边缘学科，主要目的是解决城市在建设与发展过程中所存在的地质问题。此外，我国学者李相然[15]、冯小铭等[16]、高亚峰和高亚伟[17]对城市地质学有较为深入的研究；美国、英国、日本、澳大利亚、加拿大等发达国家的学者对城市地质学的研究以及城市地质工作的实践探索，已逐步实现从野外实地采样到运用现代信息技术进行数据收集、从单一地质学科研究到多学科综合研究、从以地质勘查为重点到侧重社会化与城市环境研究的转变，跨入定量化、系统化、全球化的新时代。

综合以上各位学者对城市地质学内涵的理解，本书认为城市地质学是一门以城市及其周边区域的地质环境为研究对象的应用型交叉学科，运用地质科学、城市学、环境科学、工程建筑学等相关理论与方法，有针对性地获取地质资料进行评测分析、综合集成，并应用于城市规划、建设以及管理过程中，从而为具体的城市地质问题提出科学合理的解决方法，涵盖构造地质学、水文地质学、工程地质学、环境地质学等相关学科的部分内容[18]。

2. 城市地质学的相关研究

1) 国外城市地质学研究

国外城市地质学研究与应用工作在 20 世纪初开始萌芽，具体工作以主题地质填图为主。加拿大皇家学会曾在这一时期研究过城市地质对城市中心的影响与意义，并发表相关学术论文，探讨加拿大东部主要城市与城市群的地质环境特征[19]；第二次世界大战之后，欧美等发达国家与地区的城市地质工作得到快速发展，德国、斯洛伐克、捷克与荷兰等制定了系统化的地质填图工作计划，用来指导城市的科学规划与合理建设[20,21]。这一时期的主题地质填图图件虽然在城市规划过程中发挥了重要的作用，但其所包含的信息多为定性描述，可读性与直观性较差。

20 世纪 60~70 年代是城市地质研究与应用的快速发展时期。随着工业革命带来的环境污染、生态危机以及各类城市病对城市发展的影响越发严重，工业化国家的城市地质工作范畴由此扩展到城市水、土、空气污染以及废弃物危害的调查与评价研究，并对城市相关地质资源的潜力与开发利用难度进行勘查与评测。20 世纪 80 年代开始，随着科学技术的进步，水文地质与岩土模型的应用得到进一步加强，主题地质填图由以定性描述为主转变为以定量化指标与科学预测人类活动对城市地质的影响为主，提高了城市地质工作的精确性与可视化程度，城市规划者、工程师能够更便捷地获取相关地质数据。这一时期各国城市地质工作开始重视多学科、多技术的运用，并建立 GIS 地学信息空间数据库与风险评估决策支持系统，较好地满足了城市地质环境与城市发展协调、有序发展的要求[22,23]。20 世纪末至今，城市地质学相关研究与城市地质工作得到全面且深入的探讨，依靠大数据模型与其他高端科学技术，城市地质环境问题的研究从之前的局部片面转变到整体系统性考察，同时建立起健全的地质环境监测机制，将城市地质纳入城市总体环境管理体系当中[24]。

纵观国外城市地质学的研究与城市地质工作的进展，总结如下。①针对性强。考虑城市规划与发展的需求如何与城市规划、环境保护、土地利用以及防灾减灾工作等相结合，成为城市地质学的热点问题。②信息化程度高。通过应用全球定位系统(global positioning system，GPS)、RS、GIS、虚拟现实技术、大数据等现代科学技术，城市地质工作从定性描述深入到定量研究，可视化程度更高。③系统性强。近年来，发达国家的综合性与系统性城市地质工作开展较多，城市地质工作包含水文地质、工程地质、环境地质等相关内容，从单一地质问题转变为多学科、多目标方向综合发展，并不断拓展城市地质工作成果的应用与服务领域。④重视研究的深度与质量。在空间上，城市地质工作由之前的单个城市或局部地区，扩大到城市群与区域地质研究；在时间上，城市地质工作构建了一套完善的流程图谱，从勘查—分析—评价—预测，到数据库标准化与专题化的信息管理，实现信息动态更新与社会共享，已经脱离了简单的地质填图工作[24]。

2) 国内城市地质学研究

相对国外而言，我国城市地质工作起步较晚。20世纪80年代，在联合国亚洲及太平洋经济社会委员会的推动下，我国开始兴起城市基础地质调查工作。20世纪90年代以来，我国开始重视区域与流域地质调查与灾害整治工作：①城市水文地质调查方面，完成了长江与黄河流域的城市地质调查工作，包括京津沪等21个沿海城市与17个国土综合开发区的水资源与地质环境评价[25]；②城市地质灾害调查与整治方面，在长江中下游水患区、首都圈、东南沿海地区、黄河中下游地区、三峡库区以及环渤海区进行地质环境与地质灾害调查，对上海、西安、天津等城市的地面沉降灾害进行研究。

进入21世纪，我国城市化逐渐进入快速发展阶段，由于城市盲目扩张以及对地质资源的过度挖掘，城市地质环境问题越发严重。国内出现大量文章从不同角度对城市地质学与城市地质环境问题进行探讨与研究，为城市规划、建设与管理提供科学依据。①在城市地质环境研究方面，刘广润[26]认为城市环境地质研究主要分成工程地质、水文地质以及地质灾害防治三大方面；化建新等[27]强调城市环境地质研究是城市规划的中心工作之一；王国强等[28]强调在城市建设的过程中要考虑地质环境的质量与容量，正确认识人为地质作用对城市地质环境的影响。②在城市地质工作方法体系方面，我国城市地质工作的相关理论、方法、技术指南与规范等逐步得到完善。《城市地质工作概论》(2004)与《中国城市地质》(2005)等专著系统概述了我国城市地质工作的发展过程、工作方法、理论体系与现实意义；《城市环境地质图系编制指南》(2006)与《城市环境地质调查评价规范》(2008)相继颁布，对城市地质调查与评价的目的、内容、方法、技术要求与数据库建设等方面提出详细要求。③在综合性城市地质工作方面，我国关注新技术的应用、多学科的融合以及定量化与可视化研究。2004年以来，北京、上海、南京、天津、杭州、广州六个城市在全面调查城市地质环境的基础上，建立了三维地质结构模型、城市地质专项数据库以及信息服务系统。从北京市[29]、上海市[30]、山东聊城[31]、滨海城市[32]、西南山地城市[33]等城市或区域的三维地质建模工作可以看出，我国城市地质工作技术的应用已涉及基础地质研究、城市地质结构研究、岩溶地质调查评价、地质灾害评价与监测、地质环境适宜性评价等方面，正逐步趋于完善。

纵观我国城市地质学研究与地质工作进展，虽然存在亟待完善的问题，但依旧取得了较大进步。一方面，我国城市地质工作存在的问题依旧十分突出，综合性与系统性城市地质调查依旧较少；城市地质调查资料的时效性较弱，覆盖范围有限；城市地质工作与城市规划在一定程度上脱节，难以便捷、有效地服务城市的规划、建设以及管理工作。另一方面，我国城市地质工作在短短三十年的时间内发生了较大转变与演进，从传统地质调查转变为调查、评价与监测并重；从传统资源勘测转变为资源与环境并重；从传统手工地质填图转变为信息化数据库处理。

1.2.2　城市生态学

1. 城市生态学的概念

"生态学"一词源于希腊文的"家"(oikos)和"学说"(logos)。1866年，海克尔在其所著的《普通生物形态学》一书中首先提出了"生态学"(ecology)一词，最初是指有关自然预算的学说，是为了能更多地了解自然中的生命有机体，并认识这些生命有机体之间及其与非生物之间的相互依赖和相互作用的关系，认为环境是指生物有机体生存空间各种自然条件的总和。虽然海克尔的观点被大多数人所接受，但也有人就此提出了不同的概念。例如，美国学者奥德姆提出生态学是"研究生态系统结构和功能的科学"；加拿大学者克莱布斯提出生态学是"研究影响有机体分布与多度的科学"，此后不断有学者从不同的角度对生态学进行过定义。综合及归纳各方的观点，即生态学是一门研究生物与其生活环境相互关系的科学。

城市生态学(urban ecology)是生态学的一个分支，是以城市空间范围内的生命系统和环境系统之间的联系为研究对象的学科。由于人是城市中的主体，因此也可以说城市生态学是研究城市居民与城市环境之间相互关系的科学。城市虽然不是自然原有的系统，但其作为生物圈中的一个基本功能单位，仍是一种特殊的生态系统，人与城市环境，以及人与其他生命有机体之间，在这个生态系统中按照一定的规律相互发生作用。城市生态学的任务在于研究这种规律。

2. 城市生态学的研究内容

城市生态学的研究内容大致可分为两部分，一部分从微观角度阐述城市、自然环境、人之间的关系，进而对城市发展提供具体的指导方针；另一部分是从宏观的角度对城市生态系统进行生态研究，如城市生态系统的结构、功能和调节机制，以对城市的发展提供战略性指导策略。城市生态学的这两部分研究内容相互补充、相互促进，为城市规划、建设和管理提供了科学依据。另一方面，从城市生态系统组成和结构的角度出发，城市生态学包括以下研究内容。

1) 城市生态系统组成和结构的研究

城市生态系统的组成和结构是城市生态系统研究的基础，主要研究经济系统、社会系统、自然生态系统中各组成要素的基本特征，如城市人口、城市气候、城市生物、土壤、商业、工业等基本特征，以及各要素之间的相互关系和相互作用。这些单项的要素研究是构建城市总体系统模型的基础，也是现代城市生态学研究的基础。

2) 城市生态系统功能的研究

对城市生态系统功能的研究主要针对其在生产、生活、还原方面体现的作用，它们三者既可独立成系统，同时又相互影响相互作用。城市在生产和生活的过程中必将消耗大量的资源，而仅靠城市生态系统自身提供是远远不够的，大部分资源都需要在周边环境甚至更远的自然环境中取得，而自然能够提供的资源总和是有限的，因此对与城市生态系统的还原能力相关的研究仍为重点。此外，城市中的物质代谢和能量流动都与自然生态系统有着较大差异，揭示它们的作用特点和规律是解决城市问题的关键。

3) 城市生态系统的动态研究

城市生态系统的动态研究主要包括城市形成、城市发展的历史演变过程，以及同一阶段自然生态环境和人为活动的变化分析。要求对城市在发展过程中生态系统的历史情况做出阐述，对目前城市生态系统的现状情况做出评价，对未来城市经过一定发展使得城市生态系统可能出现的情况做出预测，从而实现对人类和环境有利的调节、控制，以达到城市生态系统的最佳功能。

4) 城市生态系统的动力学机制和调控方法研究

在对城市生态系统进行动态研究后，对其不利的发展趋势需要进行人为干预和调节，并根据需要对城市生态系统的动力学机制和调控方法进行研究。城市生态系统中存在着连续的物流、信息流、货币流及人口流，它们共同维持着城市生态系统的平衡，对这些流的动力学机制和调控方法进行研究，可基本掌握城市生态系统中复杂的生态关系，并对城市长期可持续发展做出贡献。

5) 城市的生态规划、生态建设和生态管理研究

该部分包括对城市生态系统的评价和预测，对城市进行生态区划和规划，以及研究其优化模型。一般建立在综合地质生态、社会经济调查和分析的基础上，用动态系统论方法进行研究，以确定城市生态系统的开发方向。生态管理就是运用生态学理论，通过对现有城市的生态实施管理，以促进人类与环境的和谐和可持续发展。城市生态的规划、建设、管理是一个完整的体系，也是城市生态学对城市研究的重要应用部分。

3. 城市生态学的流派

城市生态学的研究起源于欧美，然而北美和西欧在城市生态学的概念上截然不同。西欧的城市生态学是由以植物学家为首的自然科学家创立的，自然科学的特性更为深厚，把非自然科学研究纳入城市生态学的研究范畴中是后期才形成的。而在北美地区，社会科学是城市生态学的基础，著名的芝加哥学派代表人物罗伯特·E. 帕克 (Robert E. Park) 早在 1926 年就已开始了"城市生态学"课程的教授，其内容主要是城市和社会之间的多样性关系。可见北美的城市生态学概念更具社会科学色彩。这两种思想流派被称为"新正统派"和"社会文化派"，前者的基本观点是城市生态学应该把研究重点放在人类群体对城市环境的影响上，后者的观点是人与人、人与环境的相互作用产生了文化，并导致了文化的改变[34]。

4. 城市生态学的国内外研究

1) 国外城市生态学研究

最早对城市生态学的研究源于人们对自然界的兴趣，因此早期的生态学研究对象主要是自然界的生物群体，如植物、水体、草地等。德国学者尼兰德 (Nylander) 于 1866 年对卢森堡的植物区系开展了研究；阿诺德 (Arnold) 于 1891 年对慕尼黑植物区系开展了研究。在欧洲，早期较为全面和综合性的研究以德国学者韦德纳 (Weidner) 和彼得斯 (Peters) 的工作为代表，其研究涉及城市生物学和城市生境。英国学者索尔兹伯里 (Salisbury) 和德国学者克雷 (Kreh) 对因战争而毁坏的城市废墟区域的动植物进行了研究。这些早期对城市生态学的研究表明，在相似的城市生境条件下，具有规律地、重复地出现相似物种组合的趋

势。通过对巴黎、纽约、伦敦、柏林等大城市的动植物的研究表明，城市生境、城市生物和城市生物群体具有相当的多样性。日本的城市生态学研究代表人物是中野尊正、沼田真和安部喜也等，他们的研究偏重西欧的自然科学，主要研究城市化带来的生态环境破坏、城市生态系统中的动植物区系变化、城市给人类带来的压抑及城市生态系统的能量代谢等[35,36]。

2)国内城市生态学研究

我国城市生态学的研究起步较晚，1984 年在上海举办了"首届全国城市生态科学研讨会"，会议探讨了城市生态学的研究目的、任务、研究对象和研究方法及其在实践中的作用，这次会议标志着中国城市生态研究工作的开始。以后的研究首先将注意力集中在把城市生态理论研究应用到城市规划、建设和管理实践中，主要是对一些大城市进行生态系统工程方面的研究，如 1983 年的"天津市城市生态系统与污染防治的综合研究""北京市城市生态系统特征及其环境规划的研究"等。这些研究为制定城市总体规划、城市经济发展、城市环境保护规划和城市管理措施等提供了决策依据。在城市生态系统个别组分的研究方面，有江苏省中国科学院植物研究所等开展的"城市空气污染与某些植物种的关系"的个体生态研究。此外在北京以及其他城市还有一些关于城市生态调控决策支持系统方面的研究，目的是为城市规划、环境管理与决策者提供信息支持、方法支持和知识支持[35,36]。

1.2.3 景观生态学

景观生态学的理论原型是地理学和生态学，它吸收了地理学的整体性思想和空间分析方法，又综合了生态学中的生态系统理论以及系统分析、系统综合的方法。德国地理学家 C. 特罗尔(C. Troll)在 1939 年首先提出"景观生态学"这一概念，他认为只有将地理学和生态学两者结合起来才能解决大尺度区域中生物群落之间以及生物群落和环境之间的复杂关系问题，有必要组织这两个领域里的科学家进行合作研究[37]。

进入 20 世纪 80 年代以后，景观生态学取得长足的发展。首先是第一届国际景观生态学大会于 1981 年在荷兰举行，并于 1982 年正式成立了国际景观生态学协会(International Association for Landscape Ecology，IALE)，这标志着全球景观生态学领域有了权威的学术组织，景观生态学的发展阶段到来。IALE 的成立促进了景观生态学的大力发展，相关学术活动频繁，涌现出一大批学术论文及著作，具有代表性的是：纳韦(Naveh)和利伯曼(Lieberman)编著的《景观生态学：理论与应用》，该书是景观生态学领域的第一本教科书；福尔曼(Forman)和戈德伦(Godron)编著的《景观生态学》是当时北美景观生态学研究成果的代表；佐讷维尔德(Zonnveld)与福尔曼(Forman)编著的《变化着的景观：生态学透视》是景观生态学研究时代水平的反映；特纳(Turner)和加德纳(Gardner)主编的《景观生态学中的数量化方法》主要介绍了景观生态学中定量化研究方法[37,38]。总之，这一时期的景观生态学研究呈现出多元化发展、百花齐放的局面，学术上主要形成了对比鲜明的欧洲景观生态学派和北美景观生态学派，他们基本上引领了国际景观生态学研究的发展方向。欧洲是景观生态学的发源地，研究重点从土地利用规划和设计逐渐扩展到资源开发与管理、生物多样性保护等领域，在理论上强调景观的多功能性、综合整体性、景观与文化的协同，并提出了整体性景观生态学的概念框架。北美景观生态学受到欧洲影响，从 20 世纪 80 年代初期开始发展，后来逐渐形成具有其自身特色的景观生态学流派，更加重视理论的科学性、系统性，注重数量化和模型建设以及对自然景观的研究，对景观生态学的基本理论框架的创建也做出了重要贡献。

景观生态学研究在我国的起步比较晚。20 世纪 80 年代，随着我国改革开放的进行以及世界生态学意识的加强，景观生态学才传入我国，黄锡畴、林超、陈昌笃、肖笃宁、景贵和、李哈滨、傅伯杰等一批学者是我国从事景观生态学研究的先驱，一批具有较高水平的景观生态学理论和实践应用成果也相继涌现出来[39-42]，主要涉及景观生态学理论和实践方法探讨及其在景观生态规划中的应用尝试研究。

从目前国内外的研究现状来看，基于景观生态学的生态格局和规划管理研究主要集中在大尺度地域空间上，包括对大片农田林地、自然保护区等的研究。而对中小尺度地区及用地空间的景观研究还是以传统的生态学为主，尤其是对城市空间和绿地系统的研究相对较少，研究深度也有所欠缺，在理论和实践上都有待进一步发展。

1.2.4　地质生态学

1. 地质生态学概念

地质生态的概念是德国地理学家 K. 特罗尔(K. Troll)于 1939 年在研究自然景观生态学时提出的，他认为"地质生态环境是研究在自然和人类活动影响下，作为生物圈物质基础的地质圈所发生的变化"。Осипов 和刘柏秋[43]将地质生态学定义为综合性交叉的新学科，包含地质学、地理学、土壤学、地球物理学、地球化学、矿业学等学科。在第 28 届国际地质学大会上，科兹洛斯基(Koziovsky)认为"地质生态学"是新的学科趋势，其核心问题是生物地球化学元素的迁移行为。在国内，地质生态学的相关研究较少，主要以王长生和王大可[44]、林景星等[45]为代表做出了一定的研究成果。黄润秋[46]认为地质生态环境学是研究人类活动与生态地质环境之间的关系，通过制定有效合理的措施，协调人类的活动和生态地质环境之间的关系，也就是协调人-地-生关系。1994 年，四川省地质矿产勘查开发局开展了我国第一次 1∶5 万生态地质调查试点项目——1∶5 万大巴山区生态地质调查，较为全面地调查了岩石圈、土壤圈、水圈、大气圈及生物圈的状况及相互作用[44]。

地质生态学也称为地生态学、生态地质学或生态环境地质学，是研究地质生态环境系统的组成和结构、历史演变、现状及其运动变化与未来发展趋势，研究在自然和人为因素双重作用下，引起地质环境和生态环境变异，以及生态环境与地质环境相互作用、相互影响、相互刺激、相互反馈所产生的生态环境地质问题与效应，进而寻求正确解决生态环境地质问题，确保人类社会与生态地质环境之间协调演化的综合性科学。

2. 地质生态学的研究内容及对象

地质生态学的研究对象是与人类生存和可持续发展相关的地质生态环境，包括岩石、土壤、地下水和地表水、自然和人为影响下的地球化学条件、地质动力过程以及产生的环境地质问题与地质灾害等[47]。地质生态环境具有资源性和灾害性，是其基本特性[48]。一方面，地质生态环境是人类赖以生存的基本条件，包括地形、地势、气候、土层、水体等，也是使人类生活品质得以提升的物质基础，如矿产资源、水力资源、风力资源、太阳能、水资源等；另一方面，地质生态环境因其自身变化与人类活动引发灾害，如水土流失、地震、海啸、泥石流、滑坡、洪涝、塌陷、沉降等，给人类带来巨大的人员伤亡及财产损失[49,50]。

地质生态学以人类为中心，理论核心是地质环境效应和以人类为中心的生态动态平衡，主要研究人类活动与生态地质环境之间的耦合关系，以及生态地质环境内部地质环境与生物群落之间的相互作用。研究包含岩石圈、水圈、大气圈和生物圈的复合环境及其与人类活动的相互反应及变化规律，岩石圈包括地层、构造、地貌(河流、山脉、平原等)、矿产资源、内外动力地质现象等要素的发展与演化；水与大气圈包含气候要素如降水、温度、湿度、风力、阳光辐射、蒸发、冻融等，还有地表水体、地下水体、水的循环等；生物圈则包括自然界动物、植物和微生物的分布与进化，以及相互间生态平衡与制约规律。其要素涉及各大圈层，还包含人类及其相关活动如工程活动、农业活动等(图 1.4)。总之，生态地质学是研究人类系统、生态系统、地质环境系统之间相互作用的科学，是研究自然和人工的生态-地质系统结构与功能的科学，研究在自然-人为双重作用下，生态地质环境良性和恶性反馈的机制与模式。

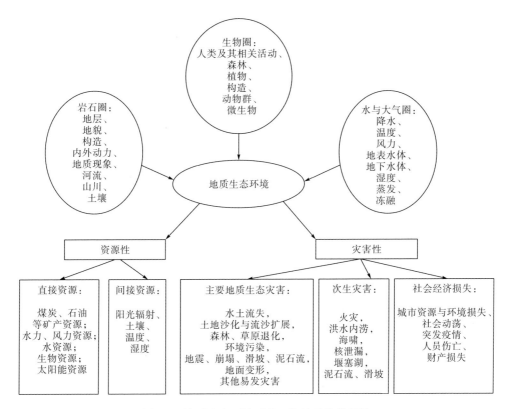

图 1.4　地质生态环境要素、特性及其关联性

3. 地质生态学的基础理论

1）耗散结构理论与等级系统理论

根据等级系统理论，复杂系统具有离散型等级层次。一般而言，处于等级系统中高层次的行为或动态常表现出大尺度、低频率、慢速度的特征。而低层次的行为或动态则表现出小尺度、高频率、快速的特征。不同等级层次之间还具有相互作用的关系，即高层次对低层次有制约作用，而低层次则为高层次提供机制和功能。耗散结构理论作为以揭示复杂系统中自组织运动规律的一门具有强烈方法论功能的新兴学科，其理论、概念和方法广泛适用于自然现象和社会现象。

生态地质环境作为生态地质学的研究对象，是一个耗散结构。生态地质环境内各要素之间并不完全是循环简单的因果关系或线性依赖关系，而是存在着复杂的非线性关系，包括正反馈的倍增效应和负反馈的饱和效应。这就使得进行地质生态学研究不能采用传统的线性方法，必须考虑多要素的协同作用、可能出现的突变现象及非确定性问题。

生态地质环境还是一个典型的等级系统，是一个由若干单元组成的具有多个等级的有序系统，由相互关联的、具有等级关系的若干亚系统组成，生物与地质环境之间的相互作用在不同的层次上具有不同的特点。

2) 人地关系理论

自然的进化作用和人类在城市中进行的社会经济活动是使地质生态环境发生演变的两大主要驱动力，但近几百年来，人类活动已经成为地质生态环境演化的重要推动力量，人类的社会经济-地质生态环境系统是一个典型的人地关系系统，在地理学中被表述为"人地关系论"，作为地理学的核心，它指人类社会活动与地理环境之间的关系。

"人地关系地域系统协调共生"理论认为自然环境系统和人类系统为耗散结构，它们共同构成一个更为高级、更为复杂的复合系统。人类在这个系统中有双重作用：一方面，人类从环境系统中获得负熵(能量与资源)以维持人类社会的有序结构；另一方面，人类通过输出正熵来影响自然环境系统使其发生改变。人类与自然环境的共生是自然结构与人类社会经济结构相互促进的结果，有利于建立人类可持续发展的因果反馈关系。在人地关系理论的指导下，规范人类社会经济活动，实现人类与地质生态环境系统的协调共生，这是地质生态学的研究核心，也是有效解决目前普遍存在的、威胁人类社会可持续发展的地质生态环境问题的重要途径。

4. 地质生态学的问题

目前，由于地质生态学起步较晚，它作为一个新兴的年轻学科在理论方面的研究尚处于初期的发展阶段，学术建设并不成熟，学科理论体系不够完整，还存在许多问题亟待探讨和解决，主要表现为：①地质生态学的概念不统一、研究范围和对象不够具体、研究成果的表达也不统一；②现有的大部分研究主要针对大尺度的宏观地质生态，而中小尺度上的具体研究偏少，尤其在对人类活动与地质生态环境之间的关系和作用上探索不深；③现有的地质生态调查多是生态调查与地质调查的简单叠加，没有反映出人为活动、地质环境、生态环境三者间的相互依存和作用的关系；④在研究中或强调地质环境对农业生产的影响，或强调岩土体的稳定性对生态环境的灾难性影响，而对于人类活动、城市建设的关系及其影响规律的研究不够。

1.2.5　其他相关交叉学科

其他与城市地质生态理论研究相关的交叉学科见表 1.2。

表 1.2　其他与城市地质生态理论研究相关的交叉学科

交叉学科	主要研究内容	与城市地质生态研究的关联
城市地理学	主要研究城市发展的规律以及城市在一定地域空间范围内的形成过程、系统结构以及发展趋势	城市地理学中城市体系与地域结构的研究，反映城市人工地质生态要素与自然地质生态要素在空间环境上的组合与分布规律以及发展趋向
城市经济学	主要研究城市各类经济现象，一般从宏观与城市内部两个方面进行分析	城市经济学为城市地质生态环境的实践建设提供经济技术支撑，使城市经济社会发展与地质生态环境协同共生
环境生态学	主要应用生态学的原理，研究人为作用引起的生态系统的变化规律与应对机制	城市地质生态环境中，由于人为干扰作用引起城市生态系统的变化以及生态环境问题，与环境生态学密切相关
环境地质学	应用地质学相关理论与原理，解决人为地质作用引起的各类环境问题	人为地质作用所引起的城市地质灾害与生态环境问题，同样属于环境地质学的研究内容
生态地质学	主要研究地质环境的变化对生态环境的影响与作用以及地质环境与生态环境两者之间的控制关系	按照特罗菲莫夫(Trofimov)的理解，地质生态学的研究内容包含生态地质学，那么城市地质生态学研究包括城市生态地质学的研究内容

1.3　与其他相关理论辨识

1.3.1　地质生态学与生态学的差异

生态学是研究生物与环境之间相互关系及其作用机理的科学。由于人口的快速增长和人类活动干扰对环境与资源造成的极大压力，人类迫切需要掌握生态学理论来调整人与自然、资源以及环境的关系，协调社会经济发展和生态环境的关系，促进可持续发展。目前生态学已发展成涉及领域更广泛的多分支学科，如景观生态学、进化生态学、能量生态学、农业生态学、森林生态学、草地生态学、城市生态学、污染生态学等[51]。

生态地质学是研究人类系统、生态系统、地质环境系统之间相互作用的科学[52]。它是地质学的新兴学科[53]。

由表 1.3 的对比可以看出地质生态学与生态学有相同之处，它们都以人为核心，研究其行为对环境产生的影响，但生态学的侧重点在生物群落及其相互关系上，而地质生态学的侧重点在于人类活动对其周围环境产生的影响及其演变方面，尤其是对地质活动的影响，这对地质条件复杂地区的研究更有针对性。

表 1.3　生态学与地质生态学的区别

	生态学	地质生态学
核心问题	揭示自然界物种间的各种生态关系及其决定这些生态关系的环境因素	研究地质环境效应和以人类为中心的生态动态平衡，主要研究人类活动与生态地质环境之间的耦合关系，以及生态地质环境内部地质环境与生物群落之间的相互作用
研究对象	生态系统(在生态系统中，生命有机体及其生存环境彼此密切联系，并相互作	地质生态环境(包括岩石、土壤、地下水和地表水、自然和人为影响下的地球化学条件、地质动力过程以及产生

续表

	生态学	地质生态学
	用，成为占据一定空间，具有能量流动和物质循环功能的动态平衡整体)	的环境地质问题与地质灾害等)
基本任务	阐明生物及其环境的相互关系；将人类活动作用于生物圈并致力于对其进行调控	在自然和技术成因要素影响下，陆圈变化分析；地球上的水、土壤、矿产和能源的合理利用；降低自然和自然-技术成因事故对周围环境造成的损害；保障人类生存安全

1.3.2 地质生态学与地质学、生态学的比较性研究

地质生态学是地质学的一门新兴边缘学科，是地球岩石圈及其表层空间生态功能的综合体现。其中，城市地质生态环境是地质生态环境的物理构成因素之一，综合体现了地质生态环境的演变机制、资源性以及化学构成(图 1.5)。此外，从表 1.4 可以看出，地质生态学与生态学、地质学有众多相似之处，它们都是通过研究人类行为与自然环境相互作用的影响机制，促进人类社会持续健康发展。但其特有的研究对象、研究范围以及解决的核心问题，均有所不同。

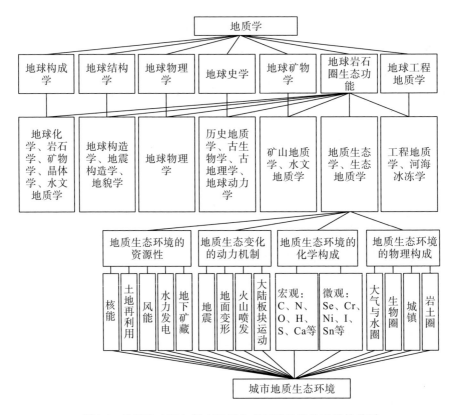

图 1.5 地质生态学与城市地质生态环境以及地质学的关联

表 1.4　地质生态学与地质学、生态学的区别与联系

学科	地质生态学	地质学	生态学
核心问题	主要研究地质环境与生态环境的综合效应和人类社会经济活动与地质生态环境之间的关联，以及地质生态环境内部生物群落之间和地质环境之间的相互作用	主要研究地球的物质组成与演变规律、内部结构、外部特征，包括地球大气圈、水圈、生物圈、岩石圈与土壤圈之间相互作用及其在人类经济建设过程中的应用等方面的内容	主要研究自然界各物种之间的生态关系以及决定这些生态关系的复杂环境因素
研究对象	地质生态环境（包括地球表层的岩石圈、水圈、土壤圈、大气圈以及生物圈，是一个开放的、具有自我调节恢复能力的动态变化系统）	地球（目前主要研究地球表层的固体硬壳——地壳或岩石圈，从地核到地球大气圈外层的各个圈层）	生态系统（自然界一定时空范围内，由生物与环境共同构成的统一体，包括草原生态系统、海洋湿地系统、淡水生态系统、人工生态系统等）
研究目的	地球表层土壤、矿产、水资源与能源的科学利用；降低自然与人工地质作用力对生态平衡的影响	探讨地球如何演化形成；主要从时空层面探究地质变化对人类可持续发展带来的影响	探析生物及其环境之间的相互关系，为人类生存发展提供可持续发展的生态服务系统

1.3.3　地质生态学与城市地质学、城市生态学的比较性研究

地质学、生态学与城市学三门基础学科交叉融合而成的城市地质学、城市生态学以及地质生态学所研究的内容、对象、特征既有相似之处，又各有侧重点，具有差异性（表 1.5）。虽然三者遵循的原理、采用的技术方法、应用的层面有所不同，但城市地质学、城市生态学以及地质生态学研究的最终目的均是促进人类经济社会活动的持续发展，使城市发展与自然环境之间维持动态的平衡关联，可通过相互融合、共同协作，实现"殊途同归"。

表 1.5　城市地质学、城市生态学、地质生态学的区别与联系

交叉学科	基本内涵	研究对象	研究目的	主要学科基础
城市地质学	其实质就是使地质学家与城市地质工作者直接参与城市的规划、建设与管理工作，从而为城市规划、建设以及管理提供可靠的科学依据	主要针对城市及其周边区域，综合考虑这一特定空间范围内的各种地质要素	城市地质环境对城市建设与发展所提供的能量与资源、所施加的约束条件	城市规划学、地质学、地理学、测量学
城市生态学	城市生态学将城市视为一个以人类为核心的生态系统，运用生态学的原理、方法、观点研究市民与周边环境之间的关系，属于生态学的一个分支	主要研究城市生态系统中社会、经济、自然各个子系统之间的组合与分布规律、结构和功能的关系、动态发展的机理以及调节与控制的策略	提高物质转化与资源利用效率，实现城市生态系统中各组成部分之间可持续发展目标	城市规划学、生态学、人类生态学、地理学
地质生态学	主要研究作为生物圈物质基础的地质圈的演变历史与结构组成，以及在自然与人为的双重作用力之下的变化规律、影响机制、未来发展的趋势、产生的地质生态问题以及解决问题的技术方法	研究对象是与人类生存空间和可持续发展息息相关的地质生态环境	地球表层土壤、矿产、水资源与能源的科学利用；降低自然与人工地质作用力对生态平衡的影响	生态学、地质学、环境科学、地球科学

1.3.4 地质生态学与生态地质学、环境地质学及生态环境地质学的比较性研究

地质生态学与生态地质学、环境地质学及生态环境地质学是不同的概念，虽然其研究的内容、方法与理念确有重叠之处，但是研究的对象、范围、侧重点以及所属学科范畴等均有差异(表 1.6)，因此不能简单将它们认同为同一门学科，以免引起研究的混乱。

表 1.6 地质生态学、生态地质学、环境地质学与生态环境地质学的区别与联系

学科	内涵	研究对象与内容
地质生态学	主要研究作为生物圈物质基础的地质圈的演变历史与结构组成，以及在自然与人为的双重作用之下的变化规律、影响机制、未来发展的趋势、产生的地质生态问题以及解决问题的技术方法	研究对象为地质生态环境。按照Trofimov 的理解，地质生态学包含了生态地质学(图 1.6)
生态地质学	生态地质学是生态学、地质科学以及环境地质学等学科相互交叉形成的新兴边缘学科，重点研究地质环境的变化对生态环境的影响与作用以及地质环境与生态环境两者之间的控制关系	主要研究对象为地质圈，主要研究地质圈的物理性质、构造条件、化学成分以及人为地质作用对生态系统的影响
环境地质学	运用地质学相关理论与原理，解决人为地质作用引起的各种环境问题，涉及水文地质学、工程地质学、地形学、经济地质学等学科方面的研究	主要研究人为地质作用对生态系统的影响
生态环境地质学	生态环境地质学是环境地质学研究的前沿领域，是生物学、地质学与环境学交叉融合的一门新兴地球学科，主要研究由于人类在开发、利用自然环境资源时所引起的能量循环转变规律以及地球表层物质元素的变迁及其产生的生态效应	生态环境地质学的主要研究对象为生物(包括人类)与环境，探究在人为地质作用(尤其是大规模的社会经济活动)下生物和人类的健康与生存环境相互之间的影响

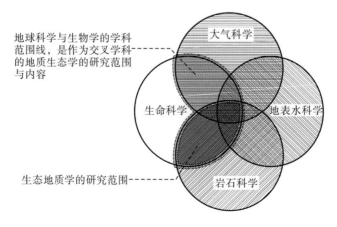

图 1.6 生态系统中与生物圈、大气圈、水圈与岩石圈表面有关的一般学科与边缘学科[53]

参 考 文 献

[1] Branch M C, Bacou R. Continuous City Planning: Integrating Municipal Management and City Planning[M]. Hoboken: A Wiley-Interscience Publication, 1981.

[2] 赵万民, 赵民, 毛其智. 关于"城乡规划学"作为一级学科建设的学术思考[J]. 城市规划, 2010, 34(6): 46-54.

[3] 沈清基. 论城乡规划学学科生命力[J]. 城市规划学刊, 2012(4): 12-21.

[4] 宋春青, 邱维理, 张振春. 地质学基础[M].4 版. 北京: 高等教育出版社, 2005.

[5] Odum E P, Barrett G W. 生态学基础 [M]. 孙儒泳, 译. 北京: 人民出版社, 1981.

[6] 李振基, 陈小麟, 郑海雷. 生态学[M]. 4 版. 北京: 科学出版社, 2000.

[7] 曹凑贵, 展茗. 生态学概论[M]. 3 版. 北京: 高等教育出版社, 2015.

[8] 王如松, 骆世明, 蒋菊生, 等. 生态学研究和应用的新动态[C]//2006—2007 环境科学技术学科发展报告, 2006: 173-202.

[9] 李文华. 我国生态学研究及其对社会发展的贡献[J]. 生态学报, 2011, 31(19): 5421-5428.

[10] 蒋有绪. 论 21 世纪生态学的新使命——演绎生态系统在地球表面系统过程中的作用[J]. 生态学报, 2004, 24(8): 1820-1823.

[11] 李友枝, 庄育勋, 蔡纲, 等. 城市地质——国家地质工作的新领域[J]. 地质通报, 2003, 22(8): 589-596.

[12] 朱锦生. 城市地质在城市规划和建设中的作用[J]. 城市规划, 1989(3): 61-63.

[13] 张洪涛. 城市地质工作——国家经济建设和社会发展的重要支撑(代序)[J]. 地质通报, 2003, 22(8): 549-550.

[14] 姬广义, 汪洋, 夏希凡, 等. 论基础地质与城市地质之关系及存在问题[J]. 北京地质, 2005, 17(1): 1-6, 11.

[15] 李相然. 城市规划学与地质学之间的信息传输问题探讨[J]. 城市规划, 1999(12): 48-50.

[16] 冯小铭, 郭坤一, 王爱华, 等. 城市地质工作的初步探讨[J]. 地质通报, 2003, 22(8): 571-579.

[17] 高亚峰, 高亚伟. 中国城市地质灾害的类型及防治[J]. 城市地质, 2008, 3(2): 8-12.

[18] 吕敦玉, 余楚, 侯宏冰, 等. 国外城市地质工作进展与趋势及其对我国的启示[J]. 现代地质, 2015, 29(2): 466-473.

[19] Bélanger J R, Moore C W. The use and value of urban geology in Canada: A case study in the national capital region[J]. Geoscience Canada, 1999, 26(3): 121-129.

[20] Mückenhausen E, Müller E H. Geologisch bodenkundliche kart-ierung des stadtkteises bottrop i. W. für zwecke der stadtplanung[J]. Geology Jabrbucb Hannover, 1951(66): 179-202.

[21] Lin L J, Zhen M A, Guo X, et al. Research on basic theory of urban geology[J]. Geology in China, 2020, 47(6): 1668-1676.

[22] 唐辉明. 地质环境与城市发展研究综述[J]. 工程地质学报, 2006, 14(6): 728-733.

[23] 张秀芳, 李善峰. 国内外城市环境地质工作进展[J]. 中国地质灾害与防治学报, 2004, 15(4): 96-100.

[24] 金江军, 潘懋. 近 10 年来城市地质学研究和城市地质工作进展述评[J]. 地质通报, 2007, 20(3): 366-371.

[25] 高亚峰, 高亚伟. 我国城市地质调查研究现状及发展方向[J]. 城市地质, 2007, 2(2): 1-8.

[26] 刘广润. 论城市环境地质研究[J]. 火山地质与矿产，2001，22(2)：79-83.

[27] 化建新，张苏民，黄润秋，等. 城市环境与地质问题研究现状与发展[J]. 工程地质学报，2006，14(6)：739-742.

[28] 王国强，刘刚，吴道祥，等. 城市地质环境与环境地质问题[J]. 合肥工业大学学报(社会科学版)，2007，21(4)：19-24.

[29] 明镜，潘懋，屈红刚，等. 北京市新生界三维地质结构模型构建[J]. 北京大学学报(自然科学版)，2009，45(1)：111-119.

[30] 严学新，杨建刚，史玉金，等. 上海市三维地质结构调查主要方法、成果及其应用[J]. 上海地质，2009(1)：22-27.

[31] 刘衍君，汤庆新，白振华，等. 基于地质累积与内梅罗指数的耕地重金属污染研究[J]. 中国农学通报，2009，25(20)：174-178.

[32] 李兰银，柴波，梁合诚，等. 城市滨海地区地质环境适宜性评价指标体系研究[J]. 安全与环境工程，2010，17(3)：40-43.

[33] 李云燕. 西南山地城市空间适灾理论与方法研究[D]. 重庆：重庆大学，2014.

[34] 王光荣. 论芝加哥学派城市生态学范式的局限[J]. 天津社会科学，2007(5)：67-69.

[35] 黄光宇，张兴国，黄天其，等. 山地城市生态化规划建设理论与实践[Z]. 重庆：重庆大学，2004.

[36] 康慕谊. 城市生态学与城市环境[M]. 北京：中国计量出版社，1997.

[37] 陈遐林，汤腾方. 景观生态学应用与研究进展[J]. 经济林研究，2003，21(2)：54-57.

[38] 傅伯杰，吕一河，陈利顶，等. 国际景观生态学研究新进展[J]. 生态学报，2008，28(2)：798-804.

[39] Nassauer J I. Culture and changing landscape structure[J]. Landscape Ecology，1995，10(4)：229-237.

[40] Naveh Z. What is holistic landscape ecology? A conceptual introduction[J]. Landscape and Urban Planning，2000，50(1/3)：7-26.

[41] Bastian O. Landscape ecology–towards a unified discipline?[J]. Landscape Ecology，2001，16(8)：757-766.

[42] Yin C Q，Zhao M，Jin W G，et al. A multi-pond system as a protective zone for the management of lakes in China[J]. Hydrobiologia，1993，251(1)：321-329.

[43] Осипое В Й，刘柏秋. 地质生态学是一门综合性交叉的新学科[J]. 地质科学译丛，1994(3)：76-82.

[44] 王长生，王大可. 生态地质学的创立及其在大巴山区的初步应用[J]. 大自然探索，1998，17(66)：68-70.

[45] 林景星，张静，史世云，等. 生态环境地质学——21世纪新兴的地球学科[J]. 地质通报，2003，22(7)：459-469.

[46] 黄润秋. 生态环境地质的基本特点与技术支撑[J]. 中国地质，2001，28(11)：20-24.

[47] 卢耀如. 论地质-生态环境的基本特性与研究方向[C]//喀斯特与环境地学——卢耀如院士80华诞祝寿论文选集. 贵州师范大学、贵州省地理学会，2011：117-128.

[48] 曾卫，陈雪梅. 地质生态学与山地城乡规划的研究思考[J]. 西部人居环境学刊，2014(4)：29-36.

[49] 何政伟，黄润秋，孙传敏，等. 浅议"生态地质学"[J]. 国土资源科技管理，2003，20(3)：69-72.

[50] 范弢，杨世瑜. 旅游地生态地质环境[M]. 北京：冶金工业出版社，2009.

[51] 蒋有绪. 森林生态学的任务及面临的发展问题[J]. 世界科技研究与展望，2000，22(3)：1-3.

[52] 闫水玉，杨柳，邢忠. 山地城市之魂——黄光宇先生山地城市生态化规划学术追思[J]. 城市规划，2010，34(6)：

69-74.

[53] Trofimov V T. Ecological geology，environmental geology，geoecology：Contents and relations[J]. Moscow University Geology Bulletin，2008，63（2）：59-69.

第 2 章　城市地质生态理论与理论框架研究

2.1　城市地质生态的内涵与特征

2.1.1　城市地质生态的内涵

城市地质生态研究的内涵目前尚未统一，生态学、地理学、环境学等不同学科的学者对其进行解读的角度与侧重点均有差别。本书从融贯综合研究、地质生态学、城市地质生态理论演变过程、城市地质生态环境系统四个角度较为全面地理解城市地质生态，综合以上四个角度的内容，将城市地质生态研究的内涵理解为：基于地质生态学、城市地质学、城市生态学及其他相关学科，运用融贯的综合方法对城市地质生态的学科基础、时空观与价值观、理论框架、技术方法等进行集成研究，为城市社会-经济-生态系统与地质生态环境各个子系统之间的协调共生与持续发展提供理论基础与技术指引。

1. 从融贯的综合研究角度理解城市地质生态的内涵

正如道萨迪亚斯所言："我们必须用一种系统的综合研究方法来处理矛盾，避免只考虑其中某几种要素或目标的片面观点。我们现在唯一能够做的就是不断建立秩序，以求获得平衡的人居环境。"城市作为一个开放的复杂巨系统，同样需要运用融贯的系统研究方法，综合考虑城市生态环境、地质环境以及城市发展之间的有机关联，构建新的理论框架与技术方法体系，促进城市地质生态环境的可持续发展。

从融贯的综合研究角度，可以将城市地质生态理解为一种将多学科与交叉学科相关部分进行融贯综合的复杂系统研究(图 2.1)，即综合考虑城市学、地质学、生态学三门基础学科与地质生态学、城市地质学、城市生态学及其他相关学科所构成的学科群，并以问题为导向，有针对性地提出以上学科的相关部分进行融贯集成，以解决相应的城市地质生态问题。

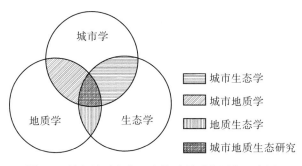

图 2.1　城市地质生态研究的融贯系统思维示意图

2. 从地质生态学的角度看城市地质生态的内涵

1) 研究对象

城市地质生态的研究对象为与城市建设发展息息相关的城市地质生态环境。城市地质生态环境是城市生态环境、城市地质环境与城市社会经济环境相互作用、相互影响所形成的开放的复杂巨系统，涉及生物圈、水圈、岩石圈、大气圈以及人工环境系统等相关内容，包括城市地表水、地下水、大气环境、岩土环境、地质构造与动力变化及其带来的地质灾害与地质生态环境问题。城市地质生态环境由城市自然地质生态环境与城市人工地质生态环境共同组成：①城市自然地质生态环境主要包括城市地质环境与生态环境的研究内容，其中城市地质环境在广义上包含岩石圈以及与岩石圈密切相关的大气圈、水圈的部分内容，地形地貌、地质构造、地质动力等地质生态因子不易改变，人为干扰并不十分明显，而生态环境与城市发展以及人类生产生活关系相对密切，城市气候、植物、水文条件等受人类活动的影响较为明显；②城市人工地质生态环境是城市地质生态环境系统当中形成最晚、发展最为迅速、对整体环境影响越发明显的构成部分，主要包括城市建筑群、城市道路系统、绿化系统、市政工程设施等。

城市地质生态环境同时具有资源性与灾害性。一方面，城市地质生态环境(地形、地貌、土壤、岩石、水体、气候等)是城市建设的物质基础，为市民提供生产生活所需要的基本资源能源(矿产资源、风力资源、太阳能、水资源等)，极大程度地提升市民的生活品质，具有资源性；另一方面，城市地质生态环境也会由于自然或人为的因素引发一系列地质生态灾害，具有灾害性。其中，自然地质作用力包括内部与外部作用力，内部自然地质作用力对地球表层物质构造有直接影响，是引发地震、火山喷发、大型地形地貌以及大陆板块运动等灾难现象的原因，而外部自然地质作用力是指流水、空气、风力等造成的地质灾害，如山洪暴发、沙尘暴、海啸、泥石流等；此外，当城市发展与人类社会经济活动超出地质生态环境的可承受范围，城市地质生态环境也体现出灾害性，且人为的地质作用力对城市地质生态环境的破坏越发显著、剧烈，由于人类对自然资源的不合理利用，造成雾霾、温室效应、地面沉降、水土流失、酸雨等城市生态问题与地质灾害。

2) 研究目的

城市地质生态研究的目的是促进城市发展与地质生态环境的协调发展,包括在人为与自然作用力影响下城市内部社会-经济-生态系统之间以及各个城市地质生态环境因子之间的协调共生,从而维持城市发展、生态环境以及地质环境的动态平衡。

3) 研究内容

从地质生态学的角度来看,城市地质生态研究就是将地质生态学的相关理论应用于城市体系当中,主要研究城市系统、地质环境系统、生态系统之间相互作用、相互影响的规律与特征。其核心理论问题是以人类为中心的城市如何实现与地质生态环境效益的动态平衡,包括城市与特定地理单元以及生态系统之间如何协调发展,城市水环境、大气环境、岩土环境与生物环境所构成的复合地质生态系统如何与城市发展以及人类生产生活共同实现可持续发展。例如,大型工程项目对城市自然地质生态环境及其人类社会经济活动的影响;城市系统能源利用的生态问题;人类活动对森林生态系统、水生态系统(湖泊、河流、沼泽、海岸线、三角洲)、草原生态系统、山地生态系统的影响等。

从城市地质生态相关基础学科以及交叉学科的角度出发,城市地质生态研究是将城市学与地质学这两门基础学科的相关理论知识相应地运用于生态。相比城市地质学、城市生态学与地质生态学的研究内容,城市地质生态学的研究更为复合,是三者相关理论立体交叉融合所形成的多维系统理论(图 2.2)。当然,城市地质生态研究并非囊括城市地质学、城市生态学以及地质生态学的全部研究内容,而是有针对性地选择与城市地质生态环境协调发展有关的理论部分进行融会贯通,经由科学合理的系统组织与融合,由量变发生质变,形成与其他学科不同的研究内容。

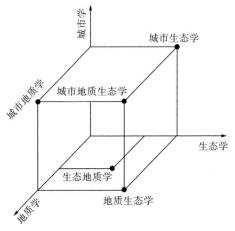

图 2.2　城市地质生态研究的多维系统理论

3. 从城市地质生态理论演变过程看城市地质生态的内涵

随着城市的产生与发展，城市地质生态环境也随之变化与发展。但直到工业革命爆发后，城市出现各类生态问题与地质灾害，并随着系统科学的日益成熟，人们才真正开始将城市地质环境与生态环境进行综合研究。特别是在 1971 年，联合国教科文组织在人类经济社会发展与自然资源环境之间矛盾日益激烈的背景下，开始发起一项跨学科的综合性研究计划——"人与生物圈计划"，通过自然科学与社会科学、理论基础与技术方法、管理部门与公众以及专业人员的有机结合，研究并预测人类社会经济活动对生态环境、地质环境、自然资源以及人类本身的影响，同时提出运用生态学的理论与方法综合研究城市生态环境与地质环境问题，从而促进生态学与地质学相关理论广泛运用于世界范围内各城市、社区以及村落当中，寻找解决城市建设、地质环境、生态环境以及自然资源协调发展的途径[1]。从城市地质生态理论的演变过程理解城市地质生态内涵：城市地质生态研究与我国风水相地的生态要素、天人合一的生态哲学、整体布局的生态系统以及西方人文主义与自然主义思想等朴素生态价值观有着密切关联，同时，可运用融贯的综合研究方法从田园城市理论、生态城市理论、山地城市理论等城市发展理论中有针对性地吸收相关内容，扩展城市地质生态研究的范畴，并随着这些理论的发展与进步获取新的理论与方法。

4. 从城市地质生态环境系统的角度看城市地质生态的内涵

城市地质生态环境系统即为城市系统与地质生态系统两个系统彼此交错、相互作用所形成的复杂巨系统。其中，城市系统可分为社会、经济与自然三个子系统；地质生态系统又可分为水环境系统、大气环境系统、岩土环境系统以及生态系统。城市系统与地质生态系统在宏观、中观与微观三个层面彼此对应，形成全球-城市体系-区域-城市群-城市-单元。正是由于两个系统在时间、空间、构成内容等方面交叉、作用、融汇、渗透，使得城市地质生态的内涵更为多元与丰富，可从哲学、空间、经济、生态、社会、效益、制度与功能方面进行详细阐述，如表 2.1 所示。

表 2.1　城市地质生态的多元内涵

内涵	城市地质生态的内涵	关键词
哲学内涵	对城市发展与地质生态环境的关系基于道德、平等、共生的视角进行审视，实现人-自然、人-地、人-人的和谐发展；以自律化、生态化、智慧化的方式协调城市与地质生态环境的关系	自律、共生、生态、道德
空间内涵	兼具生态学、地质学与地理学内涵的空间效率与结构，具有紧凑性、多样性、共生性、美学性、自然性、创新性以及复合性的空间模式	紧凑、复合、多样、创新
经济内涵	追求生态效益与经济效益的有机统一，实现地质环境的高效生态效益；整合循环经济、低碳经济、生态产业等；建立经济动态效率与静态效率两者间的生态平衡	平衡、高效、低碳、循环
社会内涵	从城乡统筹发展的角度处理城市与农村之间公平、和谐的社会关系，实现城乡互促共进与社会转型	转型、城乡统筹、公平

内涵	城市地质生态的内涵	关键词
生态内涵	从人工-自然地质生态环境的共生共荣角度处理城市发展与自然环境的关系；从城市地质生态环境一体化角度提升人居环境整体质量	环境友好、共生共荣
效益内涵	社会效益、经济效益与环境效益的综合表现	综合效益
制度内涵	通过宏观把控、中观约束、微观调节以及激励诱导等方式规范城市与市民的社会经济活动；针对城市地质生态环境制定的制度具有有效性、包容性、创新性以及可实施性	包容性、创新性、激励诱导
功能内涵	促使城市生态功能具有平衡性、适应性以及创造性；使城市发展对地质生态环境的负面影响降至最小，实现功能互补、共生协调	互补、平衡、适应、协调

2.1.2 城市地质生态研究基本原理与基础理论

1. 耗散结构理论

系统科学一般用无序、有序来描述客观事物所处的状态。当一个系统的参量达到一定阈值，系统就可能由原来混乱无序的状态转化为一种在功能、时间与空间上有序的新的状态。这种通过不断与外界交换物质与能量才能维持稳定的有序状态，使系统从远离平衡的非线性区转化形成新的动态有序结构，被比利时化学家兼物理学家普利高津称为耗散结构[2]。城市系统是一个开放的系统，与其他城市及其外界环境不断进行能量、物质、信息的交换。城市系统为了取得内部的有序，必须将自我产生的熵排入外部环境或其他城市中，从而降低系统本身所拥有的熵的总量，这样就会促使城市与外部环境进行能量与物质的交流，使得城市内部各子系统之间的非线性作用产生涨落，诱导城市产生动态有序的耗散结构并得以发展与演化。地质生态环境也是一个耗散结构，地质生态环境各组成要素之间存在着非线性的相互作用关系，包括负反馈的饱和效益与正反馈的倍增效益。这就促使地质生态环境的研究不能完全采用简单的线性方法，而要考虑多种要素与因子的动态变化以及可能出现的突变与非确定性因素。城市地质生态主要研究城市发展与地质生态环境两者之间的耦合关系，其研究对象为城市地质生态环境，在宏观与微观层面都遵循着耗散结构理论。

1) 宏观层面

城市系统与地质生态环境系统都遵循着耗散结构理论，城市地质生态环境是一个开放的复杂巨系统，是多个耗散结构叠加、融合形成的复杂耗散结构，需要不断地与外界地质生态环境与城市系统进行物质、信息与能量的交换。对于世界城市地质生态系统而言，各国(地区)城市地质生态系统可看作世界地质生态系统中的子系统，当国家(地区)城市地质生态子系统由于外界的输入或自身的积累总熵达到一定阈值时，必须向其他子系统进行扩散，从而维持一种新的有序的稳定状态，促使城市地质生态环境得以持续发展[3]。由于城市地质生态系统具有整体性，当系统内部元素相互作用时，产生动态连锁反应，使得系统微小的扰动放大形成局部或区域的剧烈波动，产生"蝴蝶效应"[4]。

2）微观层面

地质生态环境中各组成要素，如水环境、大气环境等都是一个复杂的耗散结构，遵从耗散结构的理论与规律。例如工业革命后，西方发达国家城市进行大量工业生产，产生的温室气体达到一定量值时会扩散至发展中国家的城市，使得发达国家城市地质生态环境污染总量减少，并形成一种新的稳定有序结构，促进发达国家城市社会经济持续发展，但持续的温室气体排放最终引起全球气候变暖、冰川融化、海平面上升等问题，同样会威胁到发达国家城市的发展。

2. 人地关系理论

人地关系的协调发展是经济学、地理学、生态学、地质学等众多学科的重要研究课题，在地理学中也被称为"人地关系理论"，一般理解为人类与地理环境之间的关系，其中人类是作用动力与行为主体，地理环境是物质基础与支撑体系。人类及其社会经济活动在人地系统中的作用力具有双重性质：一方面，人类从自然环境系统中获得生存与发展所需的能量与资源，这一过程受到自然环境的影响；另一方面，人类通过输出能量与资源来影响自然环境系统，使其朝向有利于人类发展的方向进行变化。从地质生态学的角度理解，人类为了生存与发展，不断对地质生态环境进行改造与利用，人类活动的作用力已经成为地质生态变化的重要推动力量，在一定情况下甚至超过自然作用力对地质生态环境的影响，人类社会经济系统与地质生态环境系统共同构建成一个典型的人地关系系统。

城市地质生态环境也是一个人地系统。其中，城市化就是人类社会经济活动的集中体现，城市化过程中的人口流动、产业转型、生产性要素集中扩散、土地职能以及地域景观变化等是为了满足人类多层次的生理、心理需求。这些需求建立在城市地质生态环境的物质基础的支撑之上——市民的生产生活离不开水资源与大气环境；城市的开发建设、功能布局、道路系统等都需要扎根于具体的物质空间环境当中；城市中的经济、社会、文化子系统与城市地质生态环境系统之间相互影响与制约，并通过物质能量与信息资源的转化、传递，构成一个复杂的人地关系系统。从这个角度来说，人地关系理论对于处理好地质生态环境与城市发展之间的耦合关系，具有重要意义。

城市发展与地质生态环境协调发展的关键，在于人类对城市社会经济活动进行成功干预[5]。如何实现城市发展与地质生态环境系统两者的协调共生、有效解决现实生活中影响人类可持续发展的地质灾害与生态灾害等问题是城市地质生态研究的核心问题之一[6]。我们不仅需要从人地关系的角度理解城市发展的过程，强调人类生产生活与地质生态环境是相辅相成的关系；同时也需要明白地质生态环境的生态承载力是有一定容量限制的，城市发展过程中的快与慢、质与量、结构与功能、形态与规模等需要在地质生态环境的"阈值"范围内，一旦超出地质生态的生态承载力范围，就会打破城市社会经济活动与地质生态环境之间的平衡关系，地质生态环境转而成为城市社会经济发展的制约条件抑或障碍。所以，只有使地质生态环境与城市经济、社会、文化等子系统保持适度合理的共生关系，才能构建可持续发展的城市人地关系，创造出更适合人类生存发展的环境系统[7]。

3. 等级系统理论

随着多学科综合研究的不断深入，德国著名物理学家哈肯吸取耗散结构理论等相关知识，创立协同论，也称为"协同学"[8]。协同论是研究生物、生态、天文、物理、化学甚至社会经济等各种系统从无序状态转化为有序状态所遵循的普遍规律的科学[9]。协同论的研究对象为大量子系统所构成的复杂巨系统，城市地质生态环境即为这样的系统。根据协同理论，如果城市地质生态环境各组成子系统之间通过非线性作用产生协同作用，使城市地质生态系统形成时间、空间与功能上的自组织结构，从而实现从无序向有序转变的过程，即可探寻各子系统所服从的基本规律。

等级系统理论为研究城市地质生态系统的功能、结构与行为特征提供了新思路与新方法[10]。同时，城市地质生态系统是由水文系统、大气系统、土壤系统、城市经济系统、文化系统、社会系统等多个子系统所构成的复杂巨系统。等级系统理论认为越复杂的系统，各层次的子系统越离散无序，从高层次子系统到低层次子系统，其行为的频率与速率依次增大，即高层次子系统虽然行为尺度大，但速度慢，频率低；而低层次子系统虽然行为尺度小，但速度快，频率高。

4. 可持续发展理论

经过相当长时间，可持续发展理论才得以形成与普及。工业革命后，由于城市化快速增长，人们面临着垃圾污染、资源短缺、生态环境破坏等环境压力。相继出现了《寂静的春天》、《只有一个地球》及《增长的极限》等著作，引发了人们对于发展观念的讨论。中国科学院发布的《2004 中国可持续发展战略报告》将可持续发展理论定义为既满足当代人的需求，又不对后代人满足其自身需求的能力构成危害，遵循公平性、持续性与共同性原则，涉及经济、社会与生态的协调与统一，要求我们在发展城市经济文化的同时讲究效率，关注生态环境、地质环境的和谐，并追求社会关系的公平，最终实现人的全面发展[11]。

城市可持续发展模式是对传统城市只追求增长与发展的否定，意味着人们开始以一种新的观念看待城市生态环境与地质环境。城市的可持续发展以系统论、控制论、协同论等为理论基础，囊括地质学、生态学、环境科学、资源学、生物学等多个学科理论知识，涉及城市生活方式、产业结构、社会制度、价值观念、规划理念等多方面的转变。城市地质生态环境的可持续发展是人地关系理论、耗散结构理论、系统论与等级系统论以及可持续发展理论运用于城市的最终目的，涉及自然、经济、社会多个方面，包括人类与城市地质生态系统及其各个子系统(自然地质环境、自然生态环境、人工地质生态环境)之间相互作用、协调共生的关系。

2.1.3　城市地质生态变化特征

城市地质生态研究对象为城市地质生态环境。城市地质生态环境的变化与作用具有一定规律，并分别体现在城市地质生态变化的不同时期，主要包括城市地质生态变化前期的系统的整体性、联系与制约性、复杂与有序性；城市地质生态变化中期作用的时间的长期性、作用的持续性、作用的人为性、动态连锁性；城市地质生态变化后期的反应的滞后性、影响的广泛性、自修复的脆弱性(表 2.2)。

表 2.2　城市地质生态变化特征的时间序列

变化阶段	特性	特性分析
城市地质生态变化前期	系统的整体性	城市地质生态环境系统是由各类地质生态因子共同组成的有机整体
	联系与制约性	各地质生态环境因子彼此相互作用、相互影响、相互制约，从而构成城市地质生态环境内部复杂关系
	复杂与有序性	作为一个复杂有机整体，城市地质生态环境在时间、空间与功能上有规可循
城市地质生态变化中期	时间的长期性	体现在地质生态环境形成的长期性、作用的长期性以及监测的长期性方面
	作用的持续性	地质生态环境对城市发展的作用是一个持续不断的过程
	作用的人为性	从城市地质生态环境与地质生态灾害的形成原因上来看，城市地质生态环境具有人为性
	动态连锁性	某一地质生态因子的变化将可以触发与之关联的其他因子发生变化
城市地质生态变化后期	反应的滞后性	某一因子作用之后，相关联的因子产生反应并外化表现出来使人类得以发现需要一定时间
	影响的广泛性	影响波及自然与人工地质生态环境多个方面
	自修复的脆弱性	城市地质生态环境本是由若干单一且相对稳定的因子构成的复杂巨系统，具有自我修复的脆弱性

1. 系统的整体性

城市地质生态环境作为一个系统，由相互作用、相互制约和相互联系的各类地质生态因子(地形地貌、地质构造、气候、水文、植物等)共同组成一个有机整体。例如，西南山地城市地质生态环境的自我修复能力脆弱，所表现出来的并非只有某一具体因子具有脆弱性，而是整个地质生态环境系统难以依靠自然作用力实现生态修复。

2. 联系与制约性

联系指的是各个事物与其构成要素之间存在着相互制约、相互影响的关系。城市地质生态环境系统内部的各个要素、因子、环节无法完全脱离城市地质生态环境这样一个大系统而存在，它们彼此之间相互作用、相互影响、相互制约，从而构成了城市地质生态环境内部复杂的联系。在研究过程中，不仅要深入探讨各地质生态因子实体，而且要探究各因子之间存在着的相互联系、相互制约的关系。

3. 复杂与有序性

如前文所述，城市地质生态环境的作用持续且长久，并在复杂的地质生态系统中发生动态连锁反应，影响广泛，较难实现自我修复。由此可知，城市地质生态环境研究的内容多、难度大，具有复杂性。此外，作为一个有机整体，城市地质生态环境各构成因子并非散乱无序，它们共同构成一个相互作用、相互影响的系统，在时间、空间与功能上是有规可循的。

正因为地质生态系统的有序性，我们才能在复杂的地质生态因子之间找出其联系的规律。比如，地质生态系统中的大气圈、水圈、岩石圈、生物圈以及土壤圈均由分子构成，固体分子活动性较差，所以岩石圈较为稳定；液体分子活动性较优，所以水圈稳定性相对一般；而气体分子活动性最优，所以大气圈的易变性最强。因此，当有外界干扰时，岩石圈的反应最迟钝，水圈次之，大气圈反应相对快速；而生物圈有别于其他圈层，它具有相对较强的自组织与自修复能力，能在不同条件下及时主动调整。所以，城市地质生态环境各影响因子的所有这些差别体现在致灾可能性上，呈现出从岩石圈—水圈—大气圈逐级恶性递增的趋势。比如，火山爆发发生的频率低，影响的范围较小；城市洪涝具有一定周期性，且发生时间间隔较长；而气象灾害相对而言种类最多，世界各大城市都会发生各种气象灾害[12]。

4. 时间的长期性

城市地质生态环境时间的长期性主要体现在地质生态环境形成的长期性、作用的长期性以及监测的长期性三方面：①地质环境是地球长达几十亿年演变的结果，不同的地质环境又逐渐孕育形成了不同的生态环境，地质生态环境的形成时间十分漫长；②地质生态环境作为承接城市发展的"底座"，在短时间内保持相对稳定，但是长时间内是一个不断变化的系统，其内部物质能量不断循环交替，各种作用力长期影响着城市发展与地质生态环境之间的动态关联；③由于城市地质生态环境的形成与作用都具有长期性，针对其监测活动也理应长期进行，尤其对复杂地质公路隧道、水文地质、放射性废弃物地质处理、气候变化等与人类生存与发展息息相关的地质生态变化，需要构建长期安全监测系统，探寻地质生态变化的规律与成因，以预测或避免地质灾害的发生。

5. 作用的持续性

由于城市地质生态环境具有时间的长期性，那么地质生态环境对城市发展的作用会是一个持续不断的过程，由此产生的地质生态问题会对人类产生持续的作用与影响。1945年日本广岛与长崎发生原子弹爆炸事件，由此产生的放射性元素对环境与人体的伤害一直延续至今；2008年龙门山断裂带发生的"5•12"

汶川特大地震使得地震灾区的地质生态环境条件急剧恶化，所引发的地质灾害持续影响灾区地质生态环境 10 年左右[13]。

6. 作用的人为性

城市地质生态环境与地质生态灾害的形成原因主要包括三个方面。①城市地质生态环境的形成与人类经济社会活动两者之间存在着密切的关系，由于人类对自然地质生态环境的改造与利用，进而创造出独特的城市地质生态环境。②当今许多地质生态环境问题都是在人为因素与自然因素的共同作用之下产生的，人为地质作用力已经成为影响城市地质生态环境持续发展的关键因素之一[14]。人为的地质作用力包括人为搬运、堆积、腐蚀、重塑地形以及其他人类活动所引发的地质作用。城市大型基础设施(城市交通运输系统、商业建筑等)的建设、不可再生资源(天然气、铁矿、煤矿、石油等)的过度消耗、工业"三废"的巨大污染以及个人与社会的不良行为习惯等原因，造成雾霾、地下水与地表水污染、植被破坏、资源能源危机等地质生态问题。③在地质灾害发生之后，人类存在着灾害心理行为机制(图 2.3)[15]，易产生人为次生灾害，再次威胁城市地质生态环境。

7. 动态连锁性

城市地质生态环境是一个复杂巨系统，同生态系统一样，系统内部存在着具有"链式"结构的多维信息体。各种物质流、能量流与信息流存在于生态环境、地质环境与人工环境所组成的城市地质生态系统中，某一种因子的变化将触发与之关联的其他因子发生变化。例如，地震可能引发泥石流、滑坡、崩塌、海啸等各种次生灾害，海啸会引发洪涝与台风，而洪涝之后还可能出现各种传染疾病，形成数条灾害链。2008 年，"5·12"汶川地震诱发了 56 000 多次次生灾害，加上暴雨、持续高温、洪水等动力条件，形成复杂的地震灾害链、高温灾害链与暴雨灾害链，对震区地质生态环境破坏极大[16](图 2.4)。

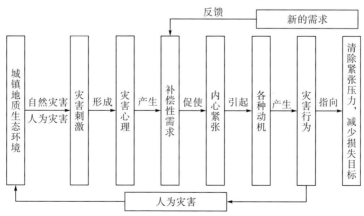

图 2.3　人为地质生态灾害心理行为机制[15]

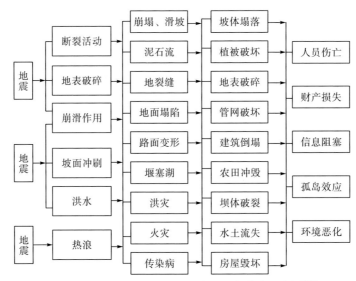

图 2.4 "5·12"汶川地震次生灾害的基本灾害链[16]

8. 反应的滞后性

城市地质生态环境对人为或自然的地质作用存在着相应的反应,当城市经济社会发展与自然地质生态环境之间达到生态平衡状态时,将会促进城市地质生态环境可持续发展;反之,就会产生相应的地质生态问题。这种反应在城市地质生态环境这样一个相对稳定的复杂系统中具有滞后性:由于某一因子对地质生态环境产生作用之后,相关联的因子产生反应并外化表现出来使人类得以发现,这一过程需要一定时间,由此使得某一因子的作用并非立刻能够被人类所察觉,而是需要反复作用到一定程度时,才能引起关注[17]。例如,城市雾霾、光化学效应、酸雨等现象并非在焚烧垃圾、排放工业废气等行为出现后就马上出现,而是需要经过一定量的积累之后,才发生质的变化。

9. 影响的广泛性

地质生态环境涉及大气、岩石、土壤、水环境、生物等多个领域,而城市发展也涉及经济、社会、自然、文化等多个系统,对于侧重研究城市发展与地质生态环境变化规律的城市地质生态环境而言,其影响的范围与领域具有广泛性。与传统农业时代不同,城市地质生态环境的破坏除了土地荒漠化、植被破坏等自然地质生态环境问题,也包括城市所特有的垃圾污染、雾霾、热岛效应、工业污染等复杂地质生态问题。

10. 自修复的脆弱性

城市地质生态环境的自修复是指人为或自然地质作用力借助自然界存在的风、雨、重力等作用力自动修复部分地质生态损伤的现象。按照生态学相关理论,越是复杂的系统在受到破坏之后，其自我修复的能力越发脆弱。城市的开发建设不可避免地对城市地质生态环境造成损害，而地质生态环境原本是由若干单一且相对稳定的因子构成的复杂巨系统，虽然具有一定自我修复的能力，但随着城市化迅猛发展与人为因素的干扰，对地质生态环境的破坏也日趋严重。例如，煤炭矿藏的开采造成地表裂缝、地下水污染、山体崩塌等地质生态问题，其自我修复能力极为脆弱，过去大多只能进行人工生态修复，近年来随着科学技术的发展，借助生物降解、化学降解等方式进行生态修复[18]。

2.1.4 城市地质生态环境特征

1. 地质生态环境资源性与灾害性的双重特征

地质生态环境包含多方面内容，可以概括为有利条件与优化环境要素和不利条件与劣化环境要素，对人类发展而言，同时具有有利的资源条件和不利的灾害性因素。一方面，作为人类生存基础条件和提高人类生活质量的物质基础资源，包括地形、地势、气候、土壤、构造、水资源等岩石圈和水圈中的基础条件，以及矿产资源、水力资源、风力资源、太阳能、水资源等可开发资源。另一方面，地质生态环境因其自身变化与人类活动引发一系列不良的自然现象和灾害。过量的地下水开采会造成地下水位下降，进而引发地表地面沉降与塌陷；工程开挖导致边坡滑动与崩塌；人工破坏自然植被造成大量水土流失，土壤土质下降；建筑建设荷载造成地质构造塌陷、不均匀沉降与地面变形等。

2. 地质生态环境的动态持续性与连锁反应特征

从系统灾变角度来看，灾害链是将宇宙间自然或人为等因素导致的各类灾害，抽象为具有载体共性反映特征，以描绘单一或多灾种的形成、渗透、干涉、转化、分解、合成等相关的物化流信息过程，直至灾害发生给人类社会造成损坏和破坏等各种连锁关系。地质生态环境作为复杂的环境系统，涉及动态结构的多维信息体，这种多因素关系构成"链式"结构，各子系统之间存在相互干扰效应，一种因素的变化可以触发相关联的其他因素发生变化。从其表象来看，致灾因子作用承灾体与环境系统，超过承灾体的临界值，使环境系统发生一系列变化。例如，地震发生使地壳固定物质失稳失衡，以不同形式反映在相联系的不同区域空间尺度和界面，引发海啸、洪水、火灾，之后还可能会引发疾病、瘟疫等。2008 年 "5·12" 汶川大地震诱发了多达 56 000 多处的地质灾害点，造成大量巨型滑坡和碎屑流滑坡，形成 33 处堰塞湖；2010 年 "4·14" 玉树地震触发了 2000 余处泥石流、崩塌、滑坡等地质灾害。

3. 地质生态环境的均衡性和难修复性特征

系统均衡性包含抵抗力稳定性和恢复力稳定性，是面对外部干扰或者冲击所体现出来的预期、准备、应对和修复的能力过程。地质作为承接城市的基质，是地球长达几十亿年的演变而形成的，地质生态环境系统中物质循环和能量流动达到一种动态平衡状态，具有自主调节能力，能够抵抗一定限度的外来干扰，在较大的空间尺度和持久时间尺度上不易发生大的变化。但是人为剥蚀、搬运、堆积、塑造地形作用以及其他外来干扰超过一定的限度，系统的均衡性就会遭到破坏。一方面，当破坏在系统抵抗和恢复能力范围(a 区域)内，系统可通过自身的调整快速恢复，并且创造新的抵抗能力(A)；另一方面，当干扰在系统抵抗和恢复能力范围(b 区域)外，需要承受限度以外的附加破坏，此时系统有可能恢复到干扰前的 B 状态，也有可能跌落到难以恢复的 C 状态(图 2.5)。

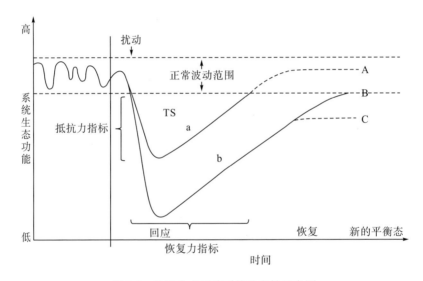

图 2.5　地质生态环境系统稳定性示意图

2.1.5　地质生态环境因子系统特征

系统是具有特定功能的有机整体，由相互联系、相互制约和相互作用的若干要素组成。由于各地质生态因子都是从地质生态环境这一大的系统中分解出来的，因而共属一个系统，各因子具有系统内关联性，主要有整体性、联系与制约性、有序性、动态平衡性。

1. 整体性

由于系统的本质和规律只有在整体上才能显示，正如山地城市的地质生态环境的脆弱性表现为整体性，而非某一具体因子的脆弱性，因此较易被大家接受的概念多以地质生态环境这一整体的方式。地质构造、地形、水文、气候、植物等地质生态环境因子共同构成地质生态系统，因而地质生态因子具有整体性。这些因子的性质和行为都会影响整体的性质和行为，其变化也在某种程度上影响着地质生态环境整体的变化。

2. 联系与制约性

联系是指各个事物之间以及事物内部各要素之间的相互影响与制约的关系。哲学上的联系是指对世界上万事万物的相互影响、相互制约关系这一共同属性的概括和总结。因子的联系表现在地质生态环境系统内部的各个部分、要素、环节是相互联系的。正如黑格尔所说："譬如一只手，如果从身体上割下来，虽可叫手，实已不是手了。"列宁很欣赏这句话，指出："身体的各个部分只有在其联系中才是它们本来应当的那样，脱离了身体的手，只是名义上的手。"同样，每个地质生态因子都无法脱离地质生态环境系统这一整体背景，它们之间相互影响、相互作用，构成了地质生态环境内部不可缺少的联系。而地质生态环境系统内各因子之间不只存在相互促进的作用关系，也存在相互制约的关系，即因子的制约关系。正如地质的构造对地形地貌的形态有影响，地形对植被、气候和水文有影响，植被、气候与水文之间又互相影响且对地形产生反馈等，地质生态环境中每一因子都与其他因子有联系与制约的关系。这就要求我们在研究地质生态环境这一系统时，不仅要研究组成系统的因子(地质生态环境的因子：地质构造、地形、水文等)这种实体，还要研究各因子之间的关系，它们的联系与制约性在对山地地质生态问题的解决上有重要作用。

3. 有序性

构成事物的各个因子不是杂乱无章、散乱无序的，而是相互依存、相互联系在一起的，这正回应了系统作为一个有机整体应该有的特点。地质生态环境系统作为有机整体，其内部各因子之间的联系与制约关系是有规律可循、有顺序可辨的，它表现为三个方面：时间顺序、功能行为、空间结构，我们首先要用有序的观点来看待地质生态系统，才能真正摸清这些因子之间的联系与规律。

地质生态环境系统中的生物圈、水圈、大气圈、岩土圈，看似是宏观的物体，但仍可以从微观角度解读：构成它们的都是分子和原子，但它们在不同状态下的有序原理不同。固体的分子活动性低、随机性差，而液体较优，气体分子最优，有序程度与其随机性相反，因此，固体的有序程度最高，液体居中，气体最低。在进行微观解读后，其在宏观世界的反应也是一一对应的，主要表现为各个圈层在时间上的易变性与在空间上的活动性。其中，大气圈的易变性最高，活动性最强；岩石圈易变性最低，活动性最弱；水圈居中。因此，当有外界干扰时，大气圈反应相对迅速和敏捷，水圈次之，岩石圈最迟钝。而生物圈是不同于前三者的圈层，具有自组织、自适应和自我恢复的能力，能在不同的环境中根据主体需求进行主观能动的反应[19]。地质生态环境系统中的因子所具有的这些差异，使得环境因子变化对人类的恶向性出现了截然不同的规律，从大气圈—水圈—岩石圈，恶向性呈现递减趋势，致灾的可能性递减，对人类及城市的作用范围仍然递减，但在致灾强度上却呈递增趋势。例如，我国山地城市气象灾害种类较其他灾害类型多；洪涝灾害的发生时间间隔较长；火山爆发频率相对较低，影响范围也最小，但强度大[20]。

4. 动态平衡性

系统可以看作是一个"活"的有机体，在有机体内部的各因子之间一直都存在着物质、信息与能量的流动，因此，我们通常所说的稳定都绝非完全的、绝对的稳定，而是一种动态的、平衡的稳定。作为包含地质环境、生态环境和人工环境的地质生态环境系统，内部存在大量的能量流、物质流、信息流，正如前文所提到的人类在生产生活的过程中会对自然系统输入负熵，同时也会输出正熵，这样的过程不只在人类与自然间存在，自然地质生态环境内部同样存在这样的动态变化。人类要与自然和谐相处，其最终目的就是使这一包含人类良好生存空间的地质生态环境在整体上处于一个动态的平衡。

2.2 城市地质生态的研究内容与层次

城市地质生态环境与城市可持续发展、居民生存以及生活息息相关，其研究的内容包括区域或城市范围内的地下水、地表水、大气、岩石、土壤、地质结构、地质动力过程及其产生的地质灾害与城市地质生态环境问题。城市地质生态环境具有地质生态环境资源性与灾害性的双重特征，也具有城市发展所特有的复杂性与广泛性，在研究过程中需要明确城市地质生态环境的层级关系，从而区别不同类型与规模的单元，避免在城市发展建设过程中出现混乱。

不同层次的城市地质生态环境单元不仅在研究范围与城市居民量等方面不同，其研究内容与深度也发生了变化。本书在借鉴道氏理论与人居环境科学理论的基础之上，根据城市地质生态环境特征与研究的实际情况以及我国存在的实际问题，初步将城市地质生态环境简化成三大层次。

1) 宏观层次——全球与区域层次

城市地质生态的研究应当顺应时代发展要求，拥有放眼全球的宏观视野，分析研究跨区域、跨国的城市群发展动态：一方面，地质生态学作为一门地球科学，其研究内容包括全球地质生态环境；另一方面，城市地质生态环境所涉及的水文、地质、土壤、气候等研究内容，脱离不了区域与全球环境变化这样一个大背景。

2)中观层次——城市与镇层次

城市地质生态中观层次的研究范围,包括城市(特大城市、大城市、中等城市、小城市)与镇(县城镇、建制镇、中心镇、一般镇)。由于城市与镇在产业结构、功能构成、人口规模等方面均有差异,所面临的地质环境与生态环境问题也不尽相同,需分开进行研究。相比区域与全球的宏观研究层次,城市与镇的研究更为实际,涉及具体的城市建设与管理问题。

3)微观层次——社区与建筑层次

微观层次指细化到邻里、院落甚至建筑与地质生态环境的协调发展层次,深入具体地探讨城市发展与地质生态环境之间的关联机制,以及城市现存的地质环境与生态环境问题的成因、机理与解决对策。

这三大层次包括建筑、城市与区域等不同规模的研究单元,使城市地质生态环境的研究具有从微观到宏观的整体性与系统性,促进区域与城镇、城镇与建筑群之间的整体协调发展,其中每个单元又有自己独立的地质生态系统与相关理论,共同构成城市地质生态研究的相关内容与层次(图 2.6)。同时需要指出的是,这三大层次很大程度上是为了研究的便捷,对具体问题进行具体分析时,可以根据实际情况有所调整,明确研究的核心与重点。

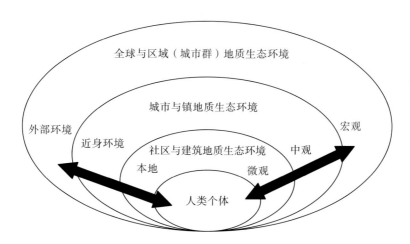

图 2.6 城市地质生态环境的研究层次与关联

2.2.1 宏观:全球与区域层次

1. 全球城市地质生态环境研究

20 世纪 90 年代后,世界进入全球化时代。经济的全球化促进了全球城市化迅速加快，世界上如今有一半以上的人生活在城市，城市地质生态环境问题也随之成为全球所关注的问题，温室效应、臭氧层破坏、酸雨等全球性地质生态问题，对城市健康发展的影响日益明显。

城市建立在地球表层空间，是开发建设程度最高的人类聚居地。地形地貌、气候温度、地震断裂带、森林植被、资源开发、环境整治、兴利除灾等地质生态环境的分布规律与动态变化深刻影响着城市的可持续发展。全球城市化的进程中，生态环境问题、地质环境灾害等不只是某一个城市面临问题，而是关系到城市群、大都市带等更大区域范围内的全球性问题。城市发展与地质生态环境承受着来自地球岩石与土壤圈、水圈与大气圈以及生物圈的综合影响：①城市矿产资源、地层构造、地形地貌、内外地质动力等地质要素的发生、发展以及演化规律；②各种城市气候要素，如降水量、温度、湿度、阳光辐射、风力、蒸发、小气候形成机理等，还包括城市地下水体、地表水体等水文地质条件，以及水气变换、水的循环特征与规律等；③动植物和微生物的分布与进化特点，以及自然界生物之间的动态平衡与相互制约规律[21,22]。

在全球城市地质生态环境层面：一方面，全球城市地质生态环境研究的内容既包括矿产资源、水资源、生物资源以及能源等对城市发展有利的地质生态因素，同时也涉及与城市发展密切相关的大气污染、海洋污染、地震、酸雨、自然资源枯竭、温室效应与全球气候变暖等全球性地质生态问题。另一方面，城市(尤其是国际性大都市或城市连绵区)的发展应着眼于全球地质生态环境。比如，我国珠三角城市群在明确其面临的大气污染、土壤污染、地表水污染、城市生活垃圾污染、海洋污染以及生态退化现象后，出台各项措施改善城市环境质量，维护生态平衡与生态安全，促进经济社会发展与地质生态环境之间的协调发展，保障居民健康[23]。

2. 区域城市地质生态环境研究

这里的"区域"指的是城市连绵区或城市群，也可以理解成具有类似地质生态条件的特定地域或流域。事实表明，处于相似地质生态环境区域的城市，具有相似的城市自然地质生态环境，更容易形成城市群或都市带。北美五大湖区城市群、美国东北部大西洋沿岸城市群、我国长三角城市群、日本太平洋沿岸城市群等的形成，与其相似的城市地质生态环境不无关系。

我国地域辽阔，不同地域的城市其自然地质生态条件不同，并呈现出不同的开发建设情况，具有类似地质生态条件的城市所面临的地质灾害与生态环境问题相似度较高。中国工程院院士卢耀如教授按照城市面临的主要地质灾害与生态环境问题以及地质生态环境特征，将我国城市群分成八种类型区域[18]，如西南山地城市(如重庆市、攀枝花市)面临着岩溶山区以滑坡、荒漠化、泥石流、崩塌为主的地质生态问题，西北干旱地区城市(如兰州市、敦煌市等)以泥石流、地裂缝、沙漠化为主的地质生态环境问题影响着城市的健康发展，东南沿海城市面临的则是台风、海啸、洪水等生态灾害(图 2.7)。

目前，已有相关学者对我国区域城市地质生态环境进行了较为深入的研究。李媛和周平根[24]以我国西部地区为研究对象，研究西部地区不同地域的地质生态环境问题对城市发展的影响；张翔[25]以西南山地区域为研究对象，较为完善地构建了山地城市地质生态的质量指标体系，为山地城市化与地质生态环境之间相互影响、相互作用的关系提供了理论基础与技术指引；黄金川等[3]以三峡库区为研究对象，用定性与定量相结合的方法探究了三峡流域 15 个区县城市化率与生态环境之间的耦合关系；颜世强[26]对黄河三角洲地区的地质生态环境进行了综合研究，并探究了区域地质环境与生态环境对城市群可持续发展的影响；闫震鹏等[27]通过分析黄河冲积扇平原地区的地质条件与生态环境的演变规律与发育过程，研究了地质生态环境与中原城市群发展的控制作用与影响范畴；方创琳[28]指出未来我国将形成"5＋6＋9"形式的城市群空间格局，将形成以城市群为主构成部分的城市地质生态环境。

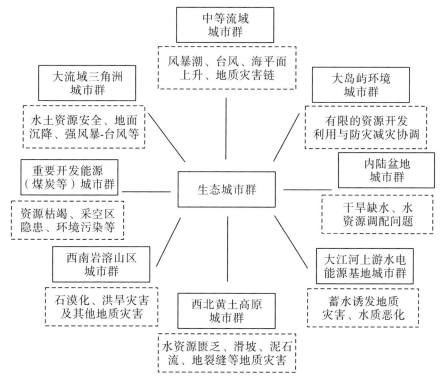

图 2.7　我国八大城市群及其主要地质生态环境问题[18]

2.2.2　中观：城市与镇层次

1. 城市

在城市地质生态的研究中，城市这一层次所涉及的问题较为庞杂，也最为集中，具有代表性，主要集中于城市发展与地质生态环境之间如何实现动态平衡这一核心问题上。城市地质生态的研究，应包括城市地质生态资料与数据的收集、整理、集成，并将相关数据有效利用在城市规划、建设、管理与持续发展过程中。针对不同城市，城市居民的生活习性、城市社会结构、城市经济发展水平均不同，对城市地质生态环境产生的影响自然也有差异，应因地制宜，针对具体问题进行具体分析。地质生态环境对城市的影响主要体现在：①城市总规定位与发展方向；②城市环境容量与灾害防治，如 2010 年甘肃舟曲特大泥石流对舟曲中心城区的地质生态环境影响较大，打破城市生态系统的动态平衡，在灾后重建中，规划团队特意选择地质条件较好处作为城市重建基地；③城市产业发展与基础设施建设；④城市空间布局与功能结构。

20 世纪 80 年代以来，我国先后在百余座城市开展城市环境地质勘查等方面的工作；近年来，在北京、上海、广州、杭州、南京与天津通过国土资源调查，对城市地质生态环境进行全面系统的评价，建立城市三维地质模型与数据库，但如何使城市地质生态环境相关数据与资料融入城市规划、建设、管理与可持续发展过程中，成为如今城市地质生态研究需要解决的重要问题。本书结合重庆市开州区总体规划设计与城乡修编研究对城市地质生态层面的研究进行探讨。

1) 土地利用与功能结构方面

一方面，根据风向、地形、地貌、地质结构等区位条件，综合地质灾害评析情况，明确建设用地与非建设用地，调整城市土地利用、功能布局与发展方向。另一方面，通过分析开州区城乡区域地质生态条件与环境承载力，明确重要生态保护区、森林植被、基本农田、地质灾害、水源涵养地、地形地貌、分布、风景名胜区等分布状况，构建开州区的地质生态环境用地适宜性评价标准，为城市的可持续发展提供保障。

2) 产业经济与生态协同方面

地质生态环境对产业与经济发展影响较大，不同的资源条件给城市发展创造不同的发展机遇，按照产业经济对城市进行分类，可以将其分成工业城市、矿业城市、旅游城市、综合性城市等。

3) 生态环境保护与灾害防治方面

一方面，由于城市发展以及产业生产的需要，当人们缺乏自觉保护生态环境的意识时，出现众多生态环境与地质环境问题；另一方面，目前也有许多城市在合理疏导、科学指引的生态环境规划下，取得了不错的成效。开州区位于我国西南山地，其地质生态环境较为脆弱，水土流失、洪涝、滑坡、崩塌、泥石流等地质灾害分布范围较广。

4) 城市支撑系统与基础设施方面

城市支撑系统包括城市交通、信息通信、能源资源等基础设施，同样也受到地质生态环境的影响与制约。比如，开州区拥有动植物资源、水力资源、矿产资源等丰富的自然资源，但由于地形复杂，城市基础设施建设难度大、投资高，造成交通困难，通信不便，城市社会经济文化发展较为滞后。

5) 城市社会与文化发展方面

城市社会与文化的发展与地质生态环境之间存在着直接或间接的联系。城市垃圾污染、大气污染、水污染等生态地质问题制约城市社会与文化的发展，而良好的山水环境、自然地貌等，能涵养出独特的城市特色文化，促进社会发展。

2. 镇

镇(县级镇、建制镇)与城市(特大城市、大城市、中等城市、小城市)同属于城市地质生态研究中观层次的内容，其研究的内容同样包括土地利用、产业经济、生态环境保护、支撑系统以及社会文化等方面，区别在于小城镇的人口、功能等相对城市而言，其规模较小，业态构成丰富度较低。地质生态环境对小城镇发展同样具有促进与制约双重影响：一方面，小城镇能够有效缓解人地矛盾，在城乡整体规划与建设中节约土地资源，提高资源利用率，拥有系统的乡镇市政工程，防治污染，保护环境；另一方面，小城镇在改变城镇产业结构和生产生活方式，实现人口集聚的同时，受到资源有限性、生态环境恶化以及乡镇相关环保制度建设滞后的制约，小城镇的无序发展造成资源浪费、环境污染等问题，对生态地质环境产生负面效应[29]。

笔者参与了九襄镇(县城镇)总体规划、控制性详细规划以及城市设计项目，通过分析九襄的地形地貌、气候状况、矿产资源、土壤土质、地理区位、地质结构、植被资源、水资源等地质生态环境因子，从而确定九襄镇的发展方向、空间布局、道路骨架以及产业结构等内容。①结合汉源县城的城乡建设需要以及实际利用情况，对九襄镇的地形地貌、高程、坡度、地质灾害区域、河流缓冲区进行用地适宜性分析，将城镇功能布局于坡度较小、高差较小、地质灾害不易发的适宜建设区内。②梳理九襄镇现状水系并适当扩大水域面积，结合城镇水渠改造打造滨水休闲景观带与开敞空间，组织两侧自然水体景观渗透进入城镇建设区，增强城镇小气候微循环效益。③九襄镇道路路网密度与方位朝向考虑城市地形高差变化、通风与采光条件，顺应主导风向进行布置。④九襄具有丰富的山水环境资源，山林环抱，广植梨树，规划挖掘丰富的植被资源、山水资源，梳理城镇景观格局，发展旅游休闲产业。⑤结合雅安芦山"4·20"地震灾后汉源县九襄镇地质灾害分布与防治规划，对九襄镇地质灾害进行梳理，构建防灾减灾生命线工程与疏散通道，控制镇区消防站、粮油仓库的布点与服务范围。

2.2.3　微观：社区与建筑层次

1. 社区

1）社区规划理念层面

随着生态文明理念逐渐渗透社会各个层面，社区的可持续发展也受到广大学者的关注。可持续社区、健康社区、宜居社区、生态社区、绿色社区、低碳社区等社区发展理念相继被提出（表 2.3），致力于解决社区发展与生态环境以及地质环境之间存在的矛盾。

表 2.3　与地质生态环境保护有关的社区发展理念

名称	定义及内涵
可持续社区	重点体现在社区的可持续，尊重自然环境，以人为本
健康社区	世界卫生组织提出健康社区的发展理念，目的是在社区层面推广健康的概念，涉及社会、生态、环境、经济与心理以及一系列环保政策等方面
宜居社区	针对城市用地不断蔓延发展现象，提出精明增长发展战略，营建更适于居住的社区
生态邻里	采用新能源与新材料建设绿色建筑，达到节能减排的效果，属于环境友好型邻里社区
绿色社区	以生态化与人性化作为设计、建设、管理社区的宗旨，既保护生态地质环境，又有利于社区发展与居民身心健康，实现与城市自然、社会、经济的可持续发展相协调
全球生态社区网	充分运用现代信息科学技术，实现人与人之间、社区发展与地质生态环境之间的协调关系
生态社区	生态社区是从生态城市概念的基础之上引申出来的，包括社区生态环境因素、经济因素、宜居因素与公平因素
低碳社区	以低能耗、低排放、低污染为基础的社区低碳经济发展模式为引导，转变社区生产生活方式与价值观念，将社区发展对生态环境的影响降低到最小，甚至达到零碳排放的目标
生态住区	以社区的生态性能为主旨，强调生态环境对人的直接作用与养成关系，重视社区人工地质生态环境的生态作用

2）社区防灾减灾与灾后重建层面

一方面，作为城市基层防灾单元，社区防灾减灾是保障城市与社区安全的重要工作，对于居民在地质灾害发生第一时间快速逃生与避难至关重要。日本依托社区各种基层自治组织（消防组、救助站、信息组等），形成了较为完善的社区防灾减灾体制，在阪神大地震中发挥了重要的作用[30]。另一方面，社区作为城市的基本构成单元，是灾后重建工作的重要组成部分。社区灾后重建工作相对于常规社区规划设计而言，更应注重社区地质生态安全，在重构社区生态环境、公共基础设施的同时，注重社区精神文化的重建，使社区居民在自然地质灾难中深刻理解人与自然和谐相处的意义与价值[31]。

2013 年 "4·20" 芦山地震发生后，笔者参与四川省芦山县先锋社区灾后重建，通过分析社区建设地段是否有滑坡、泥石流、地面塌陷、崩塌、不稳定斜坡等地质灾害，确定先锋社区重建基地并非处于地质灾害易发区，从而进行社区生态环境等物质基础的重建工作。

由于地震灾害对社区生态环境带来巨大的冲击，先锋社区生态环境极为脆弱，生态修复与保育难度较大，水土流失、土地沙化、生物多样性减弱等生态环境问题较为明显。在先锋社区灾后重建规划中，笔者梳理出数条生态走廊，形成农田—入口广场、入口广场—农田—背景山体、背景山体—果林—农田三种生态层次，经过两年的生态修复，先锋社区的植被得到基本恢复，生物多样性得到极大提高，社区生态系统逐步得到完善，社区居民的环保意识也随之提高(图 2.8)[32,33]。

图 2.8　先锋社区自然地质生态环境

2. 建筑

从地质生态学的角度上理解，建筑是由各种物质材料与能量临时构成的组织形式，正如理查德·克劳瑟所说："建筑是一种能量、材料和系统的合成"。建筑本身就是将地球上其他地方的物质材料与能源资源，在某个特定场所环境中再重新组织与分配，是地球生态系统中物质材料与能源资源流动的一个环节[34,35]。这种人类行为改变了原有地质生态系统中的资源能源的组成结构，使得建筑成为人工地质生态环境中的重要组成部分，属于城市地质生态的微观研究内容。20 世纪 70 年代，欧美建筑师应用生态学与仿生学的思想，提出低能耗建筑、生态建筑、山地建筑、绿色建筑等可持续建筑设计理念[36,37]。

2.3　城市地质生态理论框架研究

2.3.1　城市地质生态理论研究的整体关联

城市地质生态所研究的城市地质生态环境是相互联系的，因此反映城市地质生态环境的价值观与时空观、学科基础与融贯综合研究、内涵特征与理论原理等并非彼此孤立，而是密切联系的一个整体[38]。正如德国物理学家普朗克所说："科学是一种内在整体，从地学到物理学，通过生态学、生物学以及人类科学一直到社会学的连续链条，任何一处都不能被打断。"季羡林先生从东方哲学思维的角度提出：理论研究要注重"普遍联系"与"整体概念"；吴良镛在《人居环境科学导论》一书中指出，自然科学、思维科学以及社会科学发展至今已有丰硕成果，极有可能将其连接起来进行综合研究。这些言简意赅的话语，对于认知城市地质生态的整体关联研究十分重要[38,39]。

1) 价值观与时空观——学科基础与融贯综合研究

城市地质生态研究的价值观与时空观是学科理论与融贯综合研究的基础。前者为后者提供丰富多元的理论与方法，后者在前者的基础之上整合相关理论与思想，从而逐渐形成城市地质生态理论研究的学科基础与新的内涵特征，进而丰富城市地质生态价值观的内容，并推动其发展。

2) 内涵特征与理论原理——价值观与时空观

城市地质生态研究的内涵特征是价值观与时空观的基础条件。城市地质生态的价值观与时空观是在明确其内涵与特征、研究内容与层次、原理与理论的基础之上进行挖掘的，也就是说，如果尚未明确城市地质生态的本体，我们在探索其时空观与价值观时是盲目的，没有目的的。同时，由于时空观的研究，我们能从更长久的时间维度以及更广阔的空间维度上研究城市地质生态的内涵与特征、内容与层次；由于价值观的研究，我们能基于各个城市发展的思想与理念，对城市地质生态的原理与理论进行验证与实践。

3) 内涵特征与理论原理——学科基础与融贯综合研究

城市地质生态的内涵特征与理论原理是学科理论与融贯综合的基础。城市地质生态理论所采用的融贯的综合研究方法是在城市地质生态内涵的基础上进行的，融贯哪些相关学科、综合哪些相关理论，均是我们理解城市地质生态的概念、特征以及研究内容与层次的结果。同时，城市地质生态的学科基础与融贯综合研究为城市地质生态的内涵特征等研究提供一种方法，对城市地质生态研究本体的认识具有重要作用。

2.3.2　城市地质生态理论框架

城市地质生态理论研究的目的是为城市与地质生态环境之间的整体协调发展提供理论基础与技术方法。也就是说，城市地质生态环境研究与实践的思维方式更多表现为一种整体思维，为共同的目标进行协调一致的工作与思考。这种内在的紧密相连的整体机制或结构，存在于各个不同的学科领域当中，决定着城市地质生态研究的发展，而这样的一种存在，库恩将其称为一种"范式"。城市地质生态理论研究所运用的融贯综合研究方法就是将一些具有共同的范式、研究目标、科学信念以及价值观与方法论的相关理论原理等，集合起来形成一个研究群体。这样一个研究群体，我们一般称为"科学共同体"[35]。随着范式的转换与演变，城市地质生态研究这样一个科学共同体也处于动态演进过程中。

从认识论的角度来看，城市地质生态研究范式的重要意义在于获得一个共同的理论框架，从而接纳、吸收、融贯并同化由实践或验证所得的相关理论知识，进而丰富、充实并发展这一理论框架。当然，城市地质生态理论研究的科学共同体尚处于一个初级发展的阶段，其发展成熟与完善仍需要较长的过程。本书通过集合城市地质生态理论研究的学科基础与融贯的综合研究、价值观与时空观、内涵特征与理论原理，并在以上三者整体关联的基础上，初步构建城市地质生态的理论框架(图 2.9)。

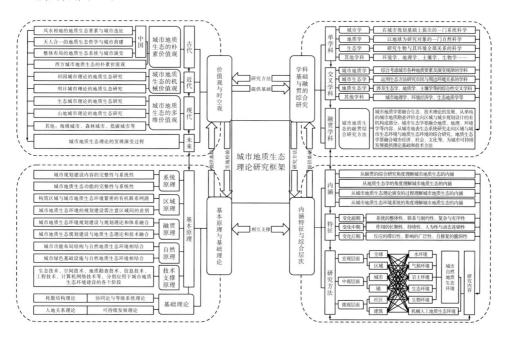

图 2.9　城市地质生态研究的理论框架

参 考 文 献

[1] 黄润秋. 生态环境地质的基本特点与技术支撑[J]. 中国地质，2001，28(11)：20-24.

[2] 中国科学院可持续发展研究组. 2004 中国可持续发展战略报告[M]. 北京：科学出版社，2004.

[3] 黄金川，方创琳，冯仁国. 三峡库区城市化与生态环境耦合关系定量辨识[J]. 长江流域资源与环境，2004，13(2)：153-158.

[4] 乔标，方创琳，黄金川. 干旱区城市化与生态环境交互耦合的规律性及其验证[J]. 生态学报，2006，26(7)：2183-2190.

[5] 徐理. 基于协同论的城市土地集约利用潜力评价——以武汉市为例[J]. 河北农业科学，2009，13(9)：102-104，107.

[6] 毛德华，谢石，刘晓群，等. 洪灾风险分析的国内外研究现状及展望(Ⅲ)——研究展望[J]. 自然灾害学报，2012，21(5)：8-15.

[7] 吕成. 山东省城市化与生态环境协调发展研究[D]. 济南：山东师范大学，2010.

[8] 刘耀彬，宋学锋. 区域城市化与生态环境耦合性分析——以江苏省为例[J]. 中国矿业大学学报，2006(2)：182-187，196.

[9] 刘耀彬，李仁东，张守忠. 城市化与生态环境协调标准及其评价模型研究[J]. 中国软科学，2005(5)：140-148.

[10] 刘耀彬，李仁东，宋学锋. 中国区域城市化与生态环境耦合的关联分析[J]. 地理学报，2005，60(2)：237-247.

[11] 张晓天. 山西省城镇化与生态环境协调发展度分析[D]. 太原：山西师范大学，2013.

[12] 卢耀如，张凤娥，刘琦，等. 建设生态文明保障新型城镇群环境安全与可持续发展[J]. 地球学报，2015，36(4)：403-412.

[13] 陈雪梅. 基于地质生态变化下的山地城镇规划建设影响因子研究[D]. 重庆：重庆大学，2015.

[14] 胡振琪，龙精华，王新静. 论煤矿区生态环境的自修复、自然修复和人工修复[J]. 煤炭学报，2014，39(8)：1751-1757.

[15] 毛德华. 人类与灾害相互影响机制的初步研究[J]. 湖南师范大学自然科学学报，1997(2)：93-97.

[16] 苗会强，刘会平，范九生，等. 汶川地震次生灾害的成因、成灾与治理[J]. 地质灾害与环境保护，2008，19(4)：1-5.

[17] 叶笃正. 中国的全球变化预研究[M]. 北京：气象出版社，1992.

[18] 卢耀如. 论地质-生态环境的基本特性与研究方向[C]//喀斯特与环境地学——卢耀如院士 80 华诞祝寿论文选集，2011：117-128.

[19] 毛德华. 人类与灾害相互影响机制的初步研究[J]. 湖南师范大学自然科学学报，1997(2)：93-97.

[20] 刘传正，李铁锋，温铭生，等. 三峡库区地质灾害空间评价预警研究[J]. 水文地质工程地质，2004，31(4)：9-19.

[21] 张衍春，龙迪，边防. 兰斯塔德"绿心"保护：区域协调建构与空间规划创新[J]. 国际城市规划，2015，30(5)：57-65.

[22] 曾卫, 陈肖月. 地质生态变化下山地城镇的衰落现象研究[J]. 西部人居环境学刊, 2015(1)：92-99.

[23] 张玉环, 余云军, 龙颖贤, 等. 珠三角城镇化发展重大资源环境约束探析[J]. 环境影响评价, 2015, 37(5)：14-17, 23.

[24] 李媛, 周平根. 我国西部地区地质生态环境问题及演化趋势预测[J]. 中国地质灾害与防治学报, 2000, 11(4)：78-82.

[25] 张翔. 山地城镇化与地质生态环境的相互影响研究[D]. 重庆：重庆大学, 2014.

[26] 颜世强. 黄河三角洲生态地质环境综合研究[D]. 长春：吉林大学, 2005.

[27] 闫震鹏, 赵云章, 焦红军, 等. 黄河冲积扇对中原城市群的地质控制作用[J]. 地学前缘, 2010, 17(6)：278-285.

[28] 方创琳. 中国城市群研究取得的重要进展与未来发展方向[J]. 地理学报, 2014, 69(8)：1130-1144.

[29] 周煜斌. 我国农村城镇化对生态环境的影响及对策研究[D]. 上海：华东师范大学, 2009.

[30] 伍国春. 日本社区防灾减灾体制与应急能力建设模式[J]. 城市与减灾, 2010(2)：16-20.

[31] 曾卫, 王华, 尤娟娟, 等. 城市街区型住区的规划策略研究[J]. 西部人居环境学刊, 2016, 31(3)：82-89.

[32] 李小波, 文绍琼. 四川阆中风水意象解构及其规划意义[J]. 规划师, 2005, 21(8)：84-87.

[33] 王华. 社区灾后重建的可持续发展探究——以雅安芦山先锋社区为例[C]//新常态：传承与变革——2015 中国城市规划年会论文集(06 城市设计与详细规划), 2015：1-11.

[34] 朱裕生. 基础地质调查的新任务——关于地质-生态环境调查新概念的探讨[J]. 中国区域地质, 1999, 18(2)：11-15.

[35] 吴良镛. 严峻生境条件下可持续发展的研究方法论思考——以滇西北人居环境规划研究为例[J]. 城市发展研究, 2001, 8(3)：13-14, 22.

[36] 宋晔皓. 生态建筑设计需要建立整体生态建筑观[J]. 建筑学报, 2001(11)：16-19.

[37] 宋晔皓, 栗德祥. 整体生态建筑观、生态系统结构框架和生物气候缓冲层[J]. 建筑学报, 1999(3)：4-9, 65.

[38] 沈清基, 安超, 刘昌寿. 低碳生态城市的内涵、特征及规划建设的基本原理探讨[J]. 城市规划学刊, 2010(5)：48-57.

[39] 赵丹, 何永. 新型城镇化背景下生态导向的城乡规划变革初探[J]. 城市发展研究, 2016, 23(7)：34-38.

第3章 地质生态环境与城市建设关联性研究

3.1 地质生态环境与城市建设相关性关系梳理

3.1.1 时间维度：基于城市发展阶段的时序相关性分析

城市的发展历程与人类社会文明的发展演化阶段是基本趋于一致的[1]。虽然地质生态环境理念提出较晚，但地质生态理念与城市发展却有着密切的联系，不同时期城市社会文明、物质资源利用方式、经济生产方式、地质生态环境承载力各不相同，城市与地质生态环境之间的时间演化关系具有较为明显的差异，地质生态理念与城市建设的关系在时序演化中是一种动态演变的层级关系。按照不同时期地质生态环境对城市建设的主导特征规律及城市建设实践活动特征，将地质生态环境与城市发展关系分为生态主导、生态失落和生态觉醒三个阶段，地质生态环境与城市建设各个阶段对应关系依次是依存关系、主导关系与和谐关系(表 3.1)。

表 3.1 不同城市发展阶段地质生态环境与城市的关系[2]

科技发展时期	前科技时代	旧科技时代	新科技时代
文明阶段	黄色文明	黑色文明	绿色文明
社会发展时期	前工业化时期	工业化时期	后工业化时期
物质资源	水、木、石以及泥土的综合体	铁与煤的综合体	电与复合生态材料的综合体
主导产业类型	农业、畜牧业	工业	信息产业、工业、农业等复合产业
资源特征	可再生	不可再生	可再生
地质生态环境问题	水土流失、森林砍伐、火山喷发	温室效应、大气污染、酸雨酸雾	逐步解决过去的地质生态环境问题
文明时段	原始社会到工业革命之前	工业革命之后至 20 世纪 60 年代	20 世纪 60 年代末至今
城市与地质生态环境的关系	敬畏与依存	征服与控制	保护与共生
城市地质生态意识	生态自觉	生态失落	生态觉醒与自觉
城市地质生态的价值观	朴素生态价值观	机械生态价值观	多维生态价值观

1. 地质生态环境与城市发展的历史演化过程

1) 古代(原始社会到工业革命之前):地质生态环境主导阶段

(1)地质生态要素与古代中国城市选址、营建。古代中国城市建设与《周礼》、《管子》、风水等思想具有不可分割的联系,从早期部落聚居的选址,到封建主义时期城市礼制营建和自然主义法则,城市建设体现古人对自然环境与地质环境的重视。早期人类城市居民点选址、营建往往会选择水源丰富、耕地肥沃的地势高爽处,从原始穴居到木构架、草泥建造的半穴居,再到城市居民点聚落的形成并无明显规划,其建造理念就是顺应自然的地质生态环境。此时,自然生态系统处于平衡状态,人类的城市建设活动对地质生态环境的干扰最低,地质生态环境对城市的选址、布局、空间形态、建造方式都起到明显的主导作用,仰韶文化、黄河流域文明、长江流域文明、内蒙古沿长城聚落文明(表 3.2)都是具有明显的"环境选择"倾向的典型案例。古代"匠人"从辩证的角度思考都城营建与自然环境的密切联系,例如,道家"风水相地"的自然观、儒家"天人合一"的哲学观、《周礼·考工记》整体布局的生态思想。中国古代城市选址往往遵循《周礼》和《管子》两大规划思想,城市的选址、营建形式、空间形态除了考虑政治、交通与军事防御,还会对水源、灾害、地形有较多的考虑。其中,《管子》选择城址很重视自然要素,强调因地制宜,注重"因天材,就地利"顺应自然而建,"圣人之处国者,必于不倾之地,而择地形之肥饶者。乡山,左右经水若泽","凡立国都,非于大山之下,必于广川之上;高毋近旱,而水用足;下毋近水,而沟防省"等更是强调城市建设与自然环境紧密结合的重要性。

表 3.2　对黄河流域、内蒙古、长江流域三处聚落的对比[3]

	地质生态特点	聚落布局	筑城状况
黄河流域	台地和平原较多,黄土有颗粒成分并以粉土粒级为主,具有直立性、富含碳酸钙、具有湿陷性等地质特点	布局形态较为规整	夯打和版筑等建筑技术较发达
内蒙古沿长城一带	多低矮的山丘,又处于游牧经济与农业经济的接壤地带	聚落的平面形态多不规整	军事防御性质突出的山城比较常见,筑城技术较为简单
长江流域	自然环境多以丘陵、土壤黏性大及水热条件等为特色	聚落平面形态主要沿地形、地貌顺应地势布局,多为不规整	夯打和版筑建筑技术落后

古代匠人与风水师认为山、水等自然要素的外在形态特征代表自然法则,因此城市营建需要重视山、江、河的地势勘查,布局要顺应山体与水形态,强

调因地制宜，追求自然生态要素之间的匹配与协调，形成独特的山水空间美学原则。例如，唐长安运用"风水"的生态哲学思想进行都城选址，强调"形胜"与"象天法地"的空间布局手法，都城南面对终南山，北面临渭水，西为地势平坦的平原。元大都城外三山环绕，以琼岛、积水潭、大面积风景优美的海子为中心构成皇城核心区，注重园林景观建造，开通通惠河漕运，修建引水工程与排水工程。《管子》认为"凡立国都，非于大山之下，必于广川之上；高毋近旱，而水用足；下毋近水，而沟防省""宫室必有度，禁发必有时""上地方八十里，万室之国一，千室之都四。中地方百里，万室之国一，千室之都四。下地方百二十里，万室之国一，千室之都四"，提出都城选址必须考虑周边气候、地形、水源、生物多样性等自然环境条件，强调灾害防治与自然资源的有效利用，根据自然环境承载容量确定合理的城市规模。《周礼》系统归纳出都城选址的标准与技术手段，提出"以天下土地之图，周知九州之地域广轮之数，辨其山林、川泽、丘陵、坟衍原隰之名物"，强调城市建设要注重对周围环境容量、自然资源的综合考量。在建筑布局层面，建筑选址与形态追求因地制宜，强调气候、地形、水文等地质生态环境要素与人工建筑环境的有机融合。建筑造型与体量讲究中庸适度，选材与修建注重因地制宜，就地取材，石、竹、木、黏土是当地主要的建筑材料，建筑材料在物理成分上融入周边环境，建筑地域特色明显；在景观园林层面，古代中国都城形制在整体布局方面往往追求轴线对称，而局部园林景观的营建却强调尊重自然原真美，常常采用"借景"的手法代替"化育自然"，将亭廊、台阁、绘画、雕刻、山、水融为一体，追求建筑与自然环境之间的和谐相处[4]。

(2)地质生态要素与古代西方城市建设。古希腊是古典文化的先驱、欧洲文明的摇篮，对欧洲2000多年的建筑和城市历史有深刻的影响。在自然环境层面，各地圣地建筑群善于利用各种复杂地形和自然景观，构成形态丰富的建筑群空间构图，往往圣地中心的神庙处于构图的核心，既满足远处观赏的外部形象，又兼顾内部各个视点的观赏效果，德尔斐的阿波罗圣地和奥林比亚圣地最具代表性。在思想理论层面，希波克拉底在《论风、水和地方》中认为城市自然环境因子诸如土壤、气候、水源影响城市居民健康，与城市安全紧密联系。希波丹姆按照几何与数的和谐建立理性、秩序美的城市规划模式——希波丹姆模式，强调城市骨架以棋盘式路网为基础，结合自然山、水修建城市防御体系，城市周边注重与自然环境协调。在城市建设层面，米利都城地处三面临海的自然环境格局，城市建设为应对军事防御在四周修筑城墙；道路路网采用棋盘式格局，城市中心区布置两条主要的垂直大街，中心交叉点是城市的中心区域，呈现L形开敞式空间，划分为四个主要城市活动功能区，东南为主要公共建筑区，东北与西南为宗教区，北与南为商业活动区，其余为居住区，城市布局考虑港口运输与商业贸易的实际需求，城市选址充分考虑自然生态环境的影响。

古罗马不善于利用地形地貌,而是通过人类力量改造地形,如首都罗马和罗马帝国广场的建设,商港巴尔米拉、俄斯提亚、军事营寨城奥斯塔以及提姆加特等。建筑师维特鲁威在总结希腊、罗马以及伊达拉里亚城市建设结合自然环境的实践经验,在《建筑十书》中强调城市的选址、形态以及空间布局形式与城市自然环境有着密切关联。在城市选址建造时需首先勘查周边现状、地质、地形、朝向、方位、水源、阳光和污染等地质生态环境,城市须位于地形高爽的位置,不沾沼泽地且远离病疫滋生的沼泽地段,避开酷热浓雾等气候恶劣地段,保障优质的水源与丰富的自然资源以及便利的交通条件。街道布置要考虑常风向,兼顾与公共建筑位置的关系,对场地进行设计,从而使城市得以可持续发展。

中世纪西欧的城市多是自发形成的,一般选址都位于水源丰富、粮食充足、易守难攻、地形高爽的地区,四周用坚固的围墙包围,城市形态以环状和放射环状为主,具有美好的城市环境景观,充分利用城市地形制高点、湖泊水和自然景色,建筑尺度亲切、环境宜人。

在文艺复兴时期,城市建设思想主张城市选址和布局要从区域环境的因素进行考虑,街道布局要考虑到军事防卫的安全需求,城市的合理建设需要从城市安全、生活、适宜建设的实际需求出发,体现文艺复兴时期理性原则的哲学思想特征。在《论建筑》中,阿尔伯蒂强调城市选址、城市及街道的军事防御要充分考虑区域环境、地形地貌、水源、气候和土壤条件,提出城市形制典型模式是沿街道从城市中心教堂、宫殿或城堡沿主要干道向外辐射,形成有利于军事防御的多边形星形平面,城市形态由各种几何形体进行组合,城市建设强调人是自然环境的组成部分,人的伦理审美以及社会经济活动均是对自然和谐的一种模仿,体现出朴素的自然主义生态哲学。可以看出这一时期,城市建设对自然环境的处理仍遵循环境因素优先,根据城市环境条件合理考虑城市的选址与形态,体现理性主义原则思想特征,如费拉锐特理想城市和斯卡莫齐理想城市等理性城市模式。

2) 近代(工业革命至 20 世纪 60 年代):地质生态环境失落阶段

随着人类在社会化大生产中明显从自然系统中异化出来,工业生产技术体系替代了传统的初级农业生产技术体系,人类开始走向改造、征服、掠夺与自然对立的阶段。城市大拆大建、片面追求经济效益,消耗大量不可再生资源,打破了农耕时代人类与自然地质生态环境近千年来友好相处的局面,城市各种环境污染与生态问题迅速蔓延。城市建设快速无序的"膨胀"与"扩张"无视城市地质生态环境,侵占郊区大量的生态用地。居住区与工业区混杂布局,大量的废气、废水、生活垃圾与工业垃圾等污染城市环境,城市地质灾害发生频次不断攀升。

(1)城市化速度的加快，城市人口迅速增长，导致城市的畸形发展，市区地价昂贵，建筑密度过高，异常拥挤，开敞空间与绿化环境匮乏，居住条件恶化，居住区与工业区混杂布局，人居生态环境条件恶化，大量的废气、废水、生活垃圾与工业垃圾等污染了城市的地质生态环境，大至物种灭绝，工业社会时期著名的世界七大公害事件(马斯河谷事件、洛杉矶光化学烟雾事件等)，小至水土流失、热岛效应问题，都深刻影响着城市的建设与发展。

(2)大工业生产方式引起城市功能结构变化，破坏原来脱胎于封建城市的以家庭经济为中心的城市结构。城市中出现前所未有的大片区工业区、交通运输区、仓储码头区、工人居住区、铁路枢纽、火车站、港口和码头迫使城市生产空间向外扩张，城市建设快速无序的"膨胀"与"扩张"开始无视地质生态环境，侵占郊区大量的生态用地。

(3)城市盲目扩张、布局混乱形成大量的紊乱人流货流，造成车辆数量剧增和交通堵塞。由于土地私有，生产无政府状态，工厂盲目建造和杂乱无章布局。工厂外围往往是简陋的工人住宅区，随着城市的进一步扩张，又将此类工业区包围在内，形成居住区和工业区混杂布局。铁路站场插入市中心，城市沿海岸、河道盲目蔓延，满足生产和生活需要的交通混杂交融，随着城市车辆拥有数量增多，交通堵塞加剧。

(4)城市中建筑紊乱，城市设计缺乏整体环境考虑，建筑艺术衰退，景观环境质量下降，居民居住条件恶化，大量贫民窟形成。

①欧洲旧城改造与自然主义探索。工业革命的快速化进程改变了人类居住模式、城市空间形态、社会生活和经济生产方式，城市中人口和用地急剧扩展，城市空间迅速蔓延，人口过度集中在城市。公共卫生运动、环境保护运动和城市美化运动贯穿西方城市规划全过程，是社会学家、规划师、建筑师和生态学家希望通过改造城市的空间物质环境问题来解决环境卫生问题，缓解尖锐的社会阶级矛盾的核心手段，从19世纪中期的奥斯曼巴黎改建规划，到美国华盛顿格网城市总体规划、霍华德的田园城市理论，西谛的城市形态，阿伯克隆比的大伦敦规划、柯布西耶的《明日城市》、《光明城》以及《雅典宪章》都寄希望于通过物质空间环境的改造来解决城市尖锐的社会、生态环境问题。

②20世纪50年代城市建设与生态环境科学兴起。20世纪50年代后，随着城市扩张与蔓延所导致的严重环境问题，人们开始关注自然环境与城市建设的可持续问题，担心生存环境遭受灾难性破坏。F. L. 奥姆斯特德(F. L. Olmsted)设计的纽约中央公园弥补城市发展对自然环境的破坏；霍华德自然生态观与人文生态观融合的田园城市建设；20世纪初开展的美国城市美化运动；P. 盖迪斯(P. Geddes)从自然生态观角度阐述环境背景对城市发展的重要性；E. 沙里宁[5]提出的有机疏散思想，都强调把城市作为整体环境，全面分析城市建设的环境问题。1958年成立的"雅典技术组织"建立了研究人类居住科学和环境生态学

的新兴交叉学科——人居聚居学，强调由自然界、人、社会、建筑物和联系网络组成人居环境系统，阐述城市建设活动与自然环境间的相互影响和作用机制。随着环境社会学、环境心理学、社会生态学、生物气候学、生态恢复学等众多环境学科的融合与发展，城市建设开始要求将建筑、自然、环境和人结合起来思考，以提高城市环境质量、增加环境舒适度，实现城市自然环境与人工环境的紧密融合。Ian Lennox McHarg[6]编著的《设计结合自然》通过美国大量城市规划实际案例，运用现代生态学探讨城市建设与自然的依存关系，强调城市人工环境与自然环境的适应性，其规划要求系统地按照调查—分析—规划的研究思路进行。

3）现代（20 世纪 60 年代至今）：地质生态环境觉醒阶段

20 世纪 60 年代以来，随着世界工业化与城市化迅速发展，城市化建设进程进一步加速，工业革命新技术问世造就城市空前发展的同时，也使得城市生态环境危机引起社会学家、规划学者、环境科学者及其他相关各界的广泛关注，人们对城市生态环境与地质环境的研究也逐渐进入一个多维、综合、跨学科发展的时代。越来越多的建筑师、经济学家、生态学家、社会学家等对城市生态环境与地质环境问题进行研究。"田园城市""绿心城市""生态城市"等理性乌托邦生态规划理念的提出为城市建设创造了新的思维、方法和实践目标。苏格兰生物学家盖迪斯（P. Geddes）最早注意到工业革命、城市化对人类社会的影响，进行了人类生态学的研究，探讨人与自然的关系，周密分析地域环境的潜力和限度对居住用地布局形式与地方经济体系的影响关系，强调把自然地区作为规划的基本框架。生态学家 Rachel Carson[7]编著的《寂静的春天》揭示了城市生态环境遭受巨大破坏开启了世界环境保护运动；麦克哈格（Ian Lennox McHarg）倡导的《设计结合自然》（1969），强调周围环境调查评价，开启城市生态研究的先河；罗马俱乐部（The Club of Rome）发表的《增长的极限》（1984），要求合理控制城市规模；芭芭拉·沃德和勒内·杜博斯的《只有一个地球》（1979）都揭示出城市所面临的一系列环境问题，开启了全球环境研究的热潮，卡尔·特罗尔（Carl Troll）的地质生态理念便是在这样多学科、多学者关注背景下逐渐开展的交叉新学科[8]。

2. 城市建设与地质生态环境关系时序演变规律

城市建设通过人口增长、经济发展、资源能源消耗和空间扩展对地质生态环境产生胁迫作用；地质生态环境通过人口驱逐、政策干预和资源争夺对城市建设产生约束。在这样的约束与胁迫作用下，城市建设与地质生态环境在时序发展上是如何演化的？演化的时序规律如何呈现？从时间层面认识城市建设发展与地质生态环境的演化规律，对制定城市发展和生态环境、地质环境政策与技术标准以及预测城市和地质生态环境的适应关系具有实践意义。

1) 地质生态环境与经济发展间的"环境库兹涅茨倒 U 形曲线"

在经济发展的初期,城市主要以资源密集型产业占主导,高能耗高污染产业缺乏清洁技术,城市建设环境保护意识淡薄,环境污染随经济发展将越来越严重。之后,经济发展到一定程度,知识密集型产业替代资源密集型产业,清洁技术推广,环境污染也就随之逐渐减轻,环境库兹涅茨倒 U 形曲线很好地解释了这一客观规律[9]。许多学者从时间视角上对城市发展曲线进行理论与实证研究,诺瑟姆对美国四个州 160 年城市化过程进行研究,提出城市化 S 形曲线。1992 年美国经济学家格鲁斯曼和克鲁格受环境库兹涅茨倒 U 形曲线的启发,参考发达国家经历了普遍高速增长、环境高污染之后,环境质量随经济增长开始有所改善的实证数据,首次提出环境库兹涅茨倒 U 形曲线假设[10]。随后,帕纳约托指出低收入期、转折期和高收入期的环境质量特征值,并实证了环境库兹涅茨倒 U 形曲线[11],其数学表达式如下:

$$z = m - n(x - p)^2 \tag{3.1}$$

式中,z 为生态环境损坏程度;x 为人均 GDP 指标;m 是环境阈值,m、n 和 p 均为大于 0 的参数。

2) 城市化与经济发展间的"对数曲线"

城市化是在空间体系下的一种人口、经济、社会优化过程,其中,人口、经济向城市聚集是经济和规模经济作用的结果。美国经济学家 E. E. 兰帕德(E. E. Lampard)在《经济发展和文化变迁》中指出"近百年来,美国经济发达地区的城市发展与经济增长之间存在一种非常显著的正相关性,经济发展程度与城市化阶段有很大的一致性"。1965 年,美国地理学家贝里利用 95 个国家的 43 个变量进行主成分统计,解释经济、技术、人口和教育与城市化的关系,指出城市建设与经济发展存在关系[12]。1975 年,瑞·M. 诺瑟姆(Ray M. Northam)通过美国城市的数据实证研究提出城市化水平与经济发展水平之间具有线性关系[13]。1980 年,周一星从国家尺度对城市化过程进行实证研究,提出城市化过程曲线的阶段性和导致城市化发展的社会经济结构变化的阶段性、人口转换的阶段性具有紧密的对数曲线关系。1982 年,周一星[14]对 157 个国家和地区的资料进行统计分析后,认为城市化与经济发展的关系不是简单的线性相关和双曲线模式,而是复杂的对数曲线关系:

$$y = a\lg x - b \tag{3.2}$$

式中,y 是城市人口占总人口比例;x 是人均 GDP 指标;a 和 b 为大于 0 的参数。

3) 城市化与地质生态环境交互耦合的数理规律解析

城市化与地质生态环境交互耦合的数理曲线关系是经过环境库兹涅茨曲线和对数曲线逻辑复合后推导出的代数逻辑复合过程。2005 年刘耀彬等[15]从时间层面对我国城市发展与生态环境的相关评价指标数据资料进行统计分析，分别计算出各个年份的耦合协调度、关联度、城市化综合序参量以及环境综合序参量，提出二者交互耦合的数理函数关系，其中，推理出城市化与地质生态环境的耦合函数关系为

$$E(x)=m-a[10^{(u+b)/a}-p]^2 \qquad (3.3)$$

式中，$E(x)$ 为地质生态环境水平；u 为城市化水平；m 为地质生态环境阈值；a，b，p 为非负参数。

当 $10^{(u+b)/a}-p<0$ 时，随着城市建设水平提高，地质生态环境恶化；

当 $10^{(u+b)/a}-p=0$ 时，地质生态环境质量恶化接近最大的环境承载阈值；

当 $10^{(u+b)/a}-p>0$ 时，随着城市建设水平的提高，地质生态环境水平得到改善。

基于城市化与地质生态环境共同的经济坐标轴，从几何学推导出二者的耦合曲线。在同一个坐标体系内，分别将环境库兹涅茨曲线和对数曲线纳入坐标系第一和第三象限，从两条曲线上引水平和垂直辅助线向第二象限投射，将经济轴消去后，即在第二象限生成一条城市化与地质生态环境耦合的关系曲线。

4) 城市建设与地质生态环境演化关系

地质生态环境与城市建设是一种相互作用、双向胁迫与约束的影响关系[16]。将地质生态环境与城市建设关系看作一个动态演变的层级过程，其核心就在于时间自组织性决定了关联过程是一个演变的动态层级系统，其演变过程按照耗散结构理论的随机涨落规律和地质生态环境对城市建设需求度的满足程度将其归纳为：①低耦合关联状态，系统处于不平衡态，地质生态环境对城市建设需求度的满足程度低，二者关系处于劣态，其发展态势呈现不可持续；②临界耦合关联状态，系统内部不平衡产生的微涨落通过相干效应迅速放大成宏观整体上的"巨涨落"，并得以稳定，系统由一种不稳定的定态(低耦合态)跃变为另一种新的有序态(线性耦合态、非线性协同耦合)，地质生态环境对城市建设需求度的满足程度逐渐增高；③渐进耦合关联状态，耦合系统处于中等水平状态，系统内部因子相互促进与制约，彼此存在复杂的线性与非线性作用(反馈、自组织、自我复制、协同)，地质生态环境能够满足城市建设的需求度；④高水平耦合关联状态，地质生态环境与城市建设耦合系统处于高水平状态，二者系统稳定性水平最高，地质生态环境对城市建设需求度的满足程度最高，处于良性循环的发展阶段(图 3.1)。

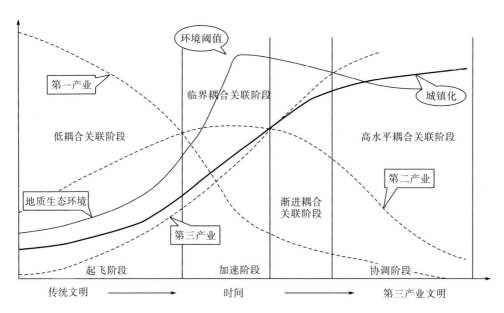

图 3.1　城市建设与地质生态环境演化关系

3.1.2　空间维度：地质生态环境与城市建设的空间适应关系

在空间研究层面上，城市系统与地质生态环境系统作为两个开放的、相互关联的复杂巨系统彼此间一直处于动态变化的相互作用过程中。一方面，城市建设与地质生态环境之间存在着空间物质能量输入与输出关系，地质生态环境在为城市提供所需求的矿产、土地、气候、水源等资源与能源的同时，也起到净化城市建设所产生的废水、废气、废渣等污染物的作用；另一方面，城市系统与地质生态环境系统在不同空间尺度上存在相互作用、相互适应的平衡关系，地质生态环境为不同空间尺度范畴的城市建设活动提供物质基础条件，全球-区域-城市-集镇-社区-建筑不同尺度空间层面的建设活动对地质生态环境产生胁迫作用。不同的地质生态环境与城市建设研究范畴在时空演化规律、影响差异、作用强度等方面均有不同，这种空间维度上的适应主要体现在城市建设子系统（人口、社会、经济、空间）与地质生态环境子系统（地质环境、水环境、大气环境、生态环境、生物环境、资源能源等）的空间层级响应、作用及反馈当中，其对应的空间研究内容与深度也有较大差异。道萨迪亚斯在研究人类聚居学时提出人类聚居系统可以分成三大层次和 15 个层级单元。①宏观层面，即大规模的城市聚居单元，包括从城市群到城市连绵区等五个单元；②中观层面，即中等规模的城市聚居单元，包括一般城市到大都市等五个单元；③微观层面，即小规模城镇聚居空间范畴，包括从个人到邻里等五个单元。根据地质生态环境实际研究情况以及我国城市建设存在的实际问题，将城市建设与地质生态环境的空间适应关系按照宏观、中观和微观三个层级划分为全球-区域-城市-集镇-社区-建筑等几个不同的空间层次，根据全球、区域，城市、集镇，社区、建筑等不同空间规模划分研究单元，从宏观到微观系统性把控地质生态环境与城市建设在多尺度空间范畴下的适应关系。

1. 宏观：全球与区域层面的空间适应关系

城市是地球表层空间开发强度最高的人类活动聚居地，地质构造、地形地貌、水文、气候、生态环境、资源能源等要素的分布与变化对城市建设产生深刻影响。一方面，全球和区域层面的地质生态环境既包括对城市建设有利的能源、水源、生物资源等要素，也包括与城市密切相关的各类不利因素，如生态环境污染、地表沉降、地震等。另一方面，从城市可持续发展来看，应该重视区域地质生态环境研究，城市面临的生态环境退化、水污染、地质灾害、雾霾等区域性问题危及城市发展，改善城市生态环境质量，维护生态本底与安全，保障地质生态环境与城市可持续发展成为宏观层面地质生态环境与城市建设的紧迫任务和热点难题。郑艳[17]提出适应型城市概念，并将适应气候变化与气候风险管理纳入城市建设当中。全球与区域空间研究范畴往往是具有空间连续性的或者相似环境特征的特定城市群、城市连绵带和都市连绵区等。卢耀如等[18]按照城市所面临的地质灾害问题和相似环境特征将我国城市群分成八种不同类型的空间开发区域。不同的地质生态环境特征影响城市的空间形态、结构、布局、规模和选址，城市建设往往需要适应这类特定的环境空间状况。我国西南山地面临着以滑坡、泥石流、地震、复杂地形为主的地质生态脆弱性特征，重庆城市空间结构、形态与一般平原城市有较大差异，城市空间建设需要适应这类环境特征。荷兰兰斯塔德环形马蹄状的多中心城市空间结构正是城市建设适应地质生态环境的典型案例，城市围绕着中心绿心、绿楔、廊道、自然缓冲带建设，形成多中心的城市空间结构体系，城市空间建设与地质生态环境相互适应[19]。空间是由相互关联影响的独立空间集合叠加而成，城市空间与地质生态环境存在依存与共生的紧密联系，地质生态环境与城市建设的空间适应关系就是城市空间集合与环境空间集合相互协调、适应共生的有机空间整体。从区域空间的时序演化规律来看，城市发展与地质生态环境是处于一种非线性的动态层级状态，地质生态环境与城市建设的自组织特性使得不同的空间集合相互影响，呈现非线性的跃动状态。地质生态环境与城市的空间适应关系的演化是空间之间的适应共生条件到达某种临界点，这种跃变的过程就会使区域空间状态呈现大尺度变化。古代南方丝绸之路沿线随着贸易往来通道的出现开始形成串联的点状空间城市群，但是随区域地质生态环境的变迁和对外往来贸易方式的转变，沿线形成的点状城市空间格局发生变化，城市空间结构发生转变。尤其是在经济全球化、要素流动性频繁的时代背景下，地质生态环境与城市建设空间适应关系突变可能性已经大大增加，地质生态环境被迫适应城市建设扩张，这种空间适应关系产生剧烈变动[20]。

2. 中观：城市与镇层面的空间适应关系

城市与集镇空间尺度范畴下的地质生态环境与城市空间适应关系研究所涉及的问题较为复杂，最具有研究的代表性意义，主要集中在城市空间选址、形态、规模与地质生态环境承载力相互协调，主要体现在：①城市选址、形态与发展方向，如古希腊雅典卫城建立在陡峭的 70～80m 山顶之上，顺应周边地势地貌用乱石在四周砌筑挡土墙形成 280m×130m 的大平台，圣地建筑群布局利用地形灵活构图，建筑物安排顺应地势，以神庙为构图中心，同时兼顾山上山下的视角观赏，考虑活动时的内外观赏视线变化；②城市生态安全与灾害防治，在地质灾害频发地区，城市建设必须选择地质条件较好处作为城市空间建设的基础，空间建设要具有应对灾害突发的弹性能力，城市生态安全与灾害防治是城市建设的主要议题；③城市空间布局与功能结构，重庆市城市空间布局充分利用山地地形和临江等自然环境条件，沿长江和嘉陵江向山体呈现叠层退台的立体、集约化空间发展模式，其中交织丰富多样的城市功能业态，形成临江步道、街巷、绿化、点式高楼、传统建筑、控制性建筑的城市空间布局形态；④城市土地利用与绿色基础设施建设，城市建设规划中往往遵循区域整体发展理念，将区域自然生态要素的河流、湿地、森林、农田要素以基质、廊道、斑块的形式组织成生态空间网络，与城市空间结构形成有机融合的生态空间格局[21]。

例如，乐山市中心城区总体规划以城市生态学理论为指导，从城市整体发展目标定位、城市选址、用地布局综合协调得到城市绿地系统规划，采用绿心环形的城市空间结构，将中心城区包围的 87km² 的林地、河流划定为保留的城市生态绿心，绿心作为城区永久性的非建设公共开敞空间，根据绿心的土壤状况、地貌、植被森林特征将其定位为森林公园。一方面，绿心可成为乐山城市应对灾害的防灾疏散场地；另一方面，可以结合城市绿地系统规划形成完整的城市生态基础设施，调节中心城区微气候条件，改善城市热岛效应，提升空气质量，涵养地下水，保障城市生态安全，产生综合社会经济效益，形成山林环—江河环—城市环—绿心环的城市空间结构，协调自然环境与城市的平衡[22]。

镇建设更加强调城乡统筹发展模式，将镇的空间、经济、社会与自然环境发展进行统一规划和建设，关注城镇空间建设与地质生态环境的协调关系，强调土地资源合理开发，提高自然资源利用率，建设完善的乡镇基础设施工程，保护区域自然环境。以曾卫教授工作室《九襄镇总体规划》、《控制性详细规划》以及《总体城市设计》实践项目为例，从适宜性建设、水环境保护、道路与地形、产业发展与资源利用、灾害防治规划五个层面分别讨论镇层面地质生态环境与城镇建设的空间适应关系。①通过地质生态环境调查评估划定九襄镇建设用地管控分类,确定空间发展方向和土地利用布局。通过分析九襄镇的地形地貌、气候、矿产资源、地质结构、水资源等地质生态环境要素,对区域地形地貌、高程坡度、地质灾害区、河流缓冲区进行用地适宜性评价,划定九襄镇的建设用地管控分类,选择坡度较小、地势平坦、不易发地质灾害的适宜建设区布局城镇功能。②充分考虑九襄镇现状水系,结合流沙河和建成区水系网络分布情况,进行老城区水渠改造,将流沙河沿线用地打造成为滨水休闲景观带与开敞空间集聚区,将自然水体引入镇建设区,增强九襄镇的小气候微循环效益。③九襄镇道路布局充分考虑区域自然地形高差,道路沿等高线走势布局,路网密度与朝向考虑镇通风与采光,顺应镇常年主导风向进行布局。④凭借丰富的山水环境资源,依靠流沙河、周围山体自然资源和茶马古道等人文资源建设特色小镇,将流沙河水系引入镇建设区,形成山-水-镇景观格局,打造花海果都旅游休闲产业。⑤规划设计充分考虑"4·20"雅安芦山地震灾后九襄镇的地质灾害点分布与防治,划定地质灾害影响的非建设区和管控区,对地质灾害易发点进行系统梳理,构建九襄镇防灾、减灾工程与应急救援通道,合理布局消防站和应急疏散场所。

3. 微观: 社区与建筑层面的空间适应关系

从城市空间结构层面来看,社区和建筑是城市建设的基层单元,是城市与空间场地之间的承接载体,就像有机细胞体一样生长在城市空间当中,是城市建设统一整体不可分割的一部分,也是城市社会公共管理的微观基础,是解决城市规划、建设与管理所面临的各种挑战与问题的基本单元。一方面,作为城市建设的基本空间单元,社区与建筑根植于地质生态环境当中,是有效解决地质灾害、生态环境、社会和经济问题的重要平台。其中,地质灾害防治是保障城市居民安全的重要空间处置单元,是灾害发生时第一时间快速逃生与避难的重要空间场所,也是灾后空间重建的重要组成部分。例如,日本依托社区基层消防组、救助站建立的社区空间灾害防治体系在日本地震救援和灾后重建中起到了重要作用[23]。社区自组织在生态环境保护中起到重要作用,社区利益共同体——居民进行自主合作,通过自组织与自我管理实现持久性的生态环境保护,建立环境预警领域、环境监督机制、环境教育体系和环境权威管理组织,将社区参与与生态环境保护结合,引入社会资本推动社区生态环境保护建设。另一方面,社区与建筑是人类运用技术手段抵御外部不利环境要素影响所创造的城市空间构筑群或构筑物。建筑环境设计、建造以及布局需要考虑场地地质条件、地形地貌、阳光、微气候、温度、通风等地质生态环境因素,受地形、采光、通风的影响,建筑群朝向与布局形式往往呈现周边式、斜列式、并列式、错台式、错列式等不同形式[24]。例如,山地相对一般平原和缓丘地区地质生态环境条件更加敏感,复杂的地形地貌、地质构造、微气候、水文使得山地建筑布局形式、空间形态更具空间层次感，建筑基地为顺应地形高差，接地形式多采用挑、台、跨、架、坡、吊、错等多种方式，重庆渝中区洪崖洞建筑群建造充分利用现状地形高差，建筑叠层错落布置，通过采用架跨、挑悬、错层、掉层、附崖等空间处理，将重庆地方建筑特色融入营建之中，充分考虑建筑与微观地质生态环境的相互影响作用。同时，建筑的建造过程是一项物质材料、能源、自然环境、人工技术在特定场所空间中再重新组织与分配的集合过程[25]，往往会打破原有地质生态环境的物质与能量平衡状态，改变地表雨水的自然径流方式，破坏微气候循环流动机制，导致地表表层土壤腐蚀，故而彼此间存在着间接与直接的空间置换效应。

3.1.3　因子维度：地质生态环境因子与城市建设因子的作用影响机制

笔者从地质生态环境的研究视角出发，以地质生态环境核心因子——地质构造、地形地貌、水文、大气和土壤，探讨地质生态环境对城市建设支撑、约束与限制的影响作用机制；以城市建设核心对象——土地利用、人口规模、基础设施和道路交通，探讨城市建设对地质生态环境的胁迫与反馈作用。根据地质生态环境因子组成分类，主要提取对城市建设起重要影响作用，尤其是涉及城市安全、城市用地布局和选址等方面的因子。借助文献统计法和专家权重指标法，分析地质生态环境因子与城市建设因子相关性指数，按照相关度大小选取地质构造、地形地貌、水文、土壤和气候条件 5 个因素，土地利用、人口扩张、基础设施、道路交通 4 个因素探讨地质生态环境因子与城市建设因子的影响与反馈作用。

以"地质生态环境因子"与"城市建设"为核心关键词，运用 CNKI、万方数据知识服务平台和 Elsevier 的 SciVerse ScienceDirect 三个数据库基于检索文献调查法对现有文献数量进行统计分析，以检索文献数量作为研究地质生态环境因子与城市建设因子的相关性依据(表 3.3)。其中，检索文献数量越大，说明二者关系越紧密。数据获取完成后按照专家打分的处理原则，组成地质生态环境研究专家组对地质生态环境因子与城市建设因子的相对重要性进行分析，构建打分判断矩阵计算各组成因素的权重系数，得出地质生态环境因子与城市建设因子的综合指标系数排序列表。最终统计的结果见表 3.4，研究得出相关系数较高的地质生态环境因子是水文、地形地貌、气候，分别为 0.142、0.062、0.079；城市建设因子是建筑、道路，相关系数较低的是动物、污染物排放。可针对地质构造、水文、地形地貌、气候、土壤，土地利用、人口扩张、基础设施、道路交通等相关性指数较高的因子分别进行讨论。地质生态环境因子与城市建设因子作用机制示意图如图 3.2 所示。

表 3.3　地质生态环境因子与城市建设因子的相关文献数

因子	城市规划建设			城市规划建设/灾害	
	CNKI/条	万方/条	Elsevier/条	CNKI/条	万方/条
地质构造	1032	101	3456	651	67
地形地貌	4236	885	3957	1248	51
水文	13892	2302	7776	1959	758
土壤	2249	492	7774	802	292
资源分布	11051	58	10155	—	—
植物	4256	658	9042	763	317
动物	1227	491	5972	404	278
气候	5130	553	8998	1102	283
建筑	29523	2161	11653	2118	651
大型工程	4314	974	7340	860	476
道路	16834	1421	9802	1667	530
污染物排放	2593	502	4303	517	265

表 3.4　地质生态环境因子与城市建设因子的综合相关性指数

因子	相关度		综合相关度	排序
	文献统计法 1	专家打分法 2		
地质构造	0.033	0.083	0.058	8
地形地貌	0.062	0.154	0.108	4
水文	0.142	0.109	0.126	3
土壤	0.059	0.049	0.054	9
资源分布	0.053	0.033	0.043	10
植物	0.068	0.058	0.063	7
动物	0.040	0.015	0.027	13
气候	0.079	0.079	0.079	5
建筑	0.192	0.122	0.147	1
大型工程	0.072	0.072	0.072	6
道路	0.137	0.137	0.137	2
污染物排放	0.042	0.042	0.042	11

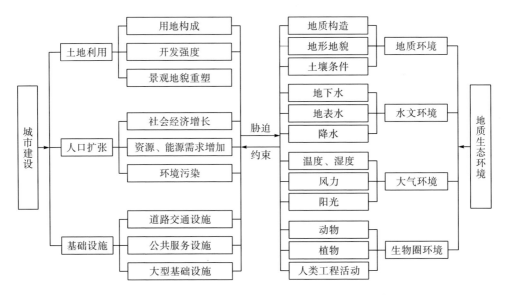

图 3.2　地质生态环境因子与城市建设因子作用机制示意图

1. 地质生态环境因子对城市建设因子的约束作用

地质生态环境是构成人类生存的基础和保障城市发展所需的基础物质资源，通过环境选择、人口迁移、资源争夺和政策干预对城市功能结构的空间布局形态以及发展方向、城市的道路系统、绿地系统、空间结构等功能要素的规划布局以及建筑设计产生约束与限制。地质地理环境，特别是地质构造条件、水资源和地形地貌条件对城市建设布局影响十分显著。其中，制约与限制条件主要体现在两个方面。一是对城市建设活动布局的制约。城市选址分布既要考虑地形地貌条件，又要求有适宜生存的气候与水资源条件。以比利时中部迪耶勒(Dijle)流域源头地区为研究对象，Broothaerts 等[26]从地质生态环境的视角探讨了洪泛区对人类城市建设活动的敏感性。曾卫和陈雪梅[27]就地质生态环境因素中的地形、土壤、水体、植被因素对小气候的作用规律，探讨了小气候对城市选址和布局的影响。其中，气候条件对城市用地布局的影响主要体现在土地功能结构方面，居住区与工业区的规划布局往往根据城市主导风向将工业用地置于居住用地的下风向以保障居住环境质量。二是对城市建设可持续发展约束，土地、水源、地质基础、气候、地形地貌是城市建设得以继续的物质基础。资源、能源、生态条件是分异和限制各地区城市化水平差异的重要因素，其中最为明显的就是我国东高西低的区域城市建设水平的差异[28]。针对中国城市化进程中城市建设用地结构，刘耀彬等[29]从社会经济和地理空间两方面分析了约束城市可持续发展的相关因素，提出地形条件、非农业占比、人口城市化率是影响城市建设的主要因素。闫震鹏等[30]认为黄河冲积扇形成的地质环境、地层岩性结构、水文地质特征、地貌单元条件共同影响中原城市群的空间分布、发展规模，从地质环境角度分析和探讨了中原城市群城市可持续发展的有利条件和影响因素。

2. 城市建设对地质生态环境的胁迫作用

城市建设是城市各种资源要素创立、组合、改造和发展的过程，在为城市提供更多选择和机遇的同时，也通过人口集聚、经济发展、资源能源消耗和地域扩张对地质生态环境产生环境风险与胁迫压力。这种胁迫作用主要体现在土地与空间扩张、经济增长与开发强度增大、人口增长与迁移、地形地貌重塑等对地质生态环境的改造方面，并不断向环境排放污染废物，通过人类的改造活动重塑地表空间形态。卡比尔等在孟加拉国达卡都市圈城市化和环境退化的研究中认为城市化中过度的土地资源征用导致城市植被减少，破坏了空气循环机制，使城市大气环境质量退化，提出城市建设活动不仅会干预区域气候的稳定性，也会造成城市密集区的热岛效应和湿岛效应[31]。城市建设的大型工程活动或多或少都能引起长时间持续性的地质生态环境的变化[32]，21 世纪全球山地地质环境灾害增长与产业革命后城市建设进程加快对环境产生的日益强烈的干扰分不开。2001~2007 年，随着我国城市化的不断发展和推进，我国地级以上城市平均扩张面积已超过70.1%，对土地资源的需求也日渐增长，城市建设用地急剧扩张，开山修路和填海造地使得原有的地质生态条件发生变化，继而引发一系列地下水枯竭、矿山滑坡、坍塌、大气污染等地质生态环境人为改变。

快速的世界城市化历程带来了更多的人口变化、多样化的文明、高科技的同时，也伴随着大规模的地上地下的城市建设活动，地下空间的大规模开发利用、填海造地、挖山筑路等不再受到环境条件的制约，对地质生态环境的干扰能力越来越强。城市建设对地质生态环境的胁迫作用主要体现在以下四个方面。①土地利用：土地利用布局和开发强度对城市生态环境和区域地质环境的影响十分显著。一方面，工业仓储用地对生态环境造成不良影响，尤其是污染性的工业用地带来的负面影响相当大；过高的土地开发强度引发热岛效应，大量人口聚集产生的热气、汽车尾气对城市气候造成影响，对自然地表的人工铺设改变城市下垫面特性，增加其不透水率，使得高强度开发区域的热岛效应更加突出。另一方面，适宜的土地利用规划与控制体系也可以缓解城市生态问题[33]。例如，绿地植被对改善大气环境质量和缓解城市热岛效应有积极作用。一方面，植被可以对大气颗粒物进行阻拦和吸附，减少悬浮颗粒物含量；另一方面，植被可以吸收太阳辐射的能量进行光合作用，使得具有绿化植被覆盖的低温区域与建筑、硬质铺装的高温区域间产生温度差，在局部形成垂直环流和微风，缓解城市热岛效应[34]。②人口扩张：城市人口规模的增长必然增加对土地、水、粮食和能源需求的增长，通过对耕地大面积使用化肥和农药提高耕地农业生产效率，生产更多粮食，大面积的化肥和农药使用会进一步造成土壤质量的衰退、土壤退化和沙漠化。在其他环境要素不改变的情况下，城市人口数量越多，其环境负效益就越明显，人口增长已在很大程度上成为环境恶化的直接原因[35,36]。③基础设施：城市生产生活修建的各种较为大型的基础工程设施(管道、隧道、桥梁、运河、堤坝、港口、电站、飞机场、海洋平台、给水排水以及防护工程等)，尤其是涉及改造地质生态环境的设施，会产生一系列不良环境效应，其影响往往是长期持续性的。④道路交通：道路交通与城市环境问题有着密切联系。道路交通对城市社会、经济有一定的促进作用，但同时也会产生一系列环境问题。一方面，大量汽车会排放 NO_2、CO 等气体进入大气环境，造成有害热和噪声污染，目前我国很多城市的交通噪声污染都超过80 分贝，汽车尾气排放和道路扬尘是危害周边居民健康的最主要因素；另一方面，道路交通建设会侵占大量生态用地，在地质生态环境脆弱的地区砍伐林木、占用生态用地不可避免会破坏原有环境复杂脆弱带，引发山体滑坡、泥石流、生物多样性降低、水土流失等环境生态问题。大型工程活动的环境效应如表 3.5 所示。

表 3.5　大型工程活动的环境效应

工程类型	作用方式	环境效应
水利水电工程	附加荷载、岩体爆破、边坡开挖	诱发地震、库岸再造、水库淤积、岩爆、岸边浸没、土壤盐碱化与沼泽化、改变水生生态系统、加速下游河床侵蚀、海水入侵等
跨流域调水工程	岩土开挖、爆破、填堆、拦截地表径流	改变天然水系、土壤盐渍化、水质污染、渠道边坡失稳等
矿业工程	废物堆弃、开挖、爆破疏排地下水	诱发地震、边坡失稳、山体崩塌、岩爆、煤与瓦斯突出、区域地下水位下降、采空塌陷、水土流失、土地沙漠化等
交通工程	岩土开挖、弃土填埋、工程振动	边坡失稳、塌方、突水溃泥、岩爆、岩溶塌陷、泥石流、水土流失、破坏植被等
城市土木工程	岩土开挖、废物堆填、地表径流改道、水资源开发	地面沉降、岩溶塌陷、地裂缝、基坑变形与破坏、水资源短缺、水土环境污染等

3.1.4　技术维度：地质生态环境质量技术评价与城市适宜性建设

地质生态环境质量评价是城市经济、社会、地质环境与生态环境等多要素交叉的综合结果，涉及城市建设的规划、建设和管理各阶段，为研究城市地质构造条件、地貌形成与演化、气候分布规律、地质灾害分布提供支撑。地质生态环境评价图谱与信息数据库为应对地质生态环境变化、地质灾害提供了实时监测信息和开发依据，为城市建设合理开发和利用土地资源、能源、空间资源、生态资源和水资源等自然资源要素提供了依据，是一项为城市社会、经济、自然可持续发展提供安全性保障的基础地质环境调查与生态资源评价工作。城市建设和地质生态环境作为开放的复杂系统往往具有多样性和复杂性特征，基于麦克哈格千层饼模式的地质构造、土壤、水源、气候、生态环境等要素叠加的适宜性质量评价对合理评估地质生态环境效益、明确地质生态环境现状条件和问题提供直观的参考，为城市建设各阶段提供适宜性建设依据和指导。在以往传统地质生态环境千层饼调查评价方法上提升与创新，借助 3S（GIS、RS、GPS）、大数据、通信卫星、三维可视化分析等技术构建适应城市发展需要的地质生态环境评价技术路线和方法，满足城市建设中适宜性管理与开发决策过程的需要[37]。地质生态环境质量综合评价的基本思路[38]如下所述。

（1）根据区域环境的整体性以及评价系统的相互效应，地质生态环境综合评价类型应该是综合性区域地质生态环境质量调查评价，并根据区内评价体系和评价单元主要现状问题，如地质稳定性水平、地质灾害分布、水源污染、生态环境敏感、大气质量污染等问题开展有计划的针对性问题调查评价，与城市社会、经济、生态发展紧密结合，是一项具有战略性、前瞻性和科学性的评估任务。

（2）地质生态环境调查与评价工作的首要任务是明确区域地质生态环境现状和主要存在问题，对其产生影响的主控地质环境要素和生态环境要素，评价地质生态环境对城市建设活动的正负影响作用，为区域城市建设合理开发和地质生态环境可持续发展提供科学依据和支撑。

（3）详细研究区域主要地质生态环境问题以及准确评估城市建设过程对地质环境和生态环境的影响，对地质生态环境的生态足迹和生态承载能力进行分析，确定城市建设开发强度和承载人口规模，综合评价区域地质生态环境质量。

（4）根据地质生态环境质量评价体系和划定的分级标准，对地质生态环境质量进行综合评价，并采用相关数理计算模型合理预测地质生态环境质量发展趋势。

（5）根据调查研究探讨地质生态环境质量与城市建设可持续发展面临的问题以及二者耦合协调发展模式，进而为地质生态环境与城市建设可持续发展提供对策和建议。

（6）通过 3S 技术实现多学科紧密协作，传统千层饼模式与大数据科学技术结合，充分发挥传统评价方法对各种基础环境地质条件和环境问题的宏观识别与理论定性分析的作用，同时要充分利用 3S、大数据等高新技术提高调查工作的速度、深度和准确度[39]。

结合《江油市城市总体规划（2014—2030）》与环境资源专题研究，对江油市地质生态环境质量评价与城市适宜性建设的影响研究进行探讨。

（1）土地资源承载能力与土地适宜性利用方面。一方面，立足于宏观尺度上的综合分析，综合考虑地表坡度、海拔、地质灾害易发分区、森林与绿地、河流水文、风景名胜区等 6 个要素，依据适宜性分析将江油市城市建设用地划分为已建成区、适宜建设用地和可建设用地三大类，可开发建设用地面积约 1155km²，若以规划人均建设用地指标较为宽松富余的 120m²/人计算，可实际用于城市建设的土地资源按 83%（根据四川省成都市实际用地经验系数判断）折算，则江油市可用于城乡建设的土地资源约有 960km²，可供城乡建设的用地数量充足（表 3.6）。另一方面，通过对城乡区域地质生态条件与环境承载力综合评价建议对适宜建设用地和可建设用地进行连片有序开发，沿重要交通走廊布局城市建设。

表 3.6　江油市土地资源的城市建设适宜性分类

类别		面积/km²	比例/%	建设条件
适宜建设用地	总面积	548	20.2	适宜城乡建设，基本不需要采取工程措施
	其中：已建区	240	8.80	
可建设用地		607	22.3	较适宜城乡建设，需采用一定工程措施
不宜建设用地		902	33.2	不宜城乡建设，布局受限，工程量较大
不可建设用地		662	24.3	需严格管控建设开发行为，工程量大
合计		2719	100	—

(2) 自然资源利用与城市可持续建设。江油市未来发展应该重视资源环境保护与利用的协调。资源环境一方面支撑着城乡建设和经济发展，建议城市建设用地拓展方向利用市域中部丘陵一带，充分发挥高速公路优势，努力连接以厚坝为中心的次重点发展区域，增强主次组团关系。建议深挖可利用水资源潜力，在目前涪江武都引水工程的基础上，落实各河段水质监测工作，狠抓水资源保护工作，恰当规划选址涪江等主要河流提水工程，加快中小水库的维修和新建，切实保证城市和重点镇的生产生活用水，满足人口增长和社会经济发展的需要。另一方面要正确认识保护和利用之间的辩证关系，应重视生产和生活用地布局的协调，尽量降低上风方向大气污染物对城市生活的影响，提倡宣传节水措施，将降低工业耗水量作为一项长远的强制任务，同时大力推广农业灌溉节水措施、鼓励提高生活用水中水使用比例。

(3) 生态环境保护与灾害防治方面。一方面，江油市位于我国川西高原以北的龙门山地震带断裂区域，其地质构造、地形地貌复杂，地壳构造断裂活动强烈，境内地震烈度均在 6 度以上，在市域西北地区地质构造活动更是强烈，构造断裂发育，局部地区地震烈度可达 7~8 度，对城市建设造成很大影响；另一方面，特大地震对江油市的生态环境造成了极大影响，引发了地裂、滑坡、地陷等多种次生灾害。震后大量地表岩体破碎，岩体极易崩塌造成滑坡、泥石流等次生灾害，泥沙、泥石流、碎石等流入河道造成河道淤塞，河床抬高，形成堰塞湖。灾后造成水体化学性质改变和城市水质恶化，改变地下水和地表水的自然环境特征，严重影响城市居民饮水安全。因此，江油市的城市建设应严格按照地质灾害防治规划图进行灾害设防，合理进行各类基础设施的抗震设计建造，城市中的高层建筑、重要跨江桥梁、储油罐、储气站等重大基础设施应特别考虑地震及周边地区受波及影响，采取科学合理的参数进行抗震设防。

(4) 城市水资源与承载人口容量。规划通过对江油市全域地表水和过境河流、湖泊等水资源的可利用量统计调查分析确定水资源总体开发量为 8.9 亿~10.66 亿 m³，通过合理的城市人口规模预测 2030 年全域用水量为 9.05 亿 m³。结合江油市市域整体发展情况，综合考虑供水与需水平衡关系，采用人均水量为 300m³/a 的国家参考标准，确定江油市水资源可承载的人口极限为 296.7 万～355.3 万人，依据水资源可承载人口规模总量和江油市人口规模预测确定城市人口规模总量，进而根据水资源承载能力和生态环境阈值合理设定江油市城市人口规模和市域承载人口总量。

(5)城市生态系统与基础设施方面。城市规划区内绿地网络系统形成"绿野萦绕、绿脉屏障、绿岛拱卫、绿廊连通"的格局。绿野萦绕——城市外围平坝浅丘农田区，是城市依托的生态基质，既具有农业生产功能，也是江油本土农业资源基因库和农田生物保育基地。在让水河下游平坝区保留附子生产基地，严格保护区内基本农田。绿脉屏障——城市东西两山及其延绵山脉，具有藏风聚气、水土涵养、物种维育的生态屏障和水气通道功能，在东山、西山、北山建设 3 个大型郊野森林公园，加强涵养保育，确保绿脉连续、水气畅通。绿岛拱卫——高标准绿化李白故里风景名胜区和李白读书台景区，沿一江两河上下游建设 4～6 个大型郊野湿地公园，成为绿脉、绿廊网络上的岛屿节点，加强生物栖息、水气净化等生态功能，提升节点景观。绿廊连通——沿涪江、昌明河、让水河的绿化带，以及沿高速、铁路的隔离绿化带与依托城市干道、古堰渠设置绿带，构成各种尺度的绿色廊道网，起着连通城乡、连通绿岛、连通物种的重要作用。城市支撑系统包括交通、绿地、给排水、通信、能源资源等基础设施，江油市位于四川盆地涪江中上游北部，全域地形地貌以平坝、丘陵、缓丘陵为主，海拔由西北向东南逐渐降低，地貌由西北向东南依次呈现出高中山、中山、低山、丘陵、平坝的过渡格局，拥有丰富的动植物资源、矿产资源、水资源等自然资源，城市基础设施建设相对容易，城市支撑系统抵抗外界干扰能力较强。

3.2　地质生态环境与城市建设耦合协调理论框架构建

通过时间、空间、因子和技术四个层面地质生态环境与城市建设相关关系的系统梳理，从理论解析角度利用 GIS、相关分析、多元回归分析和主成分分析等定量方法对地质生态环境系统和城市建设系统耦合协调的关键主控要素进行识别，对其时空演变规律进行定量归纳，从整体上对地质生态环境与城市建设的非线性耦合协调肌理和规律进行刻画，运用相关分析、面板协整、VECM(vector error correction model，向量误差修正模型)、KSIM(Kane simulation model，Kane 仿真模型)、空间误差模型和关联耦合模型等系统耦合方法定量揭示和诊断地质生态环境与城市建设耦合协调的非线性关系，对二者耦合协调定量化规律曲线进行测度，总结出地质生态环境与城市建设耦合协调的相关理论基础，基于大数据智能决策和多要素-多层级-多尺度-多目标背景导向从整体上构建地质生态环境与城市建设耦合协调的智能决策平台和理论研究模型(图 3.3)。

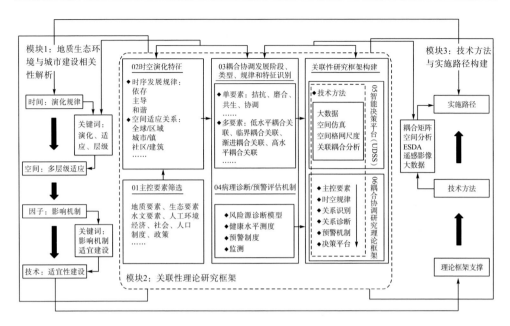

图 3.3   地质生态环境与城市建设关联性研究理论框架图

3.2.1   地质生态环境系统与城市建设系统主控要素筛选与时空演变特征

从系统分析角度来看，城市建设是一个开放的复杂系统，通过物质、信息和能量流动与外界保持紧密联系，外部地质生态环境系统作为基础支撑，其水、土、能源、生态、气候、环境等要素流入城市系统，城市建设从人口、经济、社会和空间层面进行物质消耗和能量循环流动，并不断向外界环境输出污染物。以城市为基本空间尺度单元，利用遥感和传感技术、GIS 和空间统计方法辨识地质环境资源、水资源、大气资源、生物圈资源等自然地质生态环境的主控要素时空演变特征及其响应指标，以及辨识人口要素、经济要素、社会要素和空间要素等城市建设主控要素时空演变特征及其响应指标。基于社会经济统计和多尺度空间对比分析，通过对城市与地质环境、城市与水文环境、城市与大气环境、城市与生态环境等要素的双向约束与胁迫关系分析城市作为生态风险区、环境污染区、生态敏感区的地质生态环境自然属性，作为经济集聚区、人口高密度区、城市建设主体区、空间密集区等城市人文属性，进一步研究地质生态环境主控要素与城市建设主控要素间的约束与胁迫效应。通过灰色关联分析和主成分分析分别从影响地质生态环境与城市建设复杂要素中筛选出对二者影响最大的地质要素、水文要素、大气要素、生态环境要素和人工环境要素等地质生态环境内部要素与经济要素、人口要素、社会要素和空间要素等城市建设外部要素及其临界阈值，辨识主控要素的约束与胁迫效应，构建关联耦合分析矩阵定量揭示关键主控要素的时空演变分布特征和生态环境效应，阐述不同主控要素驱动下地质生态环境与城市建设系统间的耦合协调时间阶段特征和空间分布差异规律，探讨地质生态环境对城市建设的支撑效应以及资源要素差异对城市建设的限制效应(图 3.4)。

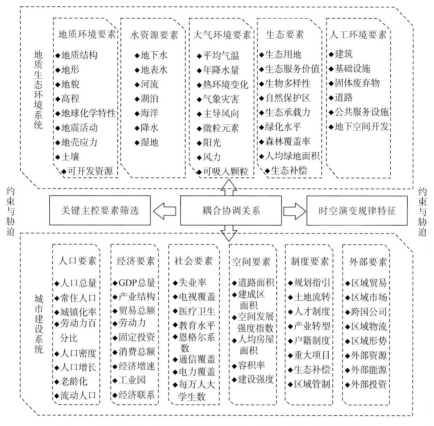

图 3.4　地质生态环境与城市建设主控要素筛选与时空规律特征

3.2.2　地质生态环境与城市建设耦合协调肌理与规律识别

从宏观全球、区域尺度，中观城市、镇尺度以及微观社区、建筑尺度三个空间层面分析主控要素影响下地质生态环境系统(包括地质稳定性要素、水文环境要素、大气环境要素、绿化水平要素、生态环境要素、人工环境要素等子系统)与城市建设系统(人口、经济、社会、空间、政策、制度要素等子系统)两大系统的耦合协调关系，如图 3.5 所示可以解释 E_i-U_i 之间的耦合协调关系($O=\{E,U\}=\{(E_1,E_2,E_3,\cdots,E_i),(U_1,U_2,U_3,\cdots,U_i)\}$)。借助相关分析、面板协整、VECM、KSIM、空间误差模型和关联耦合模型等系统耦合方法模型，利用城市建设历史数据与地质生态环境统计资料，从全球、区域、城市、集镇、社区和建筑空间尺度探讨地质生态环境与城市建设的耦合协调肌理与规律。一方面，从单要素一对一双向分析地质生态环境系统单要素与城市建设系统单要素的约束与胁迫作用效应,通过构建关联耦合矩阵测算地质生态环境要素 E_i 与城市建设要素 U_i 的关联度系数大小,进而定量化描述地质生态环境单要素与城市建设单要素的耦合协调数理函数与曲线。另一方面,通过二者系统多要素多对多的多向分析,构建地质生态环境系统与城市建设系统的耦合协调矩阵数列,定量化表达二者系统间的耦合协调关系曲线。根据单要素和多要素的耦合协调数理函数,利用历史统计数据资料对地质生态环境子系统与城市建设子系统的耦合协调度以及地质生态环境系统与城市建设系统耦合协调度测算,根据耦合协调曲线演化周期规律初步构建地质生态环境与城市建设的动态演变耦合协调模型,根据测算的耦合协调度,综合评价地质生态环境系统与城市建设系统的耦合协调阶段和类型。结合动态演变耦合协调模型,针对关键主控要素自身特征和规律,根据地质生态环境对城市建设需求度的满足程度,定量揭示地质生态环境要素与城市建设的耦合协调规律机制(图3.5)。

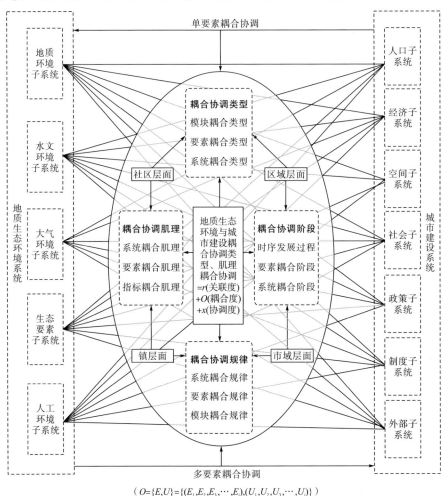

($O=\{E,U\}=\{(E_1,E_2,E_3,\cdots,E_i),(U_1,U_2,U_3,\cdots,U_i)\}$)

图3.5 地质生态环境与城市建设耦合协调阶段、规律与肌理

3.2.3　地质生态环境与城市建设耦合协调关系诊断与测度

通过对地质生态环境系统与城市建设系统主控要素进行筛选以及对演变的时空规律进行梳理研究，借助定量分析方法从全球、区域、城市、集镇、社区和建筑空间尺度构建地质生态环境与城市建设单要素和多要素的耦合协调数理函数，对二者的耦合协调阶段、类型和规律进行定量化识别，构建基于关键主控要素的地质生态环境与城市建设单要素和多要素耦合协调关系诊断方法，测度二者动态耦合协调关系健康程度，建立地质生态环境与城市建设耦合协调的风险评估预警体系。首先，利用历史统计资料获取单要素时序发展演化数据，构建地质生态环境单要素 E_i 与城市建设单要素 U_i 的耦合协调诊断模型，研发基于主控要素的单要素诊断预警方法，包括城市与地质环境诊断模型、城市与水文环境诊断模型、城市与大气环境诊断模型、城市与生态环境诊断模型，定量化表述城市建设与地质生态环境之间单要素的阻尼关系和增益关系。在单要素诊断研究的基础上运用人工神经网络模型逐步构建地质稳定性水平、水文环境、大气环境、生态环境、人工环境的人口、经济、社会、空间、政策、制度等子系统的多要素集合诊断模型，定量化表述地质生态环境系统与城市建设系统的关联度、耦合度和协调度。

将城市视为具有稳定态势的生命有机体，以城市物质、信息和能量流动为基本生命体特征，结合构建的单要素和多要素集成诊断模型综合测度地质生态环境与城市建设的耦合协调健康水平，根据风险源大小和持续时间，分析城市物质、信息和能量流动的健康状况，评价城市系统的支撑力和恢复力，根据动态耦合诊断模型、风险源(社会风险、资源风险和生态环境风险)特征属性以及城市系统支撑力和恢复力能力建立起地质生态环境与城市建设的耦合协调关系健康诊断方法和风险预警体系，对二者耦合协调关系进行长期监测和预警调控。

3.2.4　地质生态环境与城市建设耦合协调关系智能决策平台与理论模型构建

基于空间仿真模拟、大数据、3S 技术、空间网格尺度等空间化处理技术获取地质稳定性分布、水文形态、气候、生态、环境等自然要素以及人口、经济、社会和空间等城市建设要素，实现要素获取的数据标准化、空间表征化和视觉可视化，结合空间规划图、统计分图、要素流动图、立体三维图等多种可视化表达，直观显示地质生态环境要素与城市建设要素空间分布结果，实现空间四维仿真模拟。通过要素差异化演化、协同、反馈等途径建立要素交互反馈的城市动态发展仿真模拟，实现地质生态环境要素与城市建设要素多时空相互作用的情景模拟，基于城市多尺度人口、空间、社会和经济规模仿真模块、多要素情景模拟模块、地质生态环境生态承载力约束的可持续发展模块构建要素空间可视化、系统模拟动态仿真、多时空的地质生态环境与城市建设耦合协调智能决策平台,从全球、区域、城市、集镇、社区和建筑多尺度建设系统耦合协调的模拟决策系统。

从时间、空间、因子和技术评价四个层面系统地定性梳理地质生态环境与城市建设的相关关系,辨识地质生态环境系统与城市建设系统约束与胁迫的关键主控要素、演变的时空规律特征、耦合协调阶段、类型及规律、风险诊断与评估预警体制。基于系统动力学模型,初步构建地质稳定性模块、水文模块、大气模块、生态环境模块、人工环境模块和人口、经济、社会、空间、政策、制度发展模块。基于空间仿真模拟、大数据等空间可视化技术实现空间四维仿真模拟,从空间多尺度视角搭建地质生态环境与城市建设的耦合协调智能决策平台(UDSS)。在此基础上,构建地质生态环境与城市建设耦合协调的多要素-多尺度-多模块-智能决策的四维理论研究模型(图3.6),搭建关联性研究的系统科学平台,为保障城市与环境可持续协调发展提供决策依据。

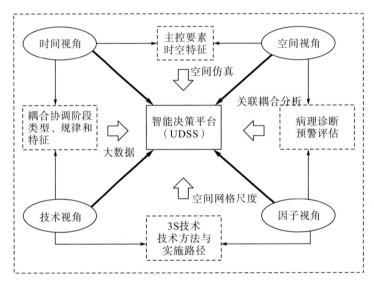

图 3.6　地质生态环境与城市建设耦合协调解析智能决策平台

3.3　地质生态环境与城市建设耦合协调研究的技术方法及路径

地质生态环境与城市建设作为两个开放的复杂系统,从理论解析上对二者的相关关系进行梳理,辨析其时间层面的依存、主导、和谐演化关系和时序发展规律,空间层面的多尺度适应关系,因子层面的相互作用机制以及技术评价层面的适宜性建设，归纳出地质生态环境与城市建设的耦合协调关系规律。按照地质生态环境与城市建设的耦合协调主控要素筛选-时空演化特征-耦合协调发展阶段、类型辨识-耦合协调风险诊断与测度-智能决策平台-理论研究模型构建这样一条技术路线，运用多要素耦合、多尺度仿真、多模块模拟、智能决策等方法，通过 3S技术、大数据等技术支撑建立地质生态环境与城市建设标准信息数据库，提出多要素-多尺度-多目标背景导向下的地质生态环境与城市建设的耦合协调解析的技术路线、多技术-多尺度-多智能决策的实施路径(图 3.7)。

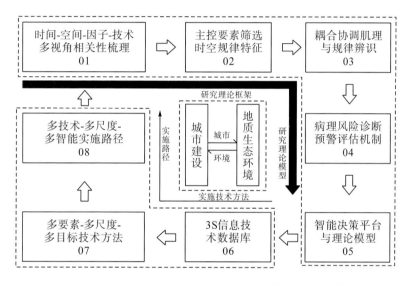

图 3.7　地质生态环境与城市建设关联性研究实施路径流程

3.3.1　地质生态环境 3S 与城市建设信息数据库建立

建立地质生态环境 3S 和城市建设标准化信息数据库是保障地质生态环境与城市建设关联性理论框架建立的基础。根据国家相关数据库建立标准，利用ACCESS、NEWSQL 等数据存储软件构建一个地质生态环境与城市建设相关数据资料的海量标准化数据库，其中包括社会统计年鉴、资源统计报告、遥感数据库、网络数据扒取、基础地理信息资料、经济统计年报、环境检测年报等。数据的广泛来源包括各年份统计年鉴、遥感图像、环境检测数据、项目实验数据、网络数据、大数据等。地质生态环境数据库包括地质环境数据库、水文环境数据库、大气环境数据库、生态环境统计、人工环境统计，基于 3S 技术形成地质生态环境数据图谱和存储资料库，城市建设按照人口统计资料、社会经济数据、空间建设数据、社会发展数据建立城市规划管理知识数据库。

3.3.2 多要素-多尺度-多目标背景下的地质生态环境与城市建设耦合协调集成技术方法

根据地质生态环境与城市建设耦合协调解析的技术方法要求，基于单要素和多要素综合导向的耦合协调分析，采用耦合矩阵模型、空间数据分析方法探索单要素驱动的耦合协调以及多要素驱动的耦合协调效应，通过"一对一"和"多对多"实现耦合协调阶段、类型、肌理、规律、风险和诊断研究。采用空间仿真模拟、大数据可视化实现空间四维仿真模拟，从全球、区域、城市、集镇、社区和建筑空间尺度着手建立动态耦合测度模型、风险测度与预警评估体系，保障地质生态环境与城市建设耦合协调关系在多尺度空间的平行研究，涵盖宏观、中观和微观多个层次。为满足城市发展的社会、经济、环境、文化目标需求，通过优化环境资源配置手段，转变城市发展模式，形成高效、环保的经济增长模式，根据社会经济发展规划、城市总体规划、城市近远期发展建设需求结合环境基础承载能力实现多目标导向的耦合协调集成方法。利用大数据的收集、存储、处理、共享、分析和可视化表达功能，基于多要素-多尺度-多目标导向的背景，通过地质图谱、遥感影像、GPS 数据、网络数据爬虫、手机信令、环境检测、政府多规合一数据库实现地质生态环境与城市建设耦合协调研究的技术支撑。

3.3.3 多技术-多尺度-多智能的地质生态环境与城市建设耦合协调研究实施路径

通过地质生态环境与城市建设耦合协调解析理论框架构建和实施技术方法的保障，根据实施的路径需求和理论框架构建核心内容，将具体的实施路径优化成 7 个技术步骤。

第一步：多视角梳理地质生态环境与城市建设相关性。采用比较法、案例实证法、文献综述法等定性研究方法从时间、空间、因子、技术等多个视角共同实证和求证地质生态环境与城市建设在时序发展过程中的演化规律、空间多尺度下的适应关系、因子间的相互影响机制、技术评价层面的城市适宜性建设，进而对二者的相关关系进行归纳总结，为关联性研究提供理论探讨和支撑。

第二步：根据相关性定性分析并筛选地质生态环境与城市建设的关键主控要素，刻画时空演化特征。以城市为基本空间尺度单元，利用遥感和传感技术、GIS 技术和空间统计方法筛选主控要素，并分析其双向约束与胁迫关系，构建关联耦合分析矩阵，定量揭示时空演变分布特征和生态环境效应，阐述不同主控要素驱动下地质生态环境与城市建设系统间的耦合协调时间阶段特征和空间分布差异规律。

　　第三步：分析和辨识地质生态环境与城市建设的耦合协调类型、肌理和规律。借助相关分析、面板协整、VECM、KSIM、空间误差模型，从全球、区域、城市、集镇、社区和建筑多尺度探讨地质生态环境与城市建设的耦合协调肌理与规律。从单要素"一对一"和多要素"多对多"构建地质生态环境系统与城市建设系统的耦合协调矩阵数列，定量化表达二个系统间的耦合协调关系曲线，根据耦合协调关系曲线演化周期规律判别地质生态环境系统与城市建设系统的耦合协调阶段和类型，定量揭示地质生态环境要素与城市建设的耦合协调规律机制。

　　第四步：构建地质生态环境与城市建设耦合协调关系风险诊断与预警评估机制。构建基于关键主控要素的地质生态环境与城市建设单要素和多要素耦合协调关系诊断方法，测量二者动态耦合协调关系健康程度，建立地质生态环境与城市建设耦合协调的风险评估预警体系，定量表述城市建设与地质生态环境之间单要素的阻尼关系和增益关系。根据动态耦合诊断模型、风险源(社会风险、资源风险和生态环境风险)特征属性以及城市系统支撑力和恢复力能力，建立起地质生态环境与城市建设的耦合协调关系健康诊断方法和风险预警体系，对二者耦合协调关系进行长期监测和预警调控。

　　第五步：搭建地质生态环境与城市建设耦合协调智能决策平台。通过要素差异化演化、协同、反馈等途径建立要素交互反馈的城市动态发展仿真模拟，实现地质生态环境要素与城市建设要素多时空相互作用的情景模拟，通过人口、空间、社会和经济规模仿真模块、多要素情景模拟模块、地质生态环境生态承载力约束的可持续发展模块，构建要素空间可视化、系统模拟动态仿真、多时空的地质生态环境与城市建设耦合协调智能决策平台。

　　第六步：建立地质生态环境与城市建设关联耦合理论研究框架。基于系统动力学模型和空间仿真模拟，构建地质生态环境与城市建设耦合协调的多要素-多尺度-多模块-智能决策的四维理论研究模型，搭建关联性研究的系统科学平台，为保障城市与环境可持续协调发展提供决策依据。

　　第七步：提出地质生态环境与城市建设耦合协调研究的实施技术支撑。基于大数据的收集、存储、处理、共享、分析和可视化表达功能，以多要素-多尺度-多目标导向实现地质生态环境与城市建设耦合协调研究的技术支撑。

　　从时间、空间、因子影响机制和技术评价四个层面上开展城市建设与地质生态环境的相关性分析，提出城市建设与地质生态环境在时间层面上的演化规律、空间层面上的适应关系、因子层面上的影响作用机制以及技术评价层面上的适宜性建设关系。①城市地质生态环境在时间与空间维度上的演变具有共性，随着时间推移，存在以时间为尺度的依存、主导、和谐三种关系的演化规律。从时间序列上考察城市社会经济发展与地质生态环境的演化规律，揭示城市发展与地质生态环境之间的演变机理，根据环境库兹涅茨倒 U 形曲线与对数曲线函数，对系统的演变机理进行时序上的定量分析。②从多尺度城市建设与地质生态环境的整体空间分布，多向分析城市建设与地质生态环境的适应关系，判定城市建设与地质生态环境的适应阶段、类型和规律，进而反映城市建设与地质生态环境系统之间空间影响作用的 PSR 模式（press-state-response 模式，压力-状态-响应模式），初步构建城市建设与地质生态环境在空间维度上的作用与反馈适应关系。③城市建设与地质生态环境的关联机制主要体现在系统各影响因子相互作用，通过对城市建设系统与地质生态环境系统的因子相互作用关系进行辨析，进而建立系统因子间的影响机制。④基于 3S 技术、大数据、三维可视化分析多技术手段评价地质生态环境质量水平，建立地质生态环境适宜建设图谱，对城市适宜性建设提出可鉴方案和应对措施。通过时间、空间、因子和技术四个层面地质生态环境与城市建设相关关系的系统梳理，从理论解析角度利用 GIS 技术、相关分析、多元回归分析和 SPSS 主成分分析等定量方法对地质生态环境系统和城市建设系统耦合协调的关键主控要素进行识别，对其时空演变规律进行定量归纳，从整体上对地质生态环境与城市建设的非线性耦合协调肌理和规律进行刻画，定量揭示和诊断地质生态环境与城市建设耦合协调的非线性关系，基于大数据智能决策和多要素-多层级-多尺度-多目标背景导向，从整体上构建地质生态环境与城市建设耦合协调的智能决策平台和理论研究模型。按照地质生态环境与城市建设的耦合协调主控要素筛选-时空演化特征-耦合协调发展阶段和类型辨识-耦合协调风险诊断与测度-智能决策平台-理论研究模型构建这样一条技术路线，运用多要素耦合、多尺度仿真、多模块模拟、智能决策等方法提出多要素-多尺度-多目标背景导向下的地质生态环境与城市建设的耦合协调解析的技术路线和多技术-多尺度-多智能决策的实施路径。

参 考 文 献

[1] 李小波，文绍琼. 四川阆中风水意象解构及其规划意义[J]. 规划师，2005，21（8）：84-87.

[2] 王华. 城镇地质生态研究的理论框架及关联机制初探[D]. 重庆：重庆大学，2017.

[3] 陈雪梅. 基于地质生态变化下的山地城镇规划建设影响因子研究[D]. 重庆：重庆大学，2015.

[4] 黄海静. 壶中天地天人合一——中国古典园林的宇宙观[J]. 重庆建筑大学学报，2002（6）：1-4.

[5] E. 沙里宁. 城市：它的发展、衰败与未来[M]. 顾启源，译. 北京：中国建筑工业出版社，1986.

[6] Ian Lennox McHarg. 设计结合自然[M]. 芮经纬，译. 天津：天津大学出版社，2006.

[7] Rachel Carson. 寂静的春天[M]. 吕瑞兰，李长生，鲍冷艳，等译. 上海：上海译文出版社，2015.

[8] 郭巍. 美国景观规划历程（1880—1940）[J]. 风景园林，2008（2）：79-83.

[9] 吴玉鸣，田斌. 省域环境库兹涅茨曲线的扩展及其决定因素——空间计量经济学模型实证[J]. 地理研究，2012，31（4）：627-640.

[10] Pasche M. Technical progress，structural change，and the environment Kuznets curve[J]. Ecological Economics，2002，

42(3)：381-389.

[11] Ekins P. The Kuznets curve for the environment and economic growth：Examining the evidence[J]. Environment and Planning，1997，5：805-830.

[12] 赵雪雁. 西北地区城市化与区域发展[M]. 北京：经济管理出版社，2005.

[13] 李瑞改. 三峡库区城市化对生态系统服务功能的影响研究[D]. 长春：东北师范大学，2005.

[14] 周一星. 城市化与国民生产总值关系的规律性探讨[J]. 人口与经济，1982(1)：28-33.

[15] 刘耀彬，李仁东，宋学锋. 中国区域城市化与生态环境耦合的关联分析[J]. 地理学报，2005，60(2)：237-247.

[16] 董和金. 城市生态地质环境与城镇建设[J]. 国土资源导刊，2004，1(1)：28-33.

[17] 郑艳. 适应型城市：将适应气候变化与气候风险管理纳入城市规划[J]. 城市发展研究，2012(1)：47-51.

[18] 卢耀如，张凤娥，刘琦，等. 建设生态文明保障新型城镇群环境安全与可持续发展[J]. 地球学报，2015，36(4)：403-412.

[19] 张衔春，龙迪，边防. 兰斯塔德"绿心"保护：区域协调建构与空间规划创新[J]. 国际城市规划，2015(5)：57-65.

[20] 仇保兴. 复杂科学与城市转型[J]. 城市发展研究，2012(1)：1-18.

[21] 王曼丽，刘静鹤. 许昌城乡统筹推进区生态绿地系统规划特色分析[J]. 林业科技开发，2009，23(4)：126-129.

[22] 王祥荣. 论生态城市建设的理论、途径与措施——以上海为例[J]. 复旦学报(自然科学版)，2001，40(4)：349-354.

[23] 宋晔皓. 生态建筑设计需要建立整体生态建筑观[J]. 建筑学报，2001(11)：16-19.

[24] 李开然. 绿色基础设施：概念，理论及实践[J]. 中国园林，2009(10)：88-90.

[25] 杨宇振，戴志中. 中国西南地域生态与山地建筑文化研究[J]. 重庆建筑大学学报(社科版)，2001(3)：20-22.

[26] Broothaerts N，Verstraeten G，Kasse C，et al. Reconstruction and semi-quantification of human impact in the Dijle catchment，central Belgium：A palynological and statistical approach[J]. Quaternary Science Reviews，2014(102)：96-110.

[27] 曾卫，陈雪梅. 地质生态学与山地城乡规划的研究思考[J]. 西部人居环境学刊，2014，29(4)：29-36.

[28] 刘耀彬，陈志，杨益明. 中国省区城市化水平差异原因分析[J]. 城市问题，2005(1)：16-20，32.

[29] 刘耀彬，戴璐，张桂波. 水环境胁迫下的环鄱阳湖区城市化格局响应[J]. 长江流域资源与环境，2014，23(1)：81-88.

[30] 闫震鹏，赵云章，焦红军，等. 黄河冲积扇对中原城市群的地质控制作用[J]. 地学前缘，2010，17(6)：278-285.

[31] Broothaerts N. The changing geo-ecology of the Dijle f loodplain(Belgium) during the Holocene in relation to human impact[J]. Quaternary International，2012，279-280：70-71.

[32] Miehe G，Kaiser K，Co S. Geo-ecological transect studies in Northeast Tibet (Qinghai，China) reveal human-made mid-holocene environmental changes in the upper Yellow River catchment Changing Forest to Grassland[J]. Erdkunde，2008，62(3)：187-199.

[33] 汪德军. 中国城市化进程中土地利用效率现状分析[J]. 辽宁经济，2008(8)：16.

[34] 张昌顺，谢高地，鲁春霞，等. 北京城市绿地对热岛效应的缓解作用[J]. 资源科学，2015(6)：1156-1165.

[35] Olehowski C，Naumann S，Fischer D. Geo-ecological spatial pattern analysis of theisland of Fogo（Cape Verde）[J]. Global and Planetary Change，2008，64（3-4）：188-197.

[36] 叶雯，李桂平. 关于人口增长与节能减排关系的研究[J]. 企业家天地下半月刊（理论版），2009（5）：215-216.

[37] 李兰银，柴波，梁合诚，等. 城市滨海地区地质环境适宜性评价指标体系研究[J]. 安全与环境工程，2010，17（3）：40-43.

[38] 马雄德，王文科，杨择元，等. GIS 在地质生态环境研究中的应用现状及发展趋势[J]. 地下水，2007，29（5）：140-142.

[39] 秦寿康，等. 综合评价原理与应用[M]. 北京：电子工业出版社，2003.

第4章　城市地质生态的主要组成要素分析

因子可理解为因素或成分，即将一个物体或事件进行分解，得到有限的组成这一物体的成分或使得这一事件发生的因素，其较早出现于数学和生物学中，随着后期因子分析法的出现，"因子"一词在更为广泛的领域得到使用。在地质学中，因子分析法是最常见的一种多元统计分析方法，主要应用于成因及分类研究中。地质因子即为体现许多具有错综复杂关系的地质观测样品或变量的组合，通常归纳为极少数几个起主导作用的综合因子。例如在研究滑坡时，会选取地震影响因子、地形影响因子、公路影响因子、地质影响因子等进行研究。在分别对各个因子进行研究时，会选取更低一级的因子进行研究，如研究地形影响因子时选取高程、坡度、坡向、曲率、坡位等因子进行分析；在研究地震影响因子时，会选取地表破裂、峰值地表加速度(peak ground acceleration，PGA)、震中、宏观震中、同震位移等因子，它们共同成为滑坡发生的影响因子。

对地质生态因子的理解目前尚无明确定论，但其在生态领域和地质领域已经有较为成熟的应用，常见的说法有"生态因子"(ecological factor)，指对生物有影响的各种环境因子，这些环境因子会直接影响生物个体的繁殖、生存和物种数量等。这些生态因子会相互作用、相互影响、相互制约。

针对本书的研究内容，"地质生态因子"的概念综合了生态因子与地质因子，将其统一定义为：对人类生存环境有影响的各种环境因子。地质生态环境因子，可按自然和人工将其分为两类。自然地质生态环境因子包括气候、水体、地形地貌等；而人工地质生态环境因子则包括大型工程设施、交通、排放物等。由于本书研究对象以地质生态环境为主，故本书将对自然地质生态环境进行重点研究与阐述，对人工地质生态环境部分则以少量篇幅进行论述。

4.1　地　质　构　造

4.1.1　山地城市地质构造

地质构造是对地壳或岩石圈各组成部分形态、结合方式、面貌特征的总称，简称"构造"，即岩石或岩层受内力、外力作用产生的原始位态或面貌，如层理、粒序层、波痕等各种原生构造，以及各种原始位态或面貌的改变，即变形与变位，如各种次生的褶皱、节理、断层、裂谷、俯冲带、转换断层等[1]。

构造尺度：地质构造按空间规模可分为大规模构造、小规模构造、微尺度构造三类。大规模构造是针对已经超出了露头范围的区域性板块，小规模构造可在手标本上或露头范围内观察到构造的大体，微尺度构造是在光学显微镜下才能观测的矿物之间或矿物晶粒变形表现出的微观构造，如晶格位错。

构造层次：地壳在不同深度的变形有明显不同的分层现象。根据这种现象将地表的变形分为三个层次：①上层构造，是以脆性变形为主的地表构造；②中层构造，是以脆性剪切作用为特征的深度在 4～15km 的浅层构造；③下层构造，是以塑性变形为主的超过 10km 深度的深层构造[1]。

构造类型：按照不同构造的不同形态特征、不同成因，可以从不同角度进行分类，如按构造形成时间分为原生构造和次生构造两类；按几何要素可将构造分为面状构造和线状构造两类；按面状或线状构造在地质体中的分布特点分为透入性构造和非透入性构造两类，如表 4.1 所示。

表 4.1　地质构造基本类型

归并类型	类型	定义	举例
按构造形成时间	原生构造	指成岩过程中形成的构造，岩浆岩的原生构造有流面、流线和原生破裂构造	沉积岩的原生构造有层理、波痕、粒序层、斜层理、泥裂、原生褶皱(包括同沉积背斜)和原生断层(包括生长断层)等
	次生构造	指岩石形成以后受构造运动作用产生的构造	有褶皱、节理、断层、劈理、线理等
按几何要素	面状构造	是以几何意义的面所表征的构造	如褶皱(轴面)、节理(面)、断层(面)、劈理(面)等
	线状构造	是以几何意义的线所表征的构造	如褶皱的枢纽、断层的擦痕、非等轴状矿物的定向排列或二构造面交线所构成的小型线理、窗棂构造及大型杆状构造的定向排列所构成的大型线理等
按面状或线状构造在地质体中的分布特点	透入性构造	指在地质体一定尺度上连续、均匀且按一定格式弥漫分布的面状或线状构造	劈理、片理、片麻理及小型线理等
	非透入性构造	指非均匀、不连续且多以分隔性方式产出于地质体中的面状或线状构造	如节理面、断层面和大型线理

4.1.2　地质构造与山地城市的关系

地质是承载山地城市形成与发展的重要基质，地球作为人类的"母亲"，最重要的一点便是给了人类立足之地，可以说，如果没有地质的存在，城市乃至地球上的生命将不复存在，它的重要性无可替代。因而地质构造的稳定对人类和城市的发展具有非常重要的意义。基于地质构造对不同区域的地质产生的巨大影响，地质构造也是承载山地城市的基底，在形态、格局、分布上产生主要作用，对地震的相关研究表明，地质构造对地震的影响更是无处不在。

目前，按形成原因，一般将地震分为四类：构造地震、火山地震、诱发地震、陷落地震。构造地震也称为断裂地震，因岩层发生断裂、错位而在地质构造上发生巨大变化而产生。火山地震是由火山爆发能量冲击而产生的地壳振动。陷落地震是地层陷落引起的地震。诱发地震是水库蓄水、深井注水等特定的外界因素诱发的地震，包括因炸药爆破、地下核爆炸、水库等人为因素引起的人工地震。

一般而言，火山地震和陷落地震发生的概率较小，前者占地震总次数的 7% 左右，后者占地震总次数的 3%左右，而且震级很小，影响范围有限，破坏也较小。构造地震是山地城市在规划选址和建设时考虑的重要灾害。2008 年以来，我国西部山区发生过 5 次较大型的地震，震源深度几乎都处于 10～20km，这些地震的发生与印度板块碰撞、青藏高原隆起密切相关，其引发原因都是岩石断层的活动[2]。

4.1.3 地质构造变化

地质作用是指地球的自然力使地球的物质组成、内部结构和地表形态发生变化的作用，一般可以分为生物作用、物理作用和化学作用。它们可能存在于地表，也可能存在于地下，在发生速度上也有急促(如火山爆发、构造地震)和缓慢(如岩石风化)的不同。地质作用的发生是地质构造形成的重要原因，地球现在所处的状态就是地质在历经漫长的演化之后的结果，而且其仍处于演变之中。

根据产生地质作用的能源及作用发生的部位，可将地质作用分为内力和外力地质作用(图 4.1)。内力地质作用产生于地球内部，且多在地下深处，有的作用也可蔓延到表面上。这导致岩石圈变形、移位的发生，抑或导致新生岩石的形成。外力地质作用是由地球外部作用力产生的，它使地球表面形貌和地壳岩石成分发生变化。外力地质作用，按照发生的次序，可分为风化、沉积、搬运和侵蚀作用等。

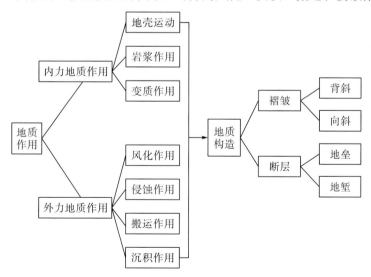

图 4.1 地质作用与地质构造的关系及其分类

　　岩浆作用是指岩浆冷凝成岩的整个过程。岩浆发源于地幔顶部或地壳深部，是一种地下高温体，温度达 800～1200℃。岩浆在运动的过程中会受压力与周围温度的影响，同时与周边岩石发生作用。

　　变质作用是指岩石在风化带下转化为新岩石的作用，主要受所处温度、所受压力及周围物质的影响。岩石在发生变质作用的同时，岩石的构造与构成成分会随着变质作用的发生而不断改变。变质作用是岩石在风化带以下，受温度、压力和流体物质的影响，在固态下转变成新的岩石的作用。岩石发生变质作用后，其原有构造、矿物成分都有不同程度的变化，有的可完全改变原岩特征。

　　风化作用是地表环境中矿物和岩石受大气温度、水分、氧气、二氧化碳和生物的作用在原地分解、碎裂的作用。

　　斜坡重力作用是斜坡上的土和岩石块体在重力作用下顺坡向低处移动的作用。重力是主要营力，斜坡是必要条件，暴雨、地震、人为开挖往往起诱发作用。块体物质的运动方式分为崩落、滑移、流动和蠕动。前三者运动较快，后者较慢。

　　剥蚀作用是河流、地下水、冰川、风等在运动中对地表岩石和地表形态的破坏和改造的总称。

　　搬运作用是地质营力将风化、剥蚀作用形成的物质从原地搬往他处的过程。

　　沉积作用是各种被外营力搬运的物质因营力动能减小，或介质的物化条件发生变化而沉淀、堆积的过程。

　　固结成岩作用是松散沉积物转变为坚硬岩石的过程。这种过程往往是因上覆沉积物的重荷压力作用使下层沉积物孔隙减少，排除水分、碎屑颗粒间的联系力增强而发生；也可以因碎屑间隙中的充填物质具有黏结力，或因压力、温度的影响，沉积物部分溶解并再结晶而发生。

　　构造运动是指岩石圈物质的机械运动，有垂直和水平两种运动形式。构造运动可使岩石变形、变位，形成各种构造形迹，塑造岩石圈的构造，并决定地表形态发育的基础。

　　内力地质作用与外力地质作用的发展状态与趋势相反，并相互产生影响。内力地质作用因对地球内部地壳产生作用而使得结构趋向复杂化，这也是地表会形成高低起伏的地形地貌的原因；而外力地质作用在整体上呈现夷平地表起伏状态的趋向。一般来说，内力地质作用对外力地质作用有一定的限制作用。例如，龙门山断裂带的推覆体及其以西的松潘—甘孜地区构造演化就经历了以内力为主的不断作用才得以形成(图 4.2)。龙门山推覆体在形成、发育和演化历史中，构造应力场存在方向和强度的多次变化，尤其是中、晚更新世以来。与之前的中生代与新生代的其他构造期相比，始于中更新世以来的新构造期的构造变形在中国大陆是相当微弱的，主要依据是中更新世以来，大部分地区没有发生什么褶皱，直至晚更新世以来，构造作用才有所加强，构造活动主要表现为老断层的继承性活动[3]。

　　重庆地质区域自新生代以来的新构造运动主要表现为升降运动、活动断裂及地震。一是自新生代以来，四川盆地东部地壳总体处于间歇性上升阶段，抬升速度缓慢，尤其是盆地区，抬升幅度在 600m 左右，奉节—巫山一带略高于盆地区，最大上升幅度达 2000m；二是总体具倾斜性，以巫山为中心向东西抬升的幅度依次降低；三是间歇性，造成了区域上的四级阶地和四级夷平面，第四纪以来，地壳上升速度加剧，河流强烈下切，造就了三峡段高峻的岸坡。

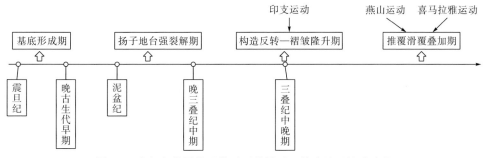

图 4.2   龙门山推覆体及其以西的松潘—甘孜地区构造演化

4.1.4 地质构造变化对山地城市的影响

对地壳产生主要影响的构造运动是一直存在的，具有普遍性和永恒性的特点，任何区域和任何时间，构造运动都在不断进行。快速构造运动(如地震)常常造成灾难性后果，缓慢构造运动很难凭感官觉察。总之，地质构造是一直处于变化的状态，地质作为山地城市的基底，对山地城市的选址布局及建设都有较大影响，尤其在宏观的区域上更为明显。

1. 山地城市区域性布局

山地是许多山的总称，由山岭和山谷组合而成，其特点是具有较大的绝对高度和相对高度，切割深，切割密度大，多位于构造运动和外力剥蚀作用活跃的地区，地质结构复杂。地质的构造运动对地形地貌产生影响，从而决定在不同区域形成山地，而基于山地存在的山地城市也就因此在不同海拔、不同地貌类型的地理位置上存在差异性布局。我国的山地主要分布于西部及北部少数地区，东部及南部相对平缓，这就决定了我国山地城市在区域中的分布以西部为主，东部为辅。西部山地城市尤其以西南地区较为密集，我国著名的山地城市——重庆、贵阳、遵义等都分布于这一地区，特点是城市内部山脉多、起伏大，属于地形复杂的中高山山地丘陵区。东部地区多平原，部分山地城市也多以低矮丘陵或岛屿类型为主，如温州、福州、大连和香港。

2. 矿产城市分布

矿产资源来源于地壳中的各种矿产，而它们的形成明显地受到地质构造的控制。不同的地质构造条件,形成的矿产资源也不同,如石油、天然气多形成于沉积盆地,构造相对稳定,拉张裂陷,位于裂谷、大陆边缘处且变形强度不大的背斜顶部或具有圈闭条件的断裂构造中[4],这也是我国东部石油资源较丰富的原因。

我国因资源丰富而产生了许多矿业城市,一些享誉中外的矿业城市如景德镇、自贡、邯郸等都有久远的历史。我国一些矿业城市如萍乡、大冶等在 17 世纪就已兴起,随着我国城市的发展,对资源的需求促进了更多矿业城市的发展,如大庆、攀枝花、克拉玛依、鞍山、金昌、白银、石嘴山、平顶山、朔州、灵宝、福鼎、岑溪、库尔勒、阜新、抚顺、铜陵、徐州、东营、乌海等。

我国矿产资源遍布于各省(区、市),但因其具体的地质条件及构造带的不同,其矿产资源的类型、质量与储量都有较大的不同,因此形成我国地域性资源分布的现象。我国东部地区除石油、铁矿石外,其他矿产资源都比较贫乏,尤其是在能源上较为短缺。数据显示,东部地区能源储量仅为全国储量的 7.4%。中部地区拥有丰富的能源资源、多种金属和非金属矿产资源。西部地区一些重要的矿产和有色金属产量在全国占有突出地位,但是由于西部生态环境十分脆弱,矿产资源产量在全国范围内占的比例很小,与矿产资源的开发对地质生态有着不利影响有一定关系。

3. 形成旅游景观

不同的构造对地区内不同的地貌形成具有重要影响,其中,在某些地区还可能形成受人们喜爱的旅游景观,如温泉旅游景观、溶洞旅游景观以及石林景观等。

温泉一般可分为两种类型,火山型温泉和地热型温泉。火山型温泉是在火山(活火山)附近地域的地底深处,火山岩浆对该地域地表下的水加热而形成的温泉;地热型温泉是地壳深处的地热对深入到地底深处的地表水进行加热而形成的,地热资源丰富的地方出现温泉的概率很大。而地热及火山是由地壳板块的运动而造成的,因此地壳板块的交界、断裂区是地热资源非常丰富的地区,火山的分布也多集中在这些区域。例如,重庆的统景温泉,地下水在地壳深处受地热的加热,再通过地表的横切背斜地质构造处,从地底流向地表。统景温泉在 1998 年的地震后,产生了多达 16 处增生泉,沿地裂缝呈线状分布在温泉坝、黄草坝、下感应洞等地[5]。

4. 大型地质灾害

构造活动带对城市建设常常形成严重的灾害。不同地质时期,块状构造运动的强度和方向不同,使沉积岩的水平层理受到破坏,造成裂隙带、河谷深切、沉积物堆积、沼泽化以及喀斯特的发育等。古台地的构造运动虽然进行得很慢,而且不会给城市建筑、构筑物带来突发性的破坏,但是长时间的移动也会引起相应的变形[6]。

　　地质构造形成的地理条件使得中国的地质灾害具有一定的空间分布规律，呈现出东西分区、南北分带这种区域特点。由于青藏高原的平均海拔在 4000m 以上，常年气温较为寒冷，寒冻现象普遍存在，由此会引发雪崩、冻胀等灾害的发生。西北地区常年缺水，十分干旱，土地荒漠化、戈壁化严重。东部沿海地区由于受到海水的侵蚀，土地盐渍化严重，地表以下的岩溶受到侵蚀而容易坍塌，产生地表裂缝。在我国地势第一级阶梯向第二级阶梯的过渡带，地形地貌较为复杂，高差较大，地形切割严重，因此时常会发生泥石流、山体滑坡等地质灾害。而我国西南地区大部分山地城市正处于这一带，地质灾害频发。我国山地城市多分布于地质构造活跃的区域，活动断裂造成的地震较为频繁，以重庆为例，截至 2015 年，重庆发生的地震如下。

　　(1) 华蓥山断裂带是地震频发的地带，这里及其周边地区共发生过 36 次 3 级以上的地震，其中 3～4 级的有 25 次，4～5 级的有 4 次，5 级以上的地震有 7 次，地震都出现在断裂带的南段。荣昌处在这个断裂带附近，地震活动非常频繁，2 级以上的地震多达 100 多次，还有一次 5.6 级的强震。

　　(2) 方斗山断裂的挤压特征明显，后期具有扭性特征，3 级以上的地震发生过 5 次。

　　(3) 七曜山基底断裂在七曜山至金佛山一带断续出露，断裂带附近经常发生地震，最大的一次是 1854 年南川的 5.5 级强震。

　　(4) 郁山断裂以郁山正断层和胜利坝逆断层为主体，为一具有多期性的活动断裂，沿断裂附近发生过 3.0～4.4 级地震。

　　(5) 黔江断裂 (筲箕滩逆冲断层) 是一具有多期性的活动断裂，断裂破碎带发育，沿断裂带有地震发生。

　　(6) 沿城巴断裂带有弱震活动，历史上曾发生过 5.0 级地震。

　　(7) 乌坪断裂带弱震活动频繁，震中主要分布在断裂东段，据相关资料，沿断裂带发生过 4.1 级地震 1 次，3.0～4.0 级地震 3 次，2.0～2.9 级地震 50 余次。

　　(8) 长寿断裂为一大部分隐伏于地下的基底断裂，在南川一带被七曜山基底断裂错断。1854 年以来，沿断裂带附近发生过 5.5 级地震 1 次；1970 年以来发生过 2.0～3.9 级地震 11 次，目前此断裂带仍在活动。

　　震级较小的地震对山地城市的破坏可能不会很大，但是近年来位于西南地区龙门山断裂带却频频引发重大地震，给当地居民带来了毁灭性的灾难。青藏滇缅的 "歹" 字形地质构造，是中国主要的活动地质构造体系之一，这个地质构造与龙门山的推覆构造带、四川盆地三者结合的地方，正是 "4·20" 芦山地震区[7]。除了 "5·12" 汶川地震，龙门山断裂带还发生过多次地震，见表 4.2。

表 4.2　龙门山推覆体及松潘-岷山断块区大于 6 级的历史地震[2]

序号	时间(年.月.日)	地点	地理坐标(纬度，经度)	震级/级	主要灾情
1	1657.4.21	汶川—茂县地区	31.4°N，103.7°E	≈6.5	—
2	1713.9.4	茂县北部	32.0°N，103.8°E	≈7	—
3	1748.2.23	康定北西	31.2°N，103.6°E	≈6.5	—
4	1933.8.25	茂县迭溪镇	32.0°N，103.7°E	>7	地震和地震引发多处水灾，并使 2500 多人死亡，形成多个堰塞湖
5	1941.6.21	康定—丹巴地区	30.1°N，102.5°E	6.0	—
6	1958.2.8	北川县东南	31.7°N，104.3°E	6.2	—
7	1970.2.24	大邑西	30.6°N，103.2°E	6.2	—
8	1976.8.16	松潘—平武地区	—	7.2	死亡 41 人，重伤 156 人，轻伤 600 余人。房屋倒塌 500 余间，牲畜死亡 2800 余头，损坏桥梁 30 多座
9	2008.5.12	汶川映秀镇	30.96°N，103.35°E	8.0	受灾面积达 50 万 km², 死亡人数超过 8 万人，直接经济损失达 8.451 亿元
10	2013.4.20	雅安市芦山县	30.3°N，103.0°E	7.0	地震共造成 196 人死亡，失踪 21 人，11470 人受伤。宝兴、芦山、天全三县的电力网全部中断，公路因塌方和滑坡阻断

在特大地震的发生过程中伴随着区域性深大断裂的形成和演化。龙门山推覆体新构造的主要地质活动为地震活动，是最主要的内动力地质灾害。地震活动还会诱发其他地质灾害，如山体滑坡、泥石流等这些次生灾害都是由地震活动引发的。

地质板块的构造活动是地质灾害发生最主要的内动力因素[8]。地球内部板块的构造运动和造山运动可能直接引发地震、海啸、火山喷发及部分崩滑流(崩塌、滑坡及泥石流)现象，或通过先引发地震再诱发海啸、崩滑流的发生；同时对地区的气候产生巨大影响，引起暴雨，间接导致洪水发生和堰塞湖的出现；再次，已发生的灾害又可能再次诱发崩滑流等灾害，从而对该地区的地质生态环境产生严重的干扰(图 4.3)。

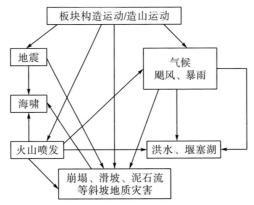

图 4.3　板块构造运动与自然地质灾害之间的激发关系

相较于平原地区，山地地区的地质构造发育和岩石性质都更为复杂，断裂、节理这类构造在山地地区更容易发育，因此，其岩土的稳定性相对较弱，力学性能较差,因而诱发山体滑坡、水库渗漏等诸多地质灾害[9]。在进行山地城市规划之前,首先应该对该地区的地质构造进行研究分析,确定山地区域内非稳定构造区和可能的地质灾害点,形成地质灾害分布图,为后期的城市规划做参考[10]。

4.2   地 形 地 貌

地形(topography)是地物的形状和地貌的总称,具体指地表以上分布的固定性物体共同呈现出的高低起伏的各种状态。地形包括地势、天然地物和人工地物的地表形态。中国山区面积占全国总面积的 2/3,这是中国地形的显著特征。

4.2.1   山地城市地形条件与特性

1. 自然特性

山地是对陆地表面高度较大,坡度较陡,由山岭和山谷组合而成高地的统称,是山地城市最明显的地形特征。山地作为对自然形成的环境中特定一个类群的称呼,具有自然属性。人们在看惯了平原城市的"平淡"之后,会因山地城市的"凸出"而兴奋,从某种意义上也是源于山地代表着自然的一部分,所以会有"见山见自然"的回归感。

1)立体性

这是山地城市与平原城市在地形上的明显不同。山体可在垂直方向变化形成较平原更为丰富的立体空间,如山顶、山脊、山腰、山崖、山谷、山麓、盆地、山沟等。

2)生态性

山体比平地接受光照的时间更长,抵御风寒的能力更强;山体中的植被因其不同层级的环境条件不同,会比平原地带的植被种类更为丰富,因此可以有效地保持水土,调节该区域的温度、湿度等各项空气指标,形成这一地区良好的小气候。

3)不可恢复性

如前文所述,山地生态系统丰富,具有抵抗力稳定性和恢复力稳定性,而单就山地地形而言,它是不可恢复的,只能被不断地改变,若挖掘山体和植被,则会破坏这一地区的生态平衡,短期内很难恢复到之前的状态。

2. 社会特性

山地城市的地形本身不具有社会特性,但在人类进入自然并建设城市的过程中，山地就有了一定的社会属性。生活在山地城市的居民对山地有特殊的感情，这份感情或许是对山地的依赖，也或许是对山地的敬畏。

1）文化性

山地地形作为山地城市的城市基底，不仅是城市的环境要素，其特殊的地形还逐渐成为山地城市的铭牌文化。作为山地城市的居民，对山地的感情可以细化到对盘山路、对坡地建筑、对台阶的细腻的情感，甚至没有具有的实物，只是一种处于山间的感受或者回忆。山地城市因其特殊的地形，形成了丰富的地域文化（也是地形的重要社会属性），如重庆的"棒棒儿"就是在这种特殊的地域形成的特殊职业，现已成为重庆的文化特征。

2）灾害性

地形的变化对自然环境而言是正常的现象，而对生活在其中的人类而言，可能还意味着灾难，尤其是大型的地形变化，如地震、滑坡、泥石流、崩塌等，对人类的生产和生活都会有极大的灾害性。

3）艺术性

山地的地形地貌比平原地貌更为复杂，河流、山脉在空间上更为随机、奇异、不规则和复杂。山地城市的城市空间形态和景观格局也与众不同，在各方面表现出其独特的分形美学特征。因而，山地地形在某种程度上是另类的艺术对象。

4.2.2　地形与山地城市的关系

山地城市的发展，一般是在原有的山地聚落的基础上进行发展与壮大，同时也可以通过规划发展新的山地城市。因此，我国目前山地城市空间分布的格局大体上仍源于早期山地聚落的布局[11]。在古代，山地聚落的选址和兴起都依赖富足的自然环境资源和良好的城市建设用地条件与交通条件，而这些条件又都与地形有着极其紧密的联系。

山地城市因其特殊的地形条件，与平原城市有明显的不同[12]。山地城市虽然大多建于地形起伏较大的区域，但在具体到小片区或在建筑用地层面上时，仍会根据地形在坡度、坡向、高差、同一坡面面积、地形破碎度等方面做出更适宜建设的用地选择。本书主要以平面关系和立面关系分析两者的关系。

1. 平面关系

山地城市的地形在平面上通过海拔、坡度、地面起伏度、山体形状、风和降水等众多地质地理要素，对山地城市产生综合效应。因而可用的建设用地是分散分布在山地地域中，这也决定了城市的空间布局也相对分散。B. P.克罗基乌斯从不同的地形状况, 将山地城市空间形态模式分为紧凑型、放射型、枝型、组群型[13]。山地城市无法像平原城市那样连绵、集中、规整地发展, 只能利用少数相对平坦的地形进行集中紧凑地发展, 多形成疏密相间的组团式城市布局。一般而言, 山地城市与山体相近或处于山体之上, 处于山体之上又分为半覆盖和全覆盖, 可总结为带型、分散组团型、放射环状型、树枝型四种空间形态。

1) 带型空间形态

一些依附于河流流域或沿海地带的城市, 会因为河流或海岸线形态, 呈带型的空间形态布局。城市发展沿河岸向腹地扩张, 形成块状城市用地, 同时又向河流两端延伸, 形成带型城市空间形态。在城市发展向腹地延伸的过程中, 腹地的资源会越来越少, 此时, 城市会选择继续纵向发展或者跨河向对岸的腹地扩张。这种向河对岸腹地延伸发展的方式, 使得带型城市发展转向了块状城市发展。

2) 分散组团型空间形态

分散组团型空间形态是一种最为常见的城市空间布局方式, 我国的大城市一般都采用这种布局方式。这种布局方式是根据地区的地形条件, 通过交通体系, 连接各个城市片区, 城市的空间结构以飞地的方式进行发展。此外, 这种空间布局的好处是能防止由于城市建设密度过大而造成许多城市病(如热岛效应等)。

3) 放射环状型空间形态

城市开始以块状空间形态转向分散形态的扩张与发展的过程中, 呈现出放射型的空间形态, 可以说, 放射型的空间形态只是城市空间发展的中间阶段, 城市的交通轴以圈层的方式向外扩张, 如北京市的发展, 就是以一环、二环、三环逐层地向外扩张, 现在北京市区交通圈层已达到七环。

4) 树枝型空间形态

受周边山体限制, 城市沿河谷或山谷向多个方向延伸, 其具有众多的边缘空间与自然接触, 具有较高的环境相关指数。

2. 立面关系

在立面上, 我国山地自然生态环境具有明显地域分异和多样性特征, 岗、崖、岛、梁、沟、坡、坎、湾、谷、坳、岭等地貌特征使景观丰富多变, 城中的山与山中的城相互呼应, 山水的交融使城市充满乐趣。山地城市中, 地势较高的地方往往能获得较宽阔的空间视野, 而在较低的地区, 高处的城市空间也不会因此而被遮挡, 因而山地地形使城市视点更加多样和丰富, 视域在广度和深度上远高于平原城市。山地地形还促成了山地城市特有的、多维空间的、变化的自然基础, 形成了城市空间的立体化、城市景观的立体化和城市交通的立体化等。

在山地地区，山地城市由于起伏不平的山体地形的限制，无法像平原城市一样在二维空间上向外延展。因此，当山地城市在水平方向的伸展不足时，便会放弃在二维平面上的扩张，转而进行竖向空间的扩展，有些山地城市因其本身平地太少，城市的主体部分几乎都处于山体上，如重庆、香港等，它们最明显的特征就是紧凑簇群式的发展。现代山地城市的紧凑簇群特征正随着科学技术，尤其是建筑技术的发展取得突破性的变化，与先前只能在山地修建低矮建筑的情景已大有不同，十几层甚至几十层的高楼已大规模地出现在山体之上，改变了山地城市与山体的立面关系。技术的进步使现代建筑在尺度和形态上都与传统建筑不同，高达百米的建筑群天际线甚至超过了背后山体的轮廓线，大部分山地城市还能在城市建设中维持城市与山体之间天际线的和谐，但同样也造成了某些山地城市不和谐的立面关系。

此外，在现代山地城市不断更新的历程中，对城市用地的需求越来越大，加之山地城市适宜的建设用地本身较少，因此，山地城市的用地由早期的山地表面逐渐发展至地下空间，立体化改造已经成为其在功能与空间优化方面的重要方式。地下空间的合理利用，拓展了城市的发展方向，妥善处理好建筑与地下空间的关系，会极大地改善人流、物流的疏散问题，同时山地建筑中的高差问题也可以得到合理的解决。

4.2.3　地形的变化

对地形地貌的形成起主导作用的是构造运动、气候因素、岩性、生物、人类活动五个因素[14]，这些因素在不断变化的同时，也时刻影响着地形地貌的变化。本书以地形的变化速度将这种变化分为渐变和突变。

1. 地形的渐变

构造运动的速度是非常缓慢的，几乎不可能被人察觉到，同样，因其变化而引起的气候、岩性的相应变化也需要相当长的时间，因这些因素造成的地形地貌的变化则需更长时间，可达数百年至上亿年，这种缓慢的变化就是地形的渐变过程。一般而言，地形地貌的渐变源于构造运动，前文已详细述及，此处不再赘述。

此外，由于人类社会的存在，与之共存的地形也在不经意间被改变，因此，地形渐变的另一重要因素是生物(包括人类)在早期对地形的利用与改变。在古代，人类聚居的场所多为顺应地形，顺应自然，择高居高，择低处低。聚落的主要设施就是几座低矮的房屋和陵墓，某些聚落为了防御野生动物袭击会修筑低矮土堆围墙或木头栅栏。这些早期的建城行为与广袤无垠的大地相比，几乎可以忽略。但随着人类技术的进步与城市的扩张发展，人类的筑城行为也在助长，房屋较之前更大更坚固，且形成的片区也更大更密集，城墙更高更挺，出现人造的护城河和一些小的景观湖。当然，比起广阔的山川海河，这些也不算什么，但这却使人类对地形的改变开始出现痕迹。早期的城市在规模和建筑体量上都很小，城市在发展时与周边的山水环境也较为融合，随着社会发展需求的进一步扩大，城市出现快速发展扩张。技术水平的飞速提高和经济发展的支持，使得山地城市得到了快速发展，城市用地范围开始向外扩展，一些相对平坦的地区和小范围的山地环境，被划入了城市的建设范围内。城市与山体环境的融合特征更加明显。乐山市就是这样一个典型的城市发展案例，城市在发展过程中，不断与中心山体融合，最终将中心山体划为城中山。

另外，城山融合的环境特征使山地城市主要景观界面的山脊线、建筑群轮廓线、岸线等的分层表现，呈现出山地城市景观层次感，使山地城市的轮廓线具有巨大的空间进深，隆起的山体使山地城市沿等高线逐层分布，从而形成层次丰富、富于变化的城市景观形态。

2. 地形的突变

引发地形突然变化且可被人直接观察到的情况除了因地质灾害(地震、泥石流、滑坡、崩塌、塌陷等)引起的突变，还有人类活动对其产生的影响，主要有集中式城市快速发展、填海造地、平山造地。

1)集中式城市快速发展

城市的发展，尤其是政策与资金密集的城市进行的快速城市化建设，对地形的改变是较为明显的，也是人类活动对地形地貌影响较突出的主要来源。城市建设的活动可以改变地貌发育条件，加速或延缓某种地貌过程，从而对地形产生不可避免的影响与改变。

2)填海造地

沿海多山的地区，城市可以通过填海造地来进一步地发展建设，山地丰富的岩土资源为填海提供了条件。填海发展成为许多沿海国际大都市发展的必要手段，如香港、深圳、东京等都是通过这种手段扩展城市用地。日本的关西国际机场用地，完全由填海造地而来。过去的一个世纪，日本在海上填出了 1200 万 hm^2 的土地，而香港填海面积已经达到 $67km^2$，占香港总面积的 6%以上，香港的岸线与1946 年相比，已发生了巨大的变化。

3)平山造地

将小范围内地势较高的地形开挖改造，形成平坦的城市用地，即为平山造地，这种手法已普遍运用在了山地城市的建设当中，而首次将"平山造地"的概念引入城市总体的空间规划布局上，是兰州的新城规划。兰州是一座位于河谷的城市，南山、白塔山把城市包夹其中,土地资源的缺失,让兰州的城市发展陷入了尴尬的局面。2007 年,《甘肃省土地开发管理试行规定》出台,旨在解决兰州城市建设用地紧张的问题,该规定明确了“平山造地”这样一个发展理念,未来兰州新城的总体规划也将依托这个理念而设计。兰州政府花费了 750 亿元,推掉 700 余座荒山,打造了一个兰州新城,未来的兰州新城可容纳 500 万人口[15]。

4.2.4　地形的变化对山地城市的影响

在山地城市,自然环境的构成,尤其是地形条件,对城市的规划和建设具有决定性的影响作用,往往一个山地城市可持续发展自然因素的改变会引发一系列的连锁反应[16]。

1. 地质灾害

根据对“4·20”芦山地震和“5·12”汶川地震的灾害统计,两次地震诱发地质灾害存在明显的异同之处(表 4.3)[17]。“4·20”芦山地震有 3000 多处地质灾害点,诱发最大的一处泥石滑坡灾害方量为 $248 \times 10^4 m^3$,而“5·12”汶川地震地质灾害点则多达 56 000 处,诱发最大的一处泥石滑坡灾害方量为 $11.7 \times 10^8 m^3$,后者的危害程度也高于前者。据统计,“4·20”芦山地震诱发的地质灾害体的平均坡度角集中在 10°～30°,以 15°～25°最为集中,而“5·12”汶川地震诱发的地质灾害点平均坡度角集中在 20°～50°,以 30°～40°最为集中。可见“5·12”汶川地震区的地形坡度明显大于“4·20”芦山地震区,更易发生崩塌滑坡,这也是除震级以外“5·12”汶川地震灾区滑坡数量多、方量大、高速远程滑坡等较“4·20”芦山地震区多的重要原因之一。

表 4.3　“4·20”芦山地震与“5·12”汶川地震诱发地质灾害简况对比表[17]

地震类型	地质灾害类型	灾害规模	灾害数量	危害程度	总体特征	典型地质灾害
“4·20”芦山地震	崩塌、滑坡、泥石流、滚石、堰塞湖、砂土液化等	小型、中型、大型	约3000处	崩塌、滑坡、泥石流等次生灾害未造成人员死亡,仅造成部分财产损失	数量少,体积小,以低位滑坡为主,仅诱发少量高位滑坡-碎屑流、4处堰塞湖,危险性较小	诱发方量最大的一处滑坡——干沟头滑坡碎屑流(方量为 $248 \times 10^4 m^3$),诱发最大的一处泥石流沟——冷木沟泥石流
“5·12”汶川地震	崩塌、滑坡、泥石流、巨大滚石、堰塞湖、砂土液化等	小型、中型、大型、特大型、巨型	56 000余处	崩塌、滑坡、泥石流危害大,约造成 8000 亿元经济损失,约造成 10 000 多人死亡,仅北川城西滑坡就造成 1600 余人死亡和失踪	数量多,密度大,体积大,分布范围广,高位、高速-远程滑坡数量多,抛掷现象明显,堰塞湖潜在危险性大	诱发方量最大的一处滑坡——大光包滑坡(方量为 $11.7 \times 10^8 m^3$),诱发多处高速远程滑坡,如文家沟滑坡、东河口滑坡,诱发最大的一处堰塞湖——唐家山堰塞湖等

2. 城市空间结构

地形对山地城市的空间结构影响小到单体建筑的空间结构,大到区域性的城市结构,只在其影响的程度和范围上不同(表 4.4、图 4.4)[18]。在地形复杂的地区,其地形的复杂程度(如地形高差、地形坡度、河流位置等)将对城市的空间结构有直接的影响,这种影响在古代最为明显,在当今的山地城市发展中也占有重要地位。在地形相对平缓的地区,对城市的空间形态影响较大的为交通干线,此时地形将不再主导城市空间体系。

表 4.4　山地地形对城市的影响范围[18]

名称	尺度范围	特征值		影响范围
		平均坡度/%	分割深度/m	
浅丘缓坡地形	独立小型地形或局部地形	>5	25~100	影响城市功能布局、各类用地选择和小区划分
浅丘缓坡或中丘缓坡	独立中型地形或小型地形综合体	>5	100~200	影响城市结构形态及市中心公共设施布局
中丘陡坡或高丘缓坡	独立中型地形,较大地形或中、小型地形综合体	>5	>200	影响城市结构和城市发展方向

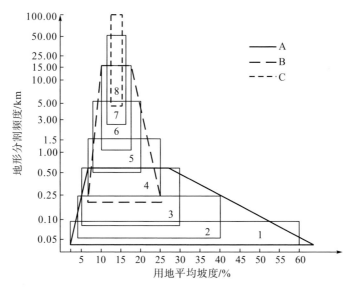

图 4.4　复杂地形对应于各种城市建设项目阶段的变化[13]

1.建筑物；2.建筑群；3.小区；4.生活区；5.规划区；6.大城市；7.城市群；8.省内地区；

A.对于城市建筑物；B.对于城市规划；C.对于区域规划

3. 城市景观格局

山地的地形地貌本身就比平原地带丰富，因此山地城市中的山地景观是城市先天的自然景观。在城市的建设和发展中，要合理地利用和开发山地的土地及景观资源，将山体纳入城市景观体系当中，打造城山融合的景观系统。由于山地的阻隔作用，山体很容易成为城市的边界，城市空间的围合感很强。此外，起伏的山体也给城市带来丰富的景观背景，同时形成优美的城市天际线。香港的中环半岛，城市依附山体，沿海岸线展开，山体成为城市建筑的背景，山体起伏的脊线与建筑的天际线错落有致地交织在一起，成为香港的城市景观名片（图 4.5）。此外，由于山体体量巨大，识别度高，往往是城市中的景观节点，而坐落于山体上的建筑物，借助山体高度的优势，识别度很高，往往成为城市的名片，是城市的标志物。

图 4.5　以连绵的山脉为城市背景的香港

山体不仅是山地城市中的一大景观，同时也影响着城市整体的景观格局。例如重庆，主城区被七八条巨大的南北走向的大山夹住，而主城区的绿地系统也顺应这些南北向山脉，构成了"一岛、两江、三谷、四脉"的自然山水格局，其中"四脉"即为华蓥山脉、明月山脉、中梁山脉、铜锣山脉。再如贵阳中心区的空间布局形成了"一城三带多组团"与"山水林城相融合"的结构，而其中的"三带"正是贯穿贵阳市的三条山脉：百花山脉、黔灵山脉和南岳山脉，将这三条山脉作为城市建设的生态缓冲区，充分利用山体绿化达到空气过滤、污染防护、调节温度、美化环境等方面的目的，以体现贵阳市"山中有城、城中有山"的山地布局特色。

4. 生态环境

开阔的坡地、铁路、公路的边坡等都是易发生地形改变的地方，尤其是在人为活动的影响下，很可能发生滑坡、崩塌或泥石流。而这类灾害的出现反过来也会对山地生态环境造成一定的不良影响，常导致土壤侵蚀和养分流失。因此，正是山地城市的复杂地形地貌条件，对城市规划建设提出了更高的要求。例如，在重庆市开县城乡体系规划中，通过对地形地貌的多种要素，如植被、农田、地质灾害、水源涵养、地貌、坡度、高程等进行分析，最终形成非建设用地和可建设用地的分布情况，以此为下一步规划建设能合理顺应地质生态现状，以及应对山地城市特殊的地形地貌条件作基础。

4.3 水　　体

水体是水圈层的重要组成部分，有相对稳定的陆地作为边界，一般为天然水域，也包括有一定流速的沟渠、江河和海洋，以及相对静止的水库、沼泽、湖泊、塘堰[19]。水体可按照类型分为海洋水体(包括海和洋)和陆地水体(包括地表水体，如河流、湖泊、沼泽和地下水体)。

4.3.1 山地城市水文条件与特征

城市内的水文条件是山地城市的构成要素，作为水源供给只是它的一项功能，它的作用还体现在水运交通、气候改善、排除雨污及美化环境等众多方面。山地城市因其特殊的地理条件，造就了它特殊的水文条件，其特征表现为山区降水较平原丰富、山区河流的补给类型随高度不同、山区径流量大。

1. 山区降水较平原丰富

地形和海拔对降水的影响很大，使山区降水分布复杂而变化急剧。在山区，由于气流被迫沿山坡抬升，成云致雨，因而降水量往往随海拔增加而增大。例如，秦岭、大巴山和北山，山麓或山前平原的降水量均比山地要小，降水日数也较山地少。

2. 山区河流的补给类型随高度不同

以中国川西、滇北山地河流为例，冰川覆盖的高山地区，冰雪融水补给占比很大；低山区则以雨水补给为主，地下水补给次之；中山区，则融水、雨水及地下水补给各占一定比例。

3. 山区径流量大

山区的地表坡度和切割程度也较平原大，因而山区水系发育的条件比平原更为充分。在相邻地区，山区的径流系数要明显大于平原。例如，在中国北纬 30°附近，四川盆地的径流系数仅为 30%，长江中下游平原为 50%，鄂西山地为 70%，川西山地则高达 80%。山区的河网密度也大于平原地区，如中国河北平原河网密度在 0.1km/km² 以下，太行山区则超过 0.3km/km²。

山区径流包括坡面流、表层流及地下径流，它们的形成可概括为产流和汇流两个过程。当降雨或融雪量满足或超过土壤的下渗能力时，产生坡面流；当垂直下渗的水遇到岩石等局部阻水层时，一部分水在土壤孔隙中转为水平方向流动，产生表层流；当在透水性好、土层厚的坡地上，下渗的水能达到潜水面，形成地下径流。坡面流一般会沿地表以较快的速度流入河网；表层流通过土壤岩石中的孔隙、空洞等通道汇入河网；地下径流一般在沟谷处以泉水方式汇入河流。前两者汇流时间较短，地下径流则在雨停后的一段时间内陆续渗入河流，形成河流的基流。

山地城市的水源多是河川的源头或上游，因此上游城市的水文质量对下游城市会有较大的影响，此外，由于山区的河流流量一般较小，河流水体的自净能力又比较弱，因此对外部环境的敏感度非常高，极易受到污染。

4.3.2　山地城市与水文的关系

水是维持生命的重要物质，人类的生活与生产也是以水为最基本的物质基础。工业生产、农田灌溉、城市生活都需要消耗大量的水。对于山地城市而言，水更是有着特别重要的意义。历史悠久的山地城市都是在"母亲河"的哺育下发展起来的，而同时许多城市的没落也由水源枯竭引起。水资源是山地城市在城市建设、社会发展中必不可少的物质基础，主要体现在对水资源的利用和山地城市选址与形态两个方面。

1. 对水资源的利用

西南地区河流落差大，可利用的水利资源丰富，主要用于生活用水、工业用水、农业灌溉、发电等方面。水利部门的数据表明，长江上游的金沙江河段有将近 1 亿 kW 的水能储藏量，占到了全国水能总量的 16%左右。若在金沙江干流河段开发 7500 万 kW 的水力发电机,提供的电量可达 3500 亿千瓦时甚至更多。由于工程技术的大力发展，水资源由最开始的直接使用，发展到今天的资源开发利用。

以水能资源储备丰富的金沙江为例，仅上游就建设了向家坝、溪洛渡、乌东德、白鹤滩这四座水电站。而在《金沙江中游水电开发规划报告》中，金沙江中下游总共规划开发了 20 座水电站，由于河流梯级电站的建设，出现了不少作为电站服务基地的山地城市，同时也带动了周边城市的经济发展。随着电站的建设，水体的水文情势(如透明度、水深、水面积、流速等)也会发生一定的变化，电站的大坝会阻断河流，加之上、下游梯级电站的相继建成，对水生物种的栖息环境和水产资源造成很大影响，与此同时，对河流沿岸的自然生态环境也有较大的负面影响，如山体因水库建设失稳而诱发的滑坡、洪水、崩塌、泥石流等地质灾害，而其影响范围可波及库区甚至周边的较大区域。

2. 山地城市选址与形态

水资源是农牧业发展的重要资源。人类自诞生开始就选择临水而居，在懂得农业耕作时也选择近水而种，这正是由于河谷具有天然的资源和便捷易获的优势，这些都是城市最初形成的基础，也对后期山地城市的选址产生了深远影响。可以说，水域不仅是我国城市的聚居地，更是早期人类文明的发源地。因此，山地城市的选址与江河分布有着密切的关系，而河流的走向和空间形态也对城市的空间布局有深远的影响。

以长江流域的水系为主，以珠江流域上游水系和西南诸河流域下游水系为辅的水体共同滋养着西南地区。我国的地势整体上是西高东低、南高北低，这对我国河流的走向及其空间分布有较大的影响。西南地区的水域也随同西南地区的山脉走势，形成了南北流向的格局，并在南北向汇集后再由西向东汇入大海。

河谷是早期人类起源地，也是城市聚居的发源地，一般接近江河的地段具有较多的先天优势：①人类生活的各个方面都需要水源，而江、河、湖泊的水源非常充足，不仅满足人类对水的需求，其挟带的养分还可以为农耕带来营养，这也是我国在河谷地区的城市通常会更富足的原因；②城市的建设需要较多的建筑材料，而山地河谷地带因其海拔高差变化，气候和物种都具有垂直地带性，使得河谷地区的植被更为繁茂，可以为城市的建设提供多样的建筑材料；③城市在早期的发展中对自然灾害的防御能力较低，河谷的特殊地形，相对容易形成台地和阶地，可以为人类的居住提供背山面水的环境，这样，周围的山体就是人类天然的防御屏障。

城市是人类的生产活动和消费活动都较集中的地方，无论是农业还是工业，甚至是日常生活，对水的需求从来都没有停止过，因此为便于取水，城市多靠近水域。在春秋战国时期，"国必依山川"的建城思想就被记载，并延续至今，如"凡立国都，非于大山之下，必于广川之上；高毋近旱，而水用足；下毋近水，而沟防省"。再如"乡山，左右经水若泽。内为落渠之写，因大川而注焉"[20]，都符合当时城市依山而建的思想。管仲对历史上城市的建设经验进行总结，阐述了依山傍水的建国原则，并一直延续至今，西南地区的山地城市大多是从长江水系旁发育并壮大起来的[11]。以嘉陵江流域为例，渠江、嘉陵江、西汉水、白龙江和涪江沿线均匀分布 27 座规模较大的山地城市，如重庆、攀枝花、遂宁、绵阳、乐山、广安、南充等。

4.3.3　水文变化

1. 水文循环

地球上水的储量是有限的，水是不能新生的，只能通过水的大循环而再生。

水的循环分为自然循环和社会循环两种。

1）自然循环

自然界中的水在太阳能和重力作用下通过蒸发、降水以及径流下渗等方式不断运动的往复循环过程就是水循环或水分循环（图 4.6）[21,22]。地面上的水因受到太阳辐射和植物的蒸腾作用而向空中蒸发，在上升的过程中遇冷后凝结，再形成雨水落到地表或海洋，在地表流动的水体会有部分下渗进入地下，水体在地表以下的径流又汇入江河湖海。因此，水转化成不同的形态：气态、液态和固态，在天空、地面和地下往复运动，周而复始。在水文循环的过程中，从地表蒸发的水与返回地面的水总量是相等的，因此总体水量会保持恒定。

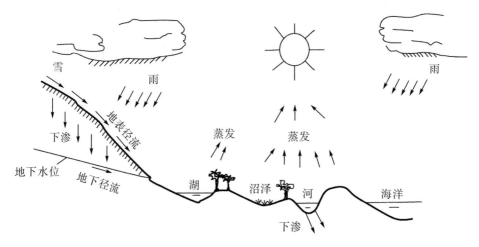

图 4.6 水的自然循环[21,22]

水文循环在任何时刻任何地点都在进行着，但其时空分布并不均匀，在不同地区、不同季节仍存在差异。一般而言，在低纬度的湿润地区，降水相对较多，同时较高的温度使得其蒸发量也大，因而水文循环过程相对强烈；而在高纬度地区，气温低，水多以固态形式存在，因此水文循环过程相对较弱；干旱地区降水稀少，水文循环虽然微弱，但仍然存在；此外，同一地区在不同季节的水文循环强度也存在一定差异。水文循环对人类生活环境的形成、演化和人类的生存本身影响非常大，上述这些不均匀分布的水文循环现象对人类的生产生活可能造成的影响也是复杂多变的，一方面，它可以成为人类重复使用的水资源，另一方面，它也可以成为淹没城市的暴雨、洪水。

2）社会循环

人类为了满足生活和生产的需求，要从各种天然水体中取用大量的水。生活用水和工业用水在使用后，就成为生活污水和工业废水被排出，最终又流入天然水体(图 4.7)。这样，水在人类社会中构成的局部循环体系就称为社会循环。人体中的水约占体重的 2/3，因此水是构成人类机体的基础和传输营养与新陈代谢的介质。一般来说，人们的生活水平越高，生活用水量也就越大。目前，发展中国家平均每人每日的用水量为 40～60L，而发达国家则达每人每日 200～300L。工业的运作与发展不能没有水，无论是电力、化工、冶金等重工业，还是印染、食品生产、纺织等轻型工业都离不开水。据统计，在城市总用水量中，工业用水一般占 20%左右。

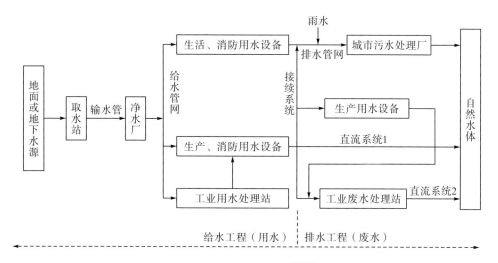

图 4.7　水的社会循环[21,22]

此外，随着城市快速的发展，我们不得不考虑其对水文循环的影响。城市的建设使地表由原生土壤或植物成为沥青、混凝土、大块石铺及碎石路面，大大增加了下垫面的不透水率，使得径流系数大幅提升，因此加快了水体的汇流速度，使得城市化前后的大气蒸发与降水的收支比例有了明显的变化，如表 4.5 所示[23]。城市地区的年径流量一般是自然水域径流量的 2～2.5 倍，但城市化发展增加了城市中的建筑密度、大气中的温室气体、总体的给排水量，最终造成城市下垫面硬化等一系列生态问题，而这又可能通过多种自然媒介和水文循环影响江河的环境质量。

表 4.5　城市化前后的水文变化[23](%)

对比项目	流域蒸发	地表径流	入渗地下	暴雨下水道
城市化前收支比例	40	10	50	0
城市化后收支比例	25	43	32	75

2. 水域变化

1) 地表河流形态的变化

自然界的河流等水体都会有均夷作用，这使得原本较顺直的河流峡谷的弯曲程度逐渐加深，支谷的延展也逐渐减缓了河床的坡降[24]。水流靠其自然惯性和在微弯河床处的离心力而产生对凹岸冲击的横向作用力，随着时间的流逝，冲击的累积就会逐渐加深表流对凹岸的侵蚀，从而形成我们通常所见的较浅凸岸和较深凹岸的河流。曲折的河谷无论是平水期还是洪水期，行水河道均是弯曲的[12]。

2) 地下水日益减少

在中国所面临的各种环境问题中，对民生和食品安全最大的威胁来自日益严重的水资源短缺。中国淡水资源量为人均 2220m³，仅为世界人均水平的1/4。多年以来，地下水正在逐渐消失，这一问题在华北平原地区尤为严重。在过去的 40 年间，华北平原为了扩大河流的取水面积，机井数由 19 世纪 60年代的 1800 眼猛增至 20 世纪末的 70 万眼。水资源迅速开发使华北平原转变为中国小麦和玉米的主要产区，但即使在降水补充的基础上每年也约有 50%以上的浅层地下水被消耗，地下水超采达 1200 亿 m³。随着华北平原地下水位不断下降，河道逐日干涸，造成地面裂纹、地面裂缝以及平均 1m 的地面沉降。预计许多水井将在未来数十年内干枯，中国超 14 亿人口中的 10%将面临粮食短缺的危机。

3. 水体污染

水体污染是自然界的河流、湖泊等水体因城市生活或自然产生的污染，且超过了水体原有的净化能力，使得水体内部发生一系列的物理、化学变化，改变了水生生物的组成群落，从而在整体上改变了水质、降低其使用价值与功能的现象。引起水体污染的污染源包括生活污水、农村污水和灌溉水、工业废水。

全国 80%左右的污水未经处理就直接排入水域，年排污量已超过 600 亿 t[25]（工业废水占 70%左右，生活污水占 30%左右）。据 2013 年地下水监测，在我国800 个监测点中，水质优的监测点比例为 10.4%，良好的监测点比例为 26.9%，较好的监测点比例为 3.1%，较差的监测点比例为 43.9%，极差的监测点比例为15.7%。全国城市水域中近 90%遭受严重污染，不符合国家饮用水标准的城市水源达 50%。据统计，20 世纪 80 年代，我国环境污染损失约占 GDP 的 4%～5%，其中水污染损失占 GDP 的 1.5%～3%[26]。

4.3.4　水文变化对山地城市的影响

1. 山水景观的形成

山地城市的建筑与布局都深受周围自然环境的影响，尤其是水体，因而山与水构成了我国山地城市的传统景观的原型。这种原型随着时间的流逝与自然界的变迁逐渐凸显出来，如水体流域的变化使得河流更加弯曲与柔美，为山地城市增添了许多柔性和灵气，也形成了独特的山水景观格局。

2. 山地城市布局

1）对山地城市选址与布局的影响

山地区域的水体历经漫长的演变后，最终形成了与平原城市截然不同的形态特征：①山地河流的河道曲折多变，平面形态较为复杂，岸线与河床多呈不规则形态。②山地河流断面的宽深比相对较小，且以"V"形和"U"形居多。其中，断面宽深比在 10 以下可呈现出"V"形，特点是河谷河槽狭窄，多位于峡谷地段；断面宽深比在 60～70 可呈现出"U"形，特点是枯水期会有河心滩出露，多位于宽谷段的河流。③山地河流因其河源与河口有较大落差使得山地区域有较为丰富的水能资源。

根据山地流域的形态特征，可将其划分为三种类型：顺直微弯型、蜿蜒曲折型和交汇分叉型。山地城市的选址因其处于不同类型的流域地段而有所不同。

(1)选址于顺直微弯型流域。一般而言，顺直微弯型受山际、水边的限制具有较强的空间指向性，山地城市选址于此易形成城市与河流同向发展的"一"字长带型的空间布局，也因开敞的山地景观视野和山、水、城之间的相互呼应而形成具有山地特色的"山水交融、山城合一"的景观格局。

(2)选址于蜿蜒曲折型流域。水域在形态上的变化是一直持续的，无论是否有山地城市选址于此，自然状态下的河流都会呈现出凸岸处越来越浅、凹岸处越来越深的现象。在洪水位以上且坡度较缓的凸岸地带有肥沃的土壤和丰富的水源，是人类聚居、耕作的理想之地，自然也是山地城市的首选地。一般凸岸围成的陆地多呈半岛状，当前端坡度平缓时，选址于此的城市多呈向心性的团状，如选址于嘉陵江"几"字形端头的阆中城；当前端坡度较陡时，选址于此的城市多沿山形与河流呈现带状分布，并形成"L"形的空间形态特征，如早期选址于长江"几"字形端头的江津城，随着城市规模的扩张而沿着长江下游发展，呈现出现有的"L"形结构。

(3)选址于交汇分叉型流域。河道交汇处的水流流速急剧降低而产生较强的"紊动掺混"现象，可引起泥沙落淤，并形成浅滩。河流交汇处一般会形成 2 个或以上的凸岸和凹岸(水深较大)。凸岸地面平缓开阔,水源充足,用地条件相对较好,有利于农业的发展与城市的建设,因此,河流交汇分叉处的城市老城区多位于河流交汇分叉的凸岸处。

2) 水的流向决定城市工业和居住生活用地的相对布置

水源条件对工业用地的选址往往起决定作用。有些工业对水质(如味道、颜色、透明度、温度或某种矿物质的含量)有特殊的要求,如食品工业对水的味道和气味有要求、造纸厂对水的颜色和透明度有要求、纺织工业对水温有要求、丝织工业对水中铁含量有要求等。在对工业与农业进行布局规划前应着重考虑水资源,协调两类用地对水的需求。此外,由于工业生产会对周边水源造成污染,因此一般将城市中的工业用地布置于河流下游,居住用地布置于河流上游,以保障居民饮用水的清洁。

3. 水资源短缺

我国是一个缺水的国家。所谓水资源,主要是指由于降水形成的江河径流量和可更新的地下径流量。我国水资源多年平均为 28000 亿 m^3,人均水资源占用量为 $2200m^3$,仅为世界人均水资源占用量的 1/4。从需要量分析,20 世纪 80 年代我国总用水量为 4400 亿 m^3,2000 年约为 6000 亿 m^3,至 2030 年,我国用水的需求总量可达到每年 7000 亿~8000 亿 m^3,但目前我国还可利用的水资源量仅为 8000 亿~9500 亿 m^3,可见,我国的需水量已接近可利用水资源的极限。依照国际标准,人均水资源占有量在 $2000m^3$ 以下就处于缺水边缘,而据最新公布的《中国可持续发展水资源战略研究综合报告》预测,我国 20 年后的人均水资源占有量将降至 $1760m^3$,接近"水紧张"国家标准。

我国水资源不仅短缺,而且时空分布不均匀,地区分布不均匀,使得水资源组合不平衡,年际变化大,增加了调节利用的难度,水资源可利用量仅为资源总量的 1/3,因而缺水比较严重。按目前的正常需要和不超采地下水要求,全国年缺水总量约为 300 亿~400 亿 m^3,全国约有 300 个城市缺水,农业受旱面积达 3 亿亩(1 亩≈$666.67m^2$),3300 万农村人口饮水困难,形势十分严峻[27]。

4. 生态环境问题

1) 生态退化

由于对地表水和地下水的过度利用和超量开采使湖泊干涸,全国 $1km^2$ 以上的湖泊 30 年间减少了 543 个,河道入海水量锐减,沿海地区的海水入侵,地下水位急剧下降,引起地面下沉。例如,杭嘉湖地区最大沉降点每年下沉 42.5mm,近 30 年累计沉降了 0.8m 左右;苏锡常地区已形成 $5500km^2$ 的沉降漏斗,近年来每年沉降 80~120mm,最大处达 200mm,40 年来最大沉降中心累计沉降 2.2m 左右;

80 年来，上海市区地面平均下沉了 1m 以上，地面不均匀下沉不仅影响交通与地下管道设施，而且由于闸口下沉等原因，降低了水利设施的防洪标准。在地面下沉的同时，由于河湖面积缩小和淤浅，全球气候变暖，河湖水位和海线平面均呈上升趋势。据《2000 年中国海平面公报》称：50 年来，我国沿海平面呈上升趋势，平均每年上升 1～3mm；近 3 年来，上升速率加速，每年上升 2.5mm。2000 年我国南海、台湾海峡上升幅度较大，分别上升 92mm 和 68mm，黄海、北部湾升幅为 40～60mm。长江三角洲地区海拔标高不到 3m，已出现不少地上河，部分陆地快成了浮于水上的盆地，陆地沼泽化与海侵的威胁越来越严重。

此外，由于河道上游乱采滥伐、过度放牧和滥挖野生药材等，水土流失和沙漠化现象十分严重。全国水土流失面积达 356 万 km^2，沙漠及沙漠化面积达 149 万 km^2，20 世纪 80 年代以来水土流失面积每年以 $2100km^2$ 的速率扩大。近年来，我国出现沙尘暴的次数越来越多。据相关资料统计，我国在 20 世纪 60 年代发生了 8 次特大沙尘暴，70 年代发生 13 次，80 年代发生 14 次，90 年代至今已发生了 30 多次特大沙尘暴，其在影响范围和损失程度上逐渐扩张与加深，影响了包括甘肃、内蒙古、宁夏、山西、陕西、河北等地在内的面积达 140 万 km^2、拥有 1.3 亿人口的广大地区和数十个城市。

2) 洪涝与旱灾频发

我国洪灾相对频繁，从有历史记载至今 2000 多年间，发生过 1092 次较大水灾，这给人民的生命和财产造成了严重的损失。城市的过度建设影响水文循环，径流系数增大是最为明显的标志之一，如图 4.8 所示，城市化后较城市化前出现洪峰升高且时间提前的现象，大大加剧了洪水的威胁。例如 2010 年的长江大洪水，使得重庆 82.5 万人因暴雨而受灾，并造成 3 人死亡、9 人失踪以及 4916 间房屋倒塌，直接造成 4.3 亿元的经济损失。位于长江下游的安徽省也因水位缓涨，造成 725 多万人受灾。

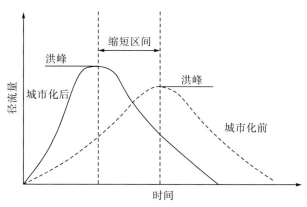

图 4.8 城市化对降水峰值的影响示意图

我国 50%的人口、30%的耕地和 70%的工农业产值集中在七大江河中下游的 100 万 km² 的地区，虽有 25 万 km 的堤防、8 万多座水库和 80 多处分洪蓄洪区来维护其安全，但是，防洪标准低，工程老化，且大量分洪蓄洪区被人为填垫造地，造成比 20 世纪 50 年代更大的灾害，使城乡经济蒙受巨大损失。洪水灾害至今仍是中华民族的心腹大患。除了洪灾以外，我国还备受旱灾之苦。2000 年，严重的旱灾几乎影响了半个中国，7000 万亩粮田绝收，100 多个城市被迫实行限额用水。

4.4　气　候

城市气候是受大城市中人类活动的影响而形成的一种局地气候。城市因其建筑的增加使得自然下垫面被改变，其体现在原有植被被建筑物、水泥或沥青地面代替，此外，城市的生产活动(如城市工业排放的烟尘、农业焚烧秸秆、空调的使用等)成为自然气候的额外热源，对气候有较大影响，其特征如下：①城市气温较周边农村高，其热岛中心的温度要高 1℃左右，甚至超过 6℃；②城市湿度较周边农村低，普遍低 2%～8%；③一般而言，城市风速较农村小，但城市因狭管效应可大大提高风速，此外在城市热岛作用下，郊区与城市之间的空气流动可形成热岛环流；④城市生产活动使得城市上空烟尘增多，大气能见度低，减少了 10%～15%的太阳辐射量；⑤城市因热岛效应可增强空气间的对流作用，而弥漫在空中的烟尘又提供了大量的凝结核，形成了城市多雨的现象。据相关资料可知，城市降水一般比周边农村多 5%～10%。

4.4.1　山地城市气候条件及特征

山地城市的气候条件尤其是局部小气候，是影响山地城市布局规划设计的重要因素。山区的气候条件因为山地小气候的影响及城市下垫面的不同，与平原城市有很大的区别。例如，山坡地有迎风坡降雨效应、背风坡焚风效应，山地气候垂直变化，河谷城市热岛效应加剧，山谷地有逆温层现象和静风频率高、空气污染影响大、雾气重等现象[28]。山地气候是受高度和山地地形影响而形成的气候，主要有以下特征。

1. 辐射强度不同

一般随着高度的上升，太阳辐射因穿过的大气层越来越少使得辐射值越来越大，因此位于不同海拔的山地城市其受到的辐射强度也是不同的。

2. 气温呈梯度变化

随海拔的升高，气温会降低，一般而言，每上升 100m，冬季温度下降 0.3～

0.5℃，夏季下降 0.5~0.7℃。山地城市的气温在垂直方向上呈现梯度变化。例如，四川山地在 500m 时温度为 22℃，当海拔上升至 1000m 时温度就降至 19℃，当海拔上升至 2000m 时降至 15℃，当海拔上升至 4000m 时温度几乎降至 0℃。因此，重庆、武汉、上海三个城市都位于长江沿岸，但在气候特点上却有着显著的区别[29]（表 4.6），这也是气温在海拔上变化的又一例证。

表 4.6　重庆、武汉、上海气候比较[29]

	气候参数	重庆	武汉	上海
冬季	天数/d	67	120	126
	最冷月平均气温/℃	7.5	3	3.5
	平均湿度/%	82	76	75
	平均风速/(m/s)	1.2	2.7	3.1
夏季	天数/d	128	128	107
	最热月平均气温/℃	28.6	28.8	27.8
	最高气温≥35℃的天数/d	25	21	9
	平均湿度/%	75	79	83
	平均风速/(m/s)	1.4	2.6	3.2

此外，山地城市的气候还具有相对封闭性的特点，其特殊的环境条件——立体化的下垫面，阻挡了风的流动，从而阻挡了山地内外的热湿交换，正是因此，山地周围的山体便成为山地城市的自然屏蔽，在冬季阻挡外界冷空气侵入，在夏季减少内部热空气的流失。降水量大，且降水随高度而变化。年降水量和年降水日数一般随高度增加，如黄山、泰山，每上升 100m，年降水量增加约 30mm，年降水日数增加 2.4d。相较于平原及低地地区，山地区域的降水量明显更多，这也正是我国为数不多的几个多雨中心都分布在山地地带的原因，例如，年降水量达 3000~5000mm 的台湾中部山脉，年降水量超过 4000mm 的喜马拉雅山的东南地区，以及年降水量高达 5500mm 的五指山东南坡地带。山地地区的空气湿度较平原地区大许多的现象也正是由于山地的大量降水而引起的[30]。与此同时，山地背风坡的降水量也较迎风坡更低。

此外，随着海拔的增加，降水量也会随之增加，而当到达某一高度时，降水量又会随着海拔的升高呈现降低趋势，这一特定的高度被称作最大降水高度。在不同的地区和季节，最大降水高度也会不同，一般而言，在气候潮湿的地区较气候干燥的地区最大降水高度更低。例如，我国东部沿海的皖浙山地地区最大降水高度比西南山地低 1500m 左右。

3. 风速变化大

风速一般随海拔的增加呈增大趋势。在山顶、山脊和峡谷地区较盆地、谷地的风速更大。山地还有山谷风与焚风现象。

可以说地形条件对山地城市大气的影响具有正、负两种效应。山体在一定程度上改变了大气流动的方向，也阻隔了大气在封闭的山间河谷盆地内部与外部的流动，因而在这一区域内，静风和小风频率的占比较高。例如，坐落于河谷地带的重庆，其静风频率就接近 33%。但是，山地城市也因其静风频率较高使大气中的污染物难以疏散而聚集在山地城市上空，这严重降低了城市的大气质量，因此，山地城市入风口的疏通显得极为重要。

4.4.2 山地城市与气候的关系

城市一般大多分布在阶梯状地貌的相对平缓地区，主要包括平原、盆地及相对平缓的高原地区。而我国大多数山地城市则分布在丘陵地带，其特点主要有两个方面：第一，与不同区域的环境相对应，其气候特征会有所不同；第二，每个山地区域内会呈现出与其他地区不同的气候特征。两者共同塑造着山地城市的气候条件，使其具有丰富多变的特点，并形成了特色鲜明的山地景观格局[31,32]。其中，对山地城市空间形态产生主要作用的因素有风态、日照、温度、湿度等。

1. 风态

正如前文所述，山体会改变大气的流动方向和特征，而山地因其复杂地形会造成不同的冷热温差，这在一定程度上影响着局部气流的循环，形成山谷风、坡地风、微山风、顺沟风和水陆风等。山谷风形成于不同坡面上冷热气团的交换；坡地风形成于同一山体的上下部分空气的温差；微山风形成于相向山体之间的温差；顺沟风和水陆风则形成于河流或冲沟底部空气与上层空气之间的温差。

2. 日照

山地城市建筑的日照条件主要受坡度和坡向的影响，特别是在冬季，由于太阳高度角较小，山地在南向和北向上的日照条件差异较大，高耸的山体或建筑也会因其所在坡向不同而产生不同的阴影区域带。

3. 温度

山地环境温度因受植被、风态和日照的共同影响，在垂直方向上的变化较为明显，海拔每升高 100m，温度就会降低近 0.65℃，山地的迎风区比背风区的凹地低 1~2℃[33]。此外，在谷底、冲沟和靠水面等区域，其温度降低得更为明显。在城市内部保留的山体，对防止城市热岛效应的产生有较大的作用。

4. 湿度

山地的地形地貌决定了山体中水系的分布，而水系的分布又会对城市的空气湿度产生影响。因此，最佳的温湿度一般处于高出河谷 100m 左右的南北坡地带。

4.4.3　气候变化

近 50 年来，中国气候变化主要体现在以下几方面：年平均气温呈升高趋势，其增温在冬季和春季这两个季节较为显著；同时，降水量也越来越大，而日照时数却越来越少。具体而言，气候变化的区域特征较明显，在西南地区的升温相对平缓，而北方及高原地区出现明显的升温现象，其中北方地区气候变暖突出地表现为最低气温升高的贡献，根据中国气象局的数据统计，从 20 世纪初期至今的一百年间，我国的地表平均温度上升了 1.1℃，其中，我国的北方地区表现最为显著，甚至在某些地区出现 4℃ 的升温现象。此外，我国日照时数减少是普遍存在的现状，其中华北地区表现最为明显[34]。

此外，山地城市气候还有一些典型特征：热岛效应，城市逆温，灰霾岛效应，雨岛效应，干、湿岛效应。

1. 热岛效应

热岛效应是一种城市区域的地区性气候现象，这种现象随着城市化的加深而逐渐凸显。由于城市中的道路和建筑的蓄热能力比植被和土壤更强，加之城市中大量的汽车尾气及空调排出的热风使得城市地区的温度高于周边郊区，形成高温的城区被低温的郊区包围的状态，人们把这种现象称为城市热岛效应。山地城市的热岛效应因其特殊的地理条件更为突出，如被称为中国四大火炉之一的重庆。

异常的温度上升主要的原因，来自大楼和柏油的太阳光蓄热，城市内部林立的大楼中的空调设备排出的热空气，树木的减少所产生的城市圆顶效应。气温较高，会出现突然的降雨。近几年，大楼不断向高空发展，河流沿岸被覆盖，遮挡了风的流动，加剧了城市内部的高温化。例如，随着广州市城市建成区面积逐步扩大，热岛面积也随之增加。

2. 城市逆温

在对流层范围内，气温随海拔升高而降低的比率，称为气温垂直递减率(R)，R 一般为 0.65℃/100m，但 R 也可能随海拔的升高而递增，从而导致空气呈现"头重脚轻"的现象，这一气象学现象被称为逆温。大气中的逆温有一定的厚度，出现逆温现象时，不能产生垂直对流，大气处于稳定状态，低层空气中的污染物难以扩散，污染物浓度显著升高，形成环境污染，危害人体健康。而山地城市除了辐射逆温外，还有谷地逆温，这是由山体周围的空气在夜间会因气温降低而沉向谷地，并将暖空气抬升至原有冷空气的上方而形成。因此，山地城市逆温现象的形成比平原城市更复杂多样[35]。

3. 灰霾岛效应

近年来，中国的许多城市都出现了严重的雾霾现象，天色灰暗，空气浑浊，已成为雾霾城市的常态。虽然霾和雾的核心物质相同，都是人工或自然形成了粉尘颗粒物，但对人类而言却是两类不同类型的天气现象。雾的湿度较大，以水蒸气为主；而霾的湿度非常小，不会因太阳的出现而蒸发散去，以气溶胶为主，是对人居环境不利的污染现象。霾的存在使得大气变混浊，视野模糊不清，不仅对交通安全存在较大的威胁，还会通过对气候产生影响而降低农业产量，更直接威胁着人的生命健康。

人类的生产生活活动向大气排放的污染气体的增加是灰霾现象的主要形成因素，这些污染气体进入大气后，相互之间发生着微物理和化学反应，并形成霾的主要组成物——气溶胶，最终形成阻碍视野、危害健康的霾。据相关部门的观测，长江三角洲、黄淮海地区、珠江三角洲以及四川盆地是我国灰霾现象最严重的区域。这些地区的城市化发展相对领先，但城市的过度建设也使得空气出现明显的异常现象——灰霾岛效应，这些地区的空气质量较差，污染物因气溶胶的存在无法及时疏散而聚集在城市上空，对居民的生活和城市的发展都有较大的负面影响。

4. 雨岛效应

随着城市中高楼大厦数量的不断增加，尤其一到夏季，城市中的空调以及不断增多的汽车尾气成为城市热量的新来源，这些热空气在城市上空聚集成热气流，随着热气流的累积而出现降雨，从而增大城市的降水量，这种现象就是雨岛效应。在城市的汛期和暴雨期，雨岛效应集中出现，极易形成大量降水，导致城市出现内涝灾害。

5. 干、湿岛效应

干岛效应是因城市建设大量的专门排水通道以及由钢筋水泥建成的不透水地面而增加径流，使得城市缺乏对水体保蓄的自然能力的现象。一般而言，城市中的土壤和植被协调城市的降水保蓄与补给，而城市化的建设使得大量的自然植被被钢筋水泥代替而无法进行水分补给，最终形成城市空气湿度较低且被周边郊区孤立突出的现象。干岛效应造成城市大气相对湿度降低，大气稳定度提高，底部大气不易与高层发生对流，城市污染物集中于城市下垫面区域，引起持续的大气污染。当城市的水汽压平均值比同一时间的郊区水汽压值高时会出现明显的城市湿岛效应。在城市区域，因热岛效应，市区的水分蒸发量要大于郊区，因此，在雨后城市空气中水分含量会更大。

6. 浑浊岛效应

浑浊岛效应的原理与霾有共同之处，都是由于城市中的污染物进入大气而形成，都会造成视野不清的情况。在城市上空的低空处有较强的热力流和机械流，从而减少城市的日照时数，并大量削弱太阳辐射的现象称为城市浑浊岛效应。

7. 人工气候

随着人类科技的发展，对小范围气候的改变正在普遍化。小到给外来动物的气候箱，大至城市的降水、森林救火，甚至照亮北极极夜地区。人工气候的发展无疑会成为常常受干旱或洪涝灾害的人类的福音，但相关技术的应用推广还有很多需要探索的地方。

我国西南地区以湿润多雨的亚热带季风气候为特征，夏季主要受西太平洋东南季风和印度洋西南季风影响，冬季主要受西伯利亚冷高压影响，形成西北季风和东北季风。年均气温从西北到东南依次由 8～10℃ 递升到 20～22℃；而年均降水量则依次由 700～1000mm 递升到 2000～2200mm。降水年内、年际变化大，导致干旱和内涝频繁发生。自 2009 年 8 月起，云南遭遇了 60 年未遇的三季持续干旱。广西、贵州局部地区也遭遇了 50 年来罕见的极端干旱，导致数百万人受灾，几千万亩农田受旱。2010 年，大旱肆虐贵州 95%的面积，导致数百万人受灾[36]。

4.4.4　气候变化对山地城市的影响

1. 景观影响

气候的变化会通过影响景观植物生长所需水量从而影响景观，因为气候变化会引起水量的重新分配或干湿交替，导致部分景观的退化。有学者就气候对黄龙景区的影响进行了研究，通过钙化景观不同衰退特征的对比及相关研究，得出气候对景观的影响权重占 30%，其钙化体本身水文地质条件的内部变化起主导作用，对景观的影响权重占 60%左右，人为因素影响占 10%左右[37]。

2. 安全影响

自然灾害对人类的威胁因气候变化带来的环境改变而更明显[33]。气候的变化使得暴雨、洪涝灾害增多，我国各地有许多城市都遇到过城市洪涝灾害，但山地城市因其特殊的地形利于排水而较少遭受城市洪涝。虽然山地城市遭受的洪涝灾害相对较少，但因暴雨引发的滑坡、泥石流却频频出现，给山地城市带来了较大的经济损失。

此外，气候的变化将直接对山地居民的身体健康造成影响。随着全球气候变暖以及热岛效应的加强，城市地区出现夏季热浪的频率越来越高，强度也越来越大，使原本就对气候变化非常敏感的山地居民更容易中暑和晕厥，某些地区的极端高温甚至导致死亡率上升[33]。此外，气候变暖使得昆虫更易繁殖，从而增加疟疾、登革热等传染性疾病的传播，这也直接损害了山地居民的健康。

3. 农业影响

未来气候变化下，我国将出现水灾减少和旱灾多发的现象，尤其是东北、华北、西北地区。相对于北方的旱灾，中国南方的长江中下游及中南地区的洪涝灾害发生频率大大增加，气候变化进一步恶化这种南涝北旱的情况，对中国农业产生了巨大的影响。过去的 50 年间，我国北方及西南地区的全年降水量已明显减小，按照这一趋势发展，对我国未来农业灌溉的水资源有极大影响[34]。气候变化对农业的影响具体表现为农业物候期的变化，农作物的生长周期发生改变，越冬农作物种植区域也被迫向北方偏移[38]。

由于气候变化，中国的农业生产中心及农耕用地逐渐向北方和西方转移，如果不制定适应气候变化的对策，农业产量会继续减产一成以上。20 世纪 90 年代以来，在东北、华北、西北地区等大陆性气候地区 (增温和干旱化强烈)，农作物的生产面临着严峻的减产风险。气候变化带来的自然灾害，让农业技术无法有效地应用在粮食生产上，而气候变化的不确定性也使得农业生产的成本进一步提高，降低了农业效益[34]。例如，在 2015 年发生的因稻瘟病而使水稻减产的现象除了品种的原因，还与阴雨、寡照、气温低的天气有关。

4. 城市布局影响

气候变化对山地城市的城市布局的影响主要是部分产业排放污染物可能对城市居民生活产生不利影响，其影响到的布局多以功能结构为主，尤其是居住区与工业区的相对布局，一般将工业用地置于居住用地的下风向。

此外，一个城市的降水也对城市规划有巨大的影响。比如，年降水量是市政工程规划必须考虑的一个因素[39]。随着我国山地气候的变化，降水量的增大将加剧城市排水工程的压力。

4.5　土　　壤

土壤是地球陆地表面能生长植物的疏松表层。它由有机物、矿物、水分、空气和土壤生物 (包括微生物) 等组成，是在地形地貌、生物及气候条件共同作用下由风化的岩石形成的。土壤中含有丰富的养分和水分，是植物生长的基础。自然环境和人类活动不断影响着土壤形成的方向和过程，同时也会改变土壤的基本性质。

自然地理条件的变化决定着土壤的划分和归类。亚热带常绿阔叶林下，主要生成了多种红壤、黄壤。例如，在中国南方的热带雨林和季雨林地区，主要为强富铝化的砖红壤，土壤中含有较多的三水铝矿和赤铁矿。半干旱热带、亚热带稀树草原景观地区为燥红土。干旱热带和亚热带地区为红色漠土。

在广阔的湿润、半湿润温带和温带森林地区，主要为具有硅铝风化特征和不同淋溶状况的暗棕壤、棕壤和褐土，以及由森林向草原过渡的灰色森林土。当土壤湿润状况从沿海向内陆逐渐变干，植物由灌丛草原逐步过渡为草甸草原和干草原，土壤也随之由黑土、黑钙土向栗钙土过渡。

极端干旱的温带荒漠地区有多种类型的漠土，如棕漠土、灰棕漠土和灰漠土。由荒漠向草原过渡的地区，有具有半漠土特征的棕钙土和灰钙土。

在寒温带湿润针叶林下，可见具有不同灰化特征的灰化土。寒冷、低温的极地及其边缘地区，形成苔原土和极地漠土。在高寒的高山冰川边缘，为寒漠土。

与上述地带性土壤共存的还有多种类型的草甸土(潮土)、沼泽土、盐碱土、风沙土、石灰(岩)土、火山灰土、水稻土等。

4.5.1　山地城市土壤条件及特征

山地城市土壤条件分析主要是针对土壤的稳定性和渗透性，它与城市的地下水状况、城市的用地选择等因素密切相关。土壤渗透性同时也是地下水补充量的衡量标准之一，充足的地下水资源对维持地区内地下水平衡极为重要。同时地下水对水污染极其敏感，土壤渗透性也是地下水污染敏感系数的间接指标，土壤渗透性越大，地下水则越容易受到污染，在山地城市中，应该对土壤条件引起高度的重视，对城市发展区或城市建成区内的土地进行充分的对比研究，保护渗透性极高的土壤，使之成为地下水回灌场地，同时免受工业污水的干扰[26]。

山地城市的土壤主要有以下特性。

1. 山地土壤的垂直地带性

(1)山体所在的地理位置对土壤垂直带谱影响：一般而言，气温与湿度随海拔的变异，在不同的地理纬度与经度地区的变幅是不一样的。中纬度的半湿润地，海拔上升 100m，气温下降 $0.5\sim0.6$℃，降水量增加 $20\sim30$mm，而且当海拔达到 2500m 以上时，地形对流雨就可能产生。

(2)山体的高度、大小及形状对土壤垂直带谱的影响：山体越高，垂直带谱的结构越复杂、越完整。

(3)山体的坡向对土壤垂直带谱的影响：阳坡与阴坡在气温与土壤湿度上有差异，山体的迎风面与背风面的气候也有差异，这些差异影响土壤垂直带谱的结构。

(4)高原下切河谷的下垂带谱：在高原地区，河谷深切。在谷坡面上产生土壤的垂直带分异，这种垂直带的基带位于最上端，犹如垂帘，故称为下垂带谱，在我国的青藏高原和云南高原有分布。

(5)垂直带倒置现象：主要发生于一些河谷下切较深而地形又比较闭塞的高原

河谷，高原下沉的冷空气往往一段时间停滞于河谷，因而在这种下切的河谷的两侧山坡上，其最暖带不在最低的谷底，而是在谷底稍上的地区。这种现象在金沙江河谷常见。

2. 山地土壤侵蚀与土壤的薄层性

由于山地有一定的坡度，山高坡陡，土壤侵蚀是绝对的。侵蚀的强度与植被覆盖度有关。植被一旦遭到破坏，土壤失去保护层，土壤侵蚀必然加剧。土壤侵蚀有三种类型：流水侵蚀、重力侵蚀及冻融侵蚀，其中以流水侵蚀为主。

3. 山地土壤的母岩继承性

由于山地土壤母质多为残积物和坡积物，母质来源比较单一；加之土层薄，因此，土壤对母岩的继承性非常明显，即两者之间有"血缘"关系。

4.5.2　山地城市与土壤的关系

1. 景观影响

土壤对山地城市的植被产生直接的影响，而植被是城市主要景观元素之一，因此土壤的分布、元素含量、pH、水库库容等都对城市的景观有一定的影响作用。

2. 农业影响

土壤是岩石圈表面的疏松表层，是陆生植物生活的基质。它提供了植物生活必需的营养和水分，是生态系统中物质与能量交换的重要场所。由于植物根系与土壤之间具有极大的接触面，在土壤和植物之间进行频繁的物质交换，彼此强烈影响，因而土壤是植物的一个重要生态因子，通过控制土壤因素就可影响植物的生长和产量。土壤及时满足植物对水、肥、气、热要求的能力，称为土壤肥力。肥沃的土壤同时能满足植物对水、肥、气、热的要求，是植物正常生长发育的基础。因而土壤也在一定程度上对山地城市的农业产量产生了直接的影响。

4.5.3　土壤变化

1. 土壤盐渍化

土壤盐渍化是土壤中含有过多的可溶性盐(阳离子有 Na^+、K^+、Ca^{2+}、Mg^{2+}，阴离子有 Cl^-、SO_4^{2-}、CO_3^{2-}、HCO_3^-)引起的，对生产生活影响较大。土壤盐渍化分为重度盐渍化、中度盐渍化、轻度盐渍化和非盐渍化。

重度盐渍化：每 100g 土全盐含量大于 0.6g 的土壤为重度盐渍化土；

中度盐渍化：每 100g 土全盐含量为 0.4~0.6g 的土壤为中度盐渍化土；

轻度盐渍化：每 100g 土全盐含量为 0.2～0.4g 的土壤为轻度盐渍化土；

非盐渍化：每 100g 土全盐含量小于 0.2g 的土壤为非盐渍化土。

土壤盐渍化的形成主要受水文、气象、地质、地貌、土壤颗粒组成、水文地质条件及人为等多种因素的影响，是上述多种因素共同作用的结果。一般暖温带干旱、半干旱气候区的气候特征是蒸发量几倍于降水量，大量的水分蒸发，使水中的盐分残存于地表土壤中，较长期地处于一个盐分累积的过程。因此，在这种气候条件下，土壤盐碱化是比较容易发生的。

2. 土地沙化

土地沙化主要由当地植被覆盖、土壤质地和水资源情况决定。任何破坏土壤水分的因素都会最终导致土地沙化。土地沙化的大面积蔓延就是荒漠化，是最严重的全球环境问题之一。20 世纪 50 年代以来，中国已有 67 万 hm^2 耕地、235 万 hm^2 草地和 639 万 hm^2 林地变成了沙地。内蒙古自治区乌兰察布市后山地区、阿拉善地区，新疆维吾尔自治区塔里木河下游，青海省柴达木盆地，河北省坝上地区和西藏自治区的那曲地区等地，沙化地区平均增加 4% 以上。由于风沙紧逼，成千上万的牧民被迫迁往他乡，成为 "生态难民"。

3. 土壤退化

土壤退化又称土壤衰弱，是指土壤肥力衰退导致生产力下降的过程。土壤退化是土壤环境和土壤理化性状恶化的综合表征，有机质含量下降，营养元素减少，土壤结构遭到破坏；土壤侵蚀，土层变浅，土体板结；土壤盐化、酸化、沙化等。其中，有机质下降是土壤退化的主要标志。在干旱、半干旱地区，原来稀疏的植被受破坏，土壤沙化就是严重的土壤退化现象。

从土壤肥力状况来看，中国耕地的有机质含量一般较低，水田土壤大多在 1%～3%，而旱地土壤有机质含量较水田低，小于 1% 的就占 31.2%；中国大部分耕地土壤全氮都在 0.2% 以下，其中山东、河北、河南、山西、新疆等 5 省(区)严重缺氮面积占其耕地总面积的一半以上；缺磷土壤面积为 67.3 万 km^2，其中有 20 多个省(区、市)有一半以上耕地严重缺磷；缺钾土壤面积比例较小，约有 18.5 万 km^2，但在南方缺钾较为普遍，其中海南、广东、广西、江西等省(区)有 75% 以上的耕地缺钾，而且近年来，全国各地农田养分平衡中，钾素均亏缺，因此无论在南方还是北方，农田土壤速效钾含量均有普遍下降的趋势；缺乏中量元素的耕地占 63.3%[40]。对全国土壤综合肥力状况的评价尚未见报道，就东部红壤丘陵区而言，选择土壤有机质、全氮、全磷、速效磷、全钾、速效钾、pH、阳离子交换量(cation exchange capacity，CEC)、物理性黏粒含量、粉/黏比、表层土壤厚度等 11 项土壤肥力指标进行土壤肥力综合评价的结果表明，其大部分土壤均不同程度遭受肥力退化的影响，处于中、下等水平，高、中、低肥力等级的土壤面积分别占该区总面积的 25.9%、40.8% 和 33.3%，在广东丘陵山区、广西百色地区、江西吉泰盆地以及福建南部等地区肥力退化已十分严重。此外，其他形式的土壤退化问题也十分严重。以南方红壤区为例，约 20 万 km² 的土壤由于酸化问题而影响其生产潜力的发挥；化肥、农药施用量逐年上升，地下水污染不断加剧，在部分沿海地区其地下水硝态氮含量已远远高于世界卫生组织（World Health Organization，WHO）建议的最高允许浓度（10mg/L）；同时，在一些矿区附近、复垦地及沿海地区，土壤重金属污染也相当严重。

4. 土壤水库库容萎缩

土壤是巨大的自然贮水库，以土壤容重 1.3t/m³ 和含水量 25% 来计算，则可蓄水 0.325m³。按此推算，在 1km² 面积内 1m 厚的土层可蓄水 325 000m³。根据土壤持水量和产流量计算，在蓄满产流情况下（土壤饱和持水量以 50% 计算），当降水量小于 300mm 时，0.5~1.0m 厚的土层可全部蓄水于土，而不产生径流；当土层减薄至 0.25m 且降水量为 200mm 时，即产生径流[41]。随着流失加重和土层减薄，径流量相应增多（表 4.7）[42]，产流时间缩短，加剧洪涝灾害发生。目前，长江全流域和上游地区每年分别流失土壤 24 亿 t 和 15.68 亿 t，相当于流失 17.8 亿 m³ 和 11.6 亿 m³ 的土壤。以此推算，近数十年来，仅上游地区累计损失土壤水库库容则达 150 亿~200 亿 m³，与三峡工程的防洪库容（221.5 亿 m³）基本相当。在上游损失多少土壤水库库容，在中、下游则相应增加等量的洪水，这是水土流失加大长江中下游洪峰与流量不可忽视的重要原因之一。

表 4.7 不同侵蚀土壤的持水量和产流量比较[42]

侵蚀土壤	土层厚度/cm	降水量 以mm计	降水量 以×10⁵m³/km²计	蓄满产流 土壤持水量/(×10³m³/km²)	蓄满产流 径流量/(×10³m³/km²)	蓄满产流 产流量/(×10⁶m³/万km²)	超渗产流 土壤持水量/(m³/km²)	超渗产流 径流量/(×10³m³/km²)	超渗产流 产流量/(×10⁶m³/万km²)
无明显侵蚀土壤	100	100	1	—	—	—	—	—	—
		200	2	650.0	—	—	32 500	—	—
		300	3	—	—	—	—	—	—
轻度侵蚀土壤	75	100	1	—	—	—	—	—	—
		200	2	487.5	—	—	243 750	—	—
		300	3	—	—	—	—	56.25	5625
中度侵蚀土壤	50	100	1	—	—	—	—	—	—
		200	2	325.0	—	—	162 500	37.50	375
		300	3	—	—	—	—	137.50	1375
强度侵蚀土壤	25	100	1	—	37.5	—	—	18.75	1875
		200	2	162.5	137.5	375	81 250	118.75	11875
		300	3	—	—	1375	—	218.75	21875

续表

侵蚀土壤	土层厚度/cm	降水量		蓄满产流			超渗产流		
		以 mm 计	以×10⁵m³/km² 计	土壤持水量/(×10³m³/km²)	径流量/(×10³m³/km²)	产流量/(×10⁶m³/万 km²)	土壤持水量/(m³/km²)	径流量/(×10³m³/km²)	产流量/(×10⁶m³/万 km²)
剧烈侵蚀土壤	10	100	1		93.5	935		67.5	675
		200	2	65.5	193.5	1935	32 500	167.5	1675
		300	3		293.5	2935		267.5	2675
裸岩	0	100	1		100.0	1000		100	1000
		200	2	0	200.0	2000	0	200	3000
		300	3		300.0	3000		300	3000

5. 土壤污染

土壤污染是现代化工业、农业生产和生活活动产生的污染物进入土壤并积累到相当数量,引起土壤质量恶化和生产力下降的现象。土壤的污染物主要来自工业和城市废水、固体废弃物、农药和化肥、牲畜排泄物、生物残体及大气沉降物等。土壤污染可分化学污染、物理污染和生物污染,其中以化学污染最为普遍、严重和复杂。土壤的化学污染物分无机污染物和有机污染物两大类。无机污染物包括对动物、植物、微生物和人体有危害作用的元素及其化合物。硝酸盐、硫酸盐、氯化物、氟化物、可溶性碳酸盐等化合物是大量、常见的无机污染物。汞、镉、铅、砷、铜、锌、镍、钴、钒等元素也是污染土壤的物质。有机污染物主要来自农药,大量使用的具有杀虫杀菌效果的化合物直接进入土壤后,大部分被土壤吸附并残留在土壤中。石油、多环芳烃、多氯联苯、三氯乙醛、甲烷等也是土壤中常见的有机污染物。针对性质各异的土壤污染物,可采取不同的土壤改良措施,如溶解冲洗结合排水;改变水分条件和氧化-还原状况,促进降解和分解;施用改良剂;深翻深埋,建立隔离层。

土壤的污染对食物链已产生了较明显的影响,据调查资料表明,石油开采产生的重金属污染物对环境生态系统中的天然植物、生活饮用水、粮食、蔬菜副食以及人体等有轻度的影响。

4.5.4　土壤变化对山地城市的影响

1. 农业生产力下降,加深人地矛盾

全国很多地区耕地、园地土壤酸化严重,不仅影响农产品产量,还对农产品质量有一定影响。一些地区盐碱危害加剧,严重破坏了土壤生态环境平衡。据调查,近 30 年来我国土壤有益线虫数量从 3000～5000 条/kg 下降到 500 条/kg;蚯蚓数量急剧减少,当初每公斤耕地土壤有 10g 克蚯蚓,而现在很难在不施用有机

肥的耕地土壤中找到其踪影。由于土壤中有益生物数量减少，致使土壤生态食物链断裂，导致土壤物质循环、转化、储存及自身调控能力减弱，病原体如真菌、细菌、线虫和病毒随病残体生活在土壤中，条件适宜时从作物根部或茎部侵害作物而引起的土传病害频发。土壤是植物生长的基础和养分来源，是农业种植的根本，健康的土壤环境是农业发展的基础。土壤条件的恶化给农业生产带来了很多负面影响，如土壤保水保肥性能差，抗旱抗灾能力弱，农作物对养分失衡更加敏感、对化肥的依赖程度增加。土壤中营养元素失衡也带来了相关营养元素间的拮抗作用，对作物养分吸收、利用造成极大影响。此外，近30年来，全国土壤有机质含量总体没有增加，甚至出现局部地区严重下降的趋势。据统计，黄淮海地区玉米新品种区试单产在 600kg 左右，而大面积生产平均单产只有 370kg，仅是区试单产的 61%。目前，我国耕地基础地力对粮食生产的贡献率仅为 50% 左右，后劲不足的问题尤为突出[43]。

无论是土壤盐渍化、沙化、酸化，还是有机质减少、营养失衡，都深刻地影响着农业产量，土地的利用率降低，荒地增多，加深了人多地少的矛盾，这对于本身就人多地少的山地城市而言更应引起重视。

2. 促发地质灾害

土壤的恶化对地质生态灾害的发生有一定的叠加作用，如水土流失和土壤水库库容减少都对洪涝灾害具有叠加效应；土壤侵蚀对滑坡也有一定的促进作用。周琪龙[44]通过 SHALSTAB 模型与 GeoWEPP 模型分别对甘肃陇东华池县的区域稳定性与土壤侵蚀进行模拟，将滑坡分布与两个模拟结果进行耦合，并利用 SPSS 统计分析软件进行数据分析得出：滑坡与土壤侵蚀具有一定的正相关性，且具备显著性，在地层稳定的地方土壤侵蚀相对较弱；在地层极不稳定的地方侵蚀量相对较大，说明了在黄土沟壑地区，滑坡易发生区域也是土壤侵蚀相对严重的区域。

3. 生态环境恶化

严重的水土流失导致地表植被被严重破坏，自然生态环境失调恶化，洪、涝、旱、冰雹等自然灾害接踵而来，特别是干旱的威胁日趋严重。据资料介绍，黄土高原地区每 10 年中有 5～7 年是旱年。频繁的干旱严重威胁着农林业生产的发展。风蚀的危害，致使大面积土壤沙化，并在中国西北地区经常形成沙尘暴天气，造成严重的大气环境污染。

4. 破坏设施

水土流失带走的大量泥沙被送进水库、河道、天然湖泊，造成河床淤塞、抬高，引起河流泛滥，这是平原地区发生特大洪水的主要原因。对其中 20 个已修建 20 年的重点水库数据进行统计，淤积量已达 77 亿 m^3，为总库容的近 20%，大大缩短了水利设施的使用寿命。同时，大量泥沙的淤积还会造成大面积土壤的次生盐渍化。一些地区重力侵蚀的崩塌、滑坡或泥石流等经常导致交通中断，道路桥梁破坏，河流堵塞，已造成巨大的经济损失。

4.6　植　　被

4.6.1　山地城市植被分布与特征

山地城市特有的高山森林、坡地河谷、冲沟水面等不同的地形地貌为各种动植物提供了不同的生存环境，因而形成了丰富的植被。中国的植被类型主要有：针叶林、针阔混交林、阔叶林、灌丛、荒漠、草原植被、草丛、沼泽、高山植被、栽培植被，此外，植被的分布还具有经度地带性、纬度地带性和垂直地带性。

1. 植被分布的纬度地带性

在东部湿润森林区，由于温度随着纬度的增加而逐渐降低，在气候上自北向南依次出现寒温带、温带、暖温带、亚热带和热带气候，因此受气候影响，植被自北向南依次分布着针叶落叶林、温带针叶落叶阔叶林、暖温带落叶阔叶林、北亚热带含常绿成分的落叶阔叶林、中亚热带常绿阔叶林、南亚热带常绿阔叶林、热带季雨林、雨林。

西部由于地处亚洲内陆腹地，在强烈的大陆性气候笼罩下，再加上从北向南出现了一系列东西走向的巨大山系，如阿尔泰山、天山、祁连山、昆仑山等，打破了纬度的影响，这样，西部从北到南的植被水平分布的纬度变化如下：温带半荒漠、荒漠带、暖温带荒漠带、高寒荒漠带、高寒草原带、高原山地灌丛草原带。

2. 植被分布的经度地带性

太阳辐射是地球表面热量的主要来源，随着地球纬度的不同，地球表面从赤道向南、向北形成了各种热量带。植被也随着这种规律依次更替，故称为植被的纬度地带性。植被分布的经度地带性主要与海陆位置、大气环流和地形相关。一般规律是从沿海到内陆，降水量逐渐减小，植被也出现明显的规律性变化。

我国从东南沿海到西北内陆受海洋季风和湿气流的影响程度逐渐减弱。我国植被的经度地带性，在温带地区特别明显，依次有湿润、半湿润、半干旱、干旱和极端干旱的气候，相应的植被变化也由东南沿海到西北内陆依次出现了三大植被区域，即东部湿润森林区、中部半干旱草原区、西部内陆干旱荒漠区，这充分反映了中国植被的经度地带性分布。

3. 植被分布的垂直地带性

植被分布的地带性规律，除纬度和经度规律外，还表现出因高度不同而呈现的垂直地带性规律，它是山地植被的显著特征。一般来说，从山麓到山顶，气温逐渐下降，而湿度、风力、光照等其他气候因子逐渐增强，土壤条件也发生变化，在这些因子的综合作用下，植被随海拔升高依次呈带状分布。其植被带大致与山体的等高线平行，并有一定的垂直厚度，这种植被分布规律称为植被分布的垂直地带性(图 4.9)[45]。在一个足够高的山体，从山麓到山顶更替的植被带系列，大体类似于该山体所在的水平地带至极地的植被地带系列。例如，在西欧温带的阿尔卑斯山，山地植被的垂直分布和自温带、寒温带到寒带的植被水平带的变化大体相似。我国温带的长白山，从山麓至山顶所看到的落叶阔叶林、针阔叶混交林、云冷杉暗针叶林、岳桦矮曲林、小灌木苔原的植被垂直带，也是同自我国东北向太平洋沿岸的俄罗斯远东地区，直到寒带所出现的植被纬度地带性相一致。因此，有人认为，植被的垂直分布是水平分布的"缩影"。而两者间仅是外貌结构上的相似，而绝不是相同，如亚热带山地垂直分布的寒温性针叶林与北方寒温带针叶林，在植物区系性质、区系组成、历史发生等方面都有很大差异。这主要因亚热带山地的历史和现代生态条件与极地极不相同而引起。

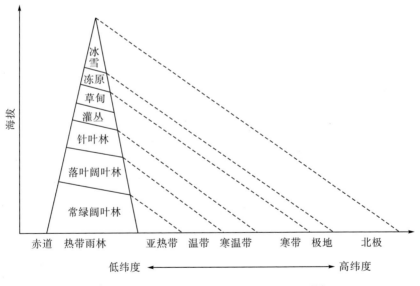

图 4.9　植被垂直带与水平带相关性示意图[45]

山地植被垂直带的组合排列和更替顺序构成该山体植被的垂直带谱。不同山体具有不同的植被带谱，一方面山地垂直带受所在水平带的制约，另一方面也受山体的高度、山脉走向、坡度、基质、局部气候等因素影响。总之，位于同一水平植被带中的山地，其垂直地带性总是比较近似的。

4.6.2　山地城市与植被的关系

1. 塑造山地城市自然山水格局

山地城市中的植物是城市生态系统的重要组成部分，对于稳定城市生态系统内的物质循环和能量流动起着重要作用，对城市生态平衡具有重要的意义。我们常用的"引山入城""引绿入城"，其实质都是将以山体的绿色植被为主的生态空间引入山地城市，或是将以绿色植被为主的走廊作为打通山、水、城的廊道，因此植被是山地城市自然山水格局中的重要组成部分。

2. 净化山地城市

植被对于山地居民而言，其重要的作用就是净化空间气、水等。植物可吸收 CO_2，放出 O_2；对降尘和飘尘有滞留过滤作用；在抗性范围内能通过吸收而减少空气中的 SO_2、HF、Cl_2、O_3 等有害气体含量，能减少光化学烟雾污染；还有滤菌、杀菌，以及对飘尘和颗粒物中的重金属的吸收和净化作用；减少噪声污染和放射性污染。某些水生植物对水体中的污染物有较好的吸收净化作用，被用来处理污水。例如，芦苇和大米草对水中悬浮物、氯化物、有机氮、硫酸盐均有一定的净化能力；水葱能净化水中酚类；金鱼藻、黑藻等有吸收水中重金属的作用。总之，城市植物通过消纳和吸收城市废弃物，提供新鲜空气，促进了城市的生产发展，丰富着山地居民的生活。

3. 涵养水源，避免水土流失

植被素有"绿色水库"之称，具有涵养水源、调节气候的功效，是促进自然界水分良性循环的有效途径之一。植物的叶片能阻挡雨水直接对地面的冲刷，减缓地面径流，堆积在地面的落叶也能蓄藏大量的水分，根系能固定表层土壤，避免水土流失，这些都有利于水下渗，从而涵养了水源。一方面，植被截留阻止了雨滴击溅表土，避免了土壤颗粒被击碎；另一方面，大大减少了落到地面的降水，从而减少了地表径流量，也减少了土壤侵蚀量。地表的枯落物层也有吸持水分的作用和保护表土的作用，因而植被的林冠层和地表的枯落物层构筑了两道防线。

4. 减少山地灾害

山体滑坡(landslide)是一种比较常见的不良地质物理现象，尤其在山区经常发生，对人民的生命财产及安全造成巨大威胁。美国学者朗宾-舒姆(Langbein-Schumm)从植被入手研究了降水量和产沙量的关系；日本的研究人员统计了不同植被下滑塌的发生率[46]，肯定植被本身的抗拉、抗剪强度大于土体时具有固土护坡的功效，执印康裕从水文学、机械学两个方面研究了植被对表层滑坡影响机制，分析植被防止表层滑坡的发生、发展的力学作用，认为植被是防止滑坡发生发展的一种有效方法。中国学者[47-49]从草、乔木、灌木出发，考虑了根系的锚固作用和叶片的蒸腾作用，研究了植物在滑坡防治中的作用以及植物对滑坡的防护效果，肯定了植被在滑坡防治中的作用。植被与斜坡的稳定性之间具有力学机理，它是植被对斜坡防护作用的基础。它通过锚固作用和加筋作用对斜坡的稳定性产生影响，植被的群落特征对斜坡稳定的影响较为复杂，具有某些特征的植被对斜坡的稳定有积极作用，其他的植被作用较小或具有相反的作用。

4.6.3 植物变化

城市现代化建设与植物的生存空间发生了竞争，城市植物赖以生存的生境不断恶化。铺装过的地面、地下土壤结构的改变形成了不同于自然界和农村的下垫面，工业生产、交通运输、居民生活不断地向城市环境中排放大量的废气、废水和废渣，同时城市又集中消耗着大量的能源，改变了城市的水热平衡条件，因此形成了特有的山地植被群。

城市小气候的变化，以及伴随而来的各种工农业污染物质的入侵等，都影响着城市植物立地基质的物理结构和化学成分[50]。城市环境污染严重时，空气中的二氧化碳浓度高，同时还有其他有毒有害的化学物质，不仅改变了太阳辐射光谱，给树木的光合作用造成很大影响，同时还影响着植物其他的生理代谢过程，严重时造成植物受害死亡。由于人类活动的影响，城市植物区系发生了巨大的变化，其主要特点如下。

1. 退耕还林明显

在我国退耕还林政策的引导下，耕地减少，园地、林地增加是山地城市植物类型变化的一大特征。

2. 乡土植物种类减少，人工散布植物种类增加

人工散布植物是指随着人类活动而散布的植物，如农作物和杂草等，也包括人类有意或无意引入的野生化的植物，这类植物也称归化植物。城市化的迅速发展，促使人工散布植物分布范围不断扩大。一般认为城市化程度越高，人工散布植物在植物区系总种数中所占的比例越大。因此，可以把人工散布植物占比作为评判城市化程度的一个指标。

3. 城市植物种类较郊区多

城市植物种类较郊区更多，其原因之一是城市景观受人为管理的影响而更为丰富；另一个原因是在城市中存在不同年代与不同功能的封闭或开敞空间，有些空间的面积虽小，但却产生了与众不同的生境，可为从湿生到旱生，从阴生到阳

生，从嫌氮到喜氮，从喜酸到喜碱等不同生态习性的植物提供生长地点，人工散布植物种类占比明显呈现出从郊区向城市逐渐增多的趋势。

4. 城市植物生态习性改变

城市中植物的光照、温度、氮肥、土壤反应和大陆度的指示值均较高，湿度指示值较小，城市植物对光照、土壤 pH、温度、氮肥等要求较高，由于城市多为硬质铺地，供植物生长的自然降水相对较小，因而城市中的植被对水分要求较低。

4.6.4　植被变化对山地城市的影响

1. 山地城市生态系统稳定性的影响

城市生态系统是城市人类与周围生物和非生物环境相互作用而形成的一类具有一定功能的特殊的人工生态系统，是在人类城市建设的过程中逐渐改造与适应自然生态环境的基础上建立的。植物作为山地城市复合生态系统中重要的一部分（图 4.10），虽然不能决定系统的稳定性，但它的变化也同样影响着城市生态系统的稳定性。

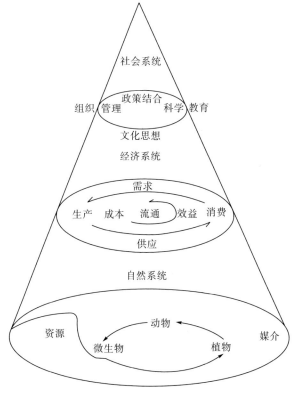

图 4.10　山地城市复合生态系统金字塔

在山地城市中，土地性质是决定植被数量及种类的重要因素，而从当前我国耕地减少、园地和林地增多的现状来看，山地城市中植被群落的复杂程度正趋向加深，这有利于生态系统的抵抗力和稳定性，对山地城市生态系统的整体稳定具有一定的积极作用。

2. 对山地城市景观环境的影响

植被正是城市景观塑造中不可或缺的重要因素，山地城市因其丰富的地形和多样的气候，给植被的生长创造了多样的空间，因而山地城市的植被较平原城市的植被更为多样和丰富，这便为山地城市的景观塑造提供了更为丰富的资源。

此外，植被的经纬度地带性也使得不同的山地城市有其特有植被景观树种。例如，香港市区的公园植物有宫粉羊蹄甲、台湾相思、木棉、木麻黄、黄槐、凤凰木等，较受欢迎的装饰性灌木有黄槿、马缨丹等。植物大都是苔藓羊齿(蕨类)，细叶榕的幼苗时或可见。市区荒地植被主要是蔓草和草类，如五爪金龙和石珍茅，也有灌木及细叶榕、台湾相思等。而在重庆，旧城区以黄葛树、榕树、秋枫、银杏、悬铃木为主，新城区以香樟、银杏、悬铃木、桂花、水杉、广玉兰、秋枫、黄葛树、南川木菠萝为主(图 4.11)。

(a)   (b)

图 4.11   香港街道绿化树(a)和重庆街道绿化树(b)

3. 对山地城市地质生态安全的影响

从总体来看，灾害地貌形成发育与植被条件呈负相关关系，即植被条件越好，越不利于泥石流形成，反之亦然。但植被对灾害地貌活动的抑制作用是有限度的，而且还容易受到各种自然因素和人类经济活动因素的影响和干扰。在长历时降水过程中，植被调节降水产流和固土的作用会明显降低，甚至成为不利于斜坡稳定性的附加动荷载，促使表层坍塌和泥石流的形成。资料显示，香港市区曾发生多处因暴雨引发的滑坡灾害，均位于树木茂密的 40°左右坡度的斜坡带；重庆市郊华蓥山的造林区曾在 1990 年夏季因特大暴雨发生上百处滑坡，而根据当时的现场统计，这些滑坡多发生在 37°～40° 坡区[51]。

4.7　人工地质生态要素

地质生态学的研究对象非常广泛，包含大气圈、岩石圈、水圈、土壤圈、生物圈，因此，对山地城市有影响的地质生态因子也较多，除了前文阐述的地质构造因子、地形因子、气候因子、水文因子、植物因子、土壤因子外，还包含许多其他人工地质生态环境要素。例如建筑、交通、大型工程设施、排放物等人工地质生态要素，它们共同影响着山地城市的规划建设，并对其未来的可持续发展起着重要作用。

4.7.1　建筑

城市中的建筑物在施工前及建造、装修过程中等都会直接或间接消耗大量的自然资源，如钢铁、木材、煤炭、石油等，大量的城市建设意味着对自然的剥夺将更加深刻。据统计，建筑成本中 2/3 是属于基础材料费，建筑业消耗的资源占全国各项资源消耗总量的 15%，具体而言，每年建筑业消耗的钢材占全国消耗量的 25%、水泥占 70%、玻璃占 70%、木材占 40%。而建材的生产将耗费大量的能源，约占全国能耗总量的 25%。除了对资源与能源的消耗，建筑业还会直接或间接地产生大量的污染，如每生产 1t 熟料水泥需排放 1t CO_2；每年因烧砖而造成毁田面积超过 10 万亩。同时，建筑还会占据大量土地资源，从而影响自然水文的分布状态与局部空气质量，对周边自然生态环境有较大的负面作用。

4.7.2　交通

城市生态问题与交通状况有着密切联系，一方面是由于交通工具会排放大量污染气体进入大气，产生有害热和噪声；另一方面是道路交通的建设将占用大量自然生态用地而出现砍伐林木、占用草地及道路边坡易发生滑坡等，使得城市的生态问题突出。因此，交通对城市地质生态环境的影响不只是简单的土地占用问题，而是一个内容更为复杂，涉及面更为广泛的地质生态问题。

城市在内部完善后必将走向城市间的联系，高速公路便是其中的一种联系方式。现代高速公路的筑路原则一般是要求路线要短、路面要光滑、坡度要缓，同时，还要求在建设的各个阶段(建筑桥梁、开挖隧道、铺设路面、修筑路基)的成本最低。按此原则，要找到理想的建设方案非常困难，此时，需灵活采用多种方法来避免较大的土石方开挖与降低桥隧比，如绕过沼泽地、环形陡坡，或用开挖回填排水的方法直线铺设公路，以达到减少借助桥梁、隧道才可直线通过，并最终达到节约成本与同自然环境和谐的双重目的。但在某些情况下，无论采取何种方法，都无法避免穿越水文工程地质条件复杂的多种地形地带，此时，在修筑高速公路时，一定要对所处地质环境的自然地质条件与水文条件进行必要的处理，尽量避免因高速公路的修筑而增加一系列地质生态问题[52]。

4.7.3 大型工程设施

人类为生活、生产、军事、科研服务而在地上或地下、陆上或水中修建各种工程设施，如管道、隧道、桥梁、运河、堤坝、港口、电站、飞机场、海洋平台、给水排水以及防护工程等，这些大型工程的修建将改变当地的地质生态环境，从而产生一系列环境效应(表4.8)。

表4.8 大型工程设施的环境效应

工程类型	作用方式	环境效应
水利水电工程	附加荷载、岩体爆破、边坡开挖	诱发地震、库岸再造、水库淤积、岩爆、岸边浸没、土壤盐碱化与沼泽化、改变水生生态系统、加速下游河床侵蚀、海水入侵等
跨流域调水工程	岩土开挖、爆破、填堆、拦截地表径流	改变天然水系、土壤盐渍化、水质污染、渠道边坡失稳等
矿业工程	废物堆弃、开挖、爆破疏排地下水	诱发地震、边坡失稳、山体崩塌、岩爆、煤与瓦斯突出、区域地下水位下降、采空塌陷、水土流失、土地沙漠化等
交通工程	岩土开挖、弃土填堆、工程振动	边坡失稳、塌方、突水溃泥、岩爆、岩溶塌陷、泥石流、水土流失、破坏植被等
城市土木工程	岩土开挖、废物堆填、地表径流改道、水资源开发	地面沉降、岩溶塌陷、地裂缝、基坑变形与破坏、水资源短缺、水土环境污染等

4.7.4 排放物

随着山地城市不断发展，人口不断集中，工业持续增长，各种类型废物的排放已不可避免。排放物以废物为主，是城市生产生活产生的不能再次直接利用而排向自然环境的物质。按其物理状态一般分为三种类型：气态、固态和液态，无论处于哪种状态，它们是山地城市生态环境的主要污染源。其中，气体排放物如汽车尾气、工业废气等将对大气环境造成直接污染，而液体排放物如工业污水与生活污水将对水体及地表环境产生直接影响，固体排放物如城市生活垃圾和工业废渣等直接对地质环境产生影响。建筑、工业和居民生活是城市排放物的主要来源，建筑垃圾一般不易与其他垃圾发生化学反应，因而其对地质生态环境的负面影响较小；工业垃圾易与其他垃圾发生化学反应，且由于工业垃圾本身带有有毒物质，因而对地质生态环境的负面影响相对较大；生活垃圾本身带的毒性虽小，但其易与其他垃圾发生化学反应而形成对环境有害的物质。如果在将这些垃圾排入环境之前不进行合理的处理，将影响空气、水源、景观，甚至是人类自身的健康，如果垃圾中的有害物质进入地下包气带，还会污染地下水，最终威胁人类的生命安全。例如重庆市，虽已经建立较为完善的污水排放管网系统与垃圾处理系统，但调查却显示在包气带和地下水中有有毒重金属元素（Hg、Pb、As 等），且 Mn、Cr、COD（化学需氧量）、大肠杆菌等均超过国家相关规定的标准[21,22]。

参 考 文 献

[1] 冯明，张先，吴继伟. 构造地质学[M]. 北京：地质出版社，2007.

[2] 殷志强，陈红旗，褚宏亮，等. 2008 年以来中国 5 次典型地震事件诱发地质灾害主控因素分析[J]. 地学前缘，2013，20(6)：289-302.

[3] 马国哲. 龙门山活动推覆体特大地质灾害形成机理与防治对策研究[D]. 兰州：兰州大学，2013.

[4] 陈科. 构造与成矿之间的关系[J]. 西部探矿工程，2011，23(4)：109-110.

[5] 罗祥康. 重庆市渝北区统景风景旅游区温泉的形成及其特征[J]. 中国岩溶，2000(2)：159-163.

[6] 杨小波，吴庆书. 城市生态学[M](第三版). 北京：科学出版社，2014.

[7] 崔鹏，陈晓清，张建强，等. "4·20"芦山 7.0 级地震次生山地灾害活动特征与趋势[J]. 山地学报，2013，31(3)：257-265.

[8] Hyndman D，Hyndman D. Natural Hazards and Disasters[M]. Stamford：Cengage Learning，2016.

[9] 白瑞生，雷延金. "地质构造与地表形态"导学案[J]. 地理教学，2010(18)：13-15.

[10] 曾卫，陈雪梅. 地质生态学与山地城乡规划的研究思考[J]. 西部人居环境学刊，2014(4)：29-36.

[11] 吴勇. 山地城镇空间结构演变研究[D]. 重庆：重庆大学，2012.

[12] 王纪武. 现代山地都市人居环境建设重庆——香港比较研究[D]. 重庆：重庆大学，2002.

[13] B. P. 克罗基乌斯. 城市与地形[M]. 钱治国，王进益，常连贵，等译. 北京：中国建筑工业出版社，1982.

[14] 伍光和，王乃昂，胡双熙，等. 自然地理学 [M](第四版). 北京：高等教育出版社，2008.

[15] 杨欣. 西南山地城市形态构成的技术性要素研究[D]. 重庆：重庆大学，2011.

[16] 周敏. 古典西南山地城市生态空间结构历史研究[D]. 重庆：重庆大学，2012.

[17] 殷志强，赵无忌，褚宏亮，等. "4·20"芦山地震诱发地质灾害基本特征及与"5·12"汶川地震对比分析[J]. 地质学报，2014，88(6)：179-190.

[18] 黄耀志，张康生. 山地城镇生态化开发建设和景观营造方法的应用实践——攀枝花市米易县城北部新区规划实例[J]. 苏州科技学院学报(工程技术版)，2005，18(2)：5.

[19] 许兆义，李进. 环境科学与工程概论[M](第二版). 北京：中国铁道出版社，2010.

[20] 李维明，郗志群，宋卫忠，等. 河北怀来县大古城遗址 1999 年调查简报[J]. 考古，2001(11)：19-28.

[21] 谢水波，姜应和. 水质工程学. 上册[M]. 北京：机械工业出版社，2010.

[22] 姜应和，谢水波. 水质工程学. 下册[M]. 北京：机械工业出版社，2010.

[23] 厉伟. 城市化进程与土地持续利用[D]. 南京：南京农业大学，2002.

[24] Broothaerts N，Notebaert B，Verstraeten G. The changing geo-ecology of the Dijle floodplain（Belgium）during the Holocene in relation to human impact[J]. Quaternary International，2012，279：70-71.

[25] 王薇. 区域水资源优化配置方法研究[D]. 济南：山东大学，2002.

[26] 徐继华. 鄱阳湖（南昌区域）水污染控制规划研究[D]. 南昌：南昌大学，2005.

[27] 黄芳，沈灿燊. 我国水资源承载力利用和水资源持续发展存在的问题和建议[C]//水资源及水环境承载能力——水资源及水环境承载能力学术研讨会论文集，2002：40-46.

[28] 刘芸，樊晟. 成功的山地城市规划设计特征分析[C]//首届山地城镇可持续发展专家论坛论文集，2012：348-355.

[29] 唐鸣放，王东，郑开丽. 山地城市绿化与热环境[J]. 重庆建筑大学学报，2006，28(2)：1-3.

[30] 罗柳. 山地城市设计要素探讨[D]. 武汉：华中科技大学，2008.

[31] 陈亮. 基于技术观的山地城市设计研究[D]. 重庆：重庆大学，2012.

[32] 徐静. 基于生态安全格局的丘陵城市空间增长边界研究[D]. 长沙：湖南大学，2013.

[33] 董锁成，陶澍，杨旺舟，等. 气候变化对我国中西部地区城市群的影响[J]. 干旱区资源与环境，2011，25(2)：72-76.

[34] 潘根兴，高民，胡国华，等. 气候变化对中国农业生产的影响[J]. 农业环境科学学报，2011，30(9)：1698-1706.

[35] 刘宁微，王扬锋，马雁军，等. 复杂地形对城市空气污染影响的数值试验研究[J]. 地理科学，2008，28(3)：396-401.

[36] 袁道先. 西南岩溶石山地区重大环境地质问题及对策研究[M]. 北京：科学出版社，2014.

[37] 乔羽佳. 气候变化对黄龙景观影响研究[D]. 成都：成都理工大学，2008.

[38] 杨晓光，刘志娟，陈阜. 全球气候变暖对中国种植制度可能影响Ⅰ.气候变暖对中国种植制度北界和粮食产量可能影响的分析[J]. 中国农业科学，2010，43(2)：329-336.

[39] 陈兴旺. 城市规划对城市复合生态系统的优化功能研究[D]. 西安：西北大学，2007.

[40] 张桃林，王兴祥. 土壤退化研究的进展与趋向[J]. 自然资源学报，2000，15(3)：280-284.

[41] 施雅风，黄鼎成，陈泮勤. 中国自然灾害灾情分析与减灾对策[M]. 武汉：湖北科技出版社，1992.

[42] 史德明. 长江流域水土流失与洪涝灾害关系剖析[J]. 土壤侵蚀与水土保持学报，1999，5(1)：1.

[43] 尹红. 提升下降的耕地地力[J]. 农村新技术，2014(8)：4-6.

[44] 周琪龙. 黄土沟壑区土壤侵蚀与浅层滑坡相关关系研究[D]. 兰州：兰州大学，2013.

[45] 叶万辉，国庆喜，董世材，等. 长白落叶松速生种群生长特点的调查分析[J]. 东北林业大学学报，1994，22(4)：6.

[46] Nilaweera N S，Nutalaya P. Role of tree roots in slope stabilisation[J]. Bulletin of Engineering Geology and the Environment，1999，57(4)：337-342.

[47] 解明曙. 乔灌木根系固坡力学强度的有效范围与最佳构形方式[J]. 水土保持学报，1990(1)：17-24.

[48] 王玉杰，解明曙，张洪江. 三峡库区花岗岩山地林木对坡面稳定性影响的研究[J]. 北京林业大学学报，1997(4)：9-13.

[49] 王治国. 林业生态工程学[M]. 北京：中国林业出版社，2000.

[50] 刘悦秋，刘克锋. 城市生态学[M]. 北京：气象出版社，2010.

[51] 王兰生，孔德坊，赵其华，等. 城市发展中的地质环境演化与控制[J]. 地质灾害与环境保护，1997(1)：91-110.

[52] Lokshin G，Chesnokova I，贾志远. 高速公路引起的部分城市生态问题[J]. 世界地质，1993，12(4)：143-148.

第5章 城市地质生态的测试与技术方法——以山地城市为例

5.1 山地城市地质生态环境质量评价的基本思路

5.1.1 山地城市地质生态环境质量评价的思路提出

可以分为四个方面进行地质生态环境研究：①地质生态环境质量调查，在区域历史、地理、人文背景研究的基础上，利用遥感影像和地质勘探等技术，对区域地质构造、水文环境、大气环境、土壤环境等进行调查；②地质生态环境质量综合评价，在确定相应的评价指标后，根据数据类型和研究目的确定相应的方法，常利用数理统计、数学模型或者地理信息系统(GIS)分析的方法进行评价计算；③地质生态环境系统分析，通过调查资料反映该区域地质生态环境可利用资源总量，总结归纳现状问题，分析人类活动和城市建设已经或可能对地质生态环境产生的影响；④地质生态环境质量监测、管理与优化修复，在质量调查和评价的基础上，明确区域地质生态环境对各类城市设施建设的适宜性、资源的可用性与开发的合理性。

山地城市地质生态环境研究是在特殊地域上的系统性多学科研究，包括山地学、生态学、地质学、城市学等诸多内容。从城乡规划的角度而言，山地城市地质生态环境质量评价应以现状调查为基础，最终用于指导人类对地质生态环境的干预和调控，提出能够推动区域经济发展并适应区域地质生态环境的合理的城乡建设途径，因此在方法上要具有针对性、地域适用性和可操作性。具体来讲，可以采取"现状问题聚焦—评价指标体系构建—具体评价方法确定—资源调查与评价—规划策略"的基本思路(图5.1)。

首先，选择典型的山地城市研究区域，从时空耦合的整体视角把控地质生态环境的地域价值，结合遥感影像、政府数据、实地调研和网络获取数据对研究区域内的地质环境资源、生态环境资源、人工环境的干扰性和合理性进行统计与分类。在此基础上明确区域地质生态环境现状问题，从地质环境、生态环境、人工环境三方面构建合理的质量评价体系，基于现有数据整理专题图库，建立区域地质生态环境数据库，并运用GIS空间分析进行地质生态环境质量评价。最后，从规划实践的角度探讨山地城市地质生态环境优化修复策略与城乡建设的适应性调整建议，具体可以从地质问题的有效规避、生态网络的格局构建、城市建设活动的合理管控等方面展开讨论，为山地城市地质生态环境的整体性保护与合理性利用提出建议。

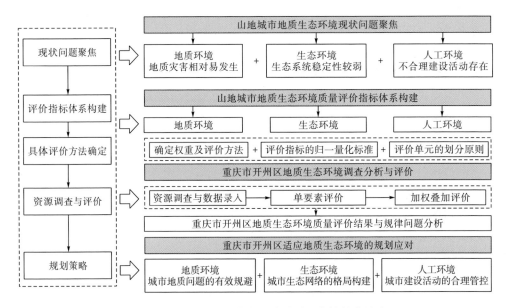

图 5.1　山地城市地质生态环境质量评价的基本思路

5.1.2　地质生态环境质量评价的相关案例方法借鉴

1. 重庆市巴南区地质生态环境质量评价

重庆大学张翔在硕士论文《山地城镇化与地质生态环境的相互影响研究——以重庆市巴南区为例》中，结合"十二五"国家科技支撑计划课题"村镇区域空间规划与土地利用优化技术集成示范(2012BAJ22B06)"，通过野外实地调查、3S技术应用、总结现有成果，以重庆市巴南区为典型案例对山地城市化与地质生态环境的相互影响进行系统研究，构建了山地城市地质生态环境质量指标体系，并采用层次分析法(analytic hierarchy process，AHP)确定了指标权重，划分了评价指标分级标准。以巴南区城市建设规划方案为依据，将研究示范区按城市功能分为七个子区域，并用模糊综合评价法对"十一五"期间巴南区地质生态环境质量现状进行了分析与评价，确定了各区域的地质生态环境质量，得到了地质生态环境质量评价结果对比[1]。

2. 基于 GIS 的安宁河流域地质生态环境质量评价

安宁河流域地质生态环境评价主要是对地质生态环境质量进行预测评价，首先是通过获取大量的野外信息，在遥感解译的基础上对全区的地质生态环境质量进行综合、全面的现状评价，即一个宏观的认识，为定性评价；然后结合室内资料综合研究分析，建立定量评价指标体系，在定性分析的基础上，采用模糊综合评判的方法进行定量计算验证。以定性评价为主，定量评价为辅，实现生态环境地质质量的分区综合预测评价[2]。

整个评价工作是在 GIS 平台上实现的。评价所需的空间信息都直接从空间数据图层上获取。当环境因素不断发生变更的时候，可将各个专题数据的时间系列数据代入评价模型进行评价，可达到动态分析地质生态环境系统在其自身平衡附近的动态变化趋势。评价分析模型主要采用模糊综合评判法。

3. 东营市地质生态环境质量评价与可持续发展研究

东营市位于山东省北部黄河入海口三角洲地区，隶属于华北平原，全国第二大油田位于东营市境内。在充分进行东营市地质生态环境调查的基础上，分析东营市的地形地貌、地质构造、土体类型等，总结东营市地质生态环境问题的主要类型、特点及与人类工程活动的关系。在此基础上从三个方面构建了由 18 个指标组成的质量评价体系，并利用 AHP 确定权重。将该区域划分为 2581 个评价单元，采用模糊综合评判法对各个单元进行地质生态环境质量评价，从而研究东营市地质生态环境问题的变异规律，在此现状基础上进一步研究问题的发展和触发因素[3]。

4. 基于 3S 技术的朔州市地质生态环境质量评价研究

本书在充分分析了朔州市地质生态环境质量现状的基础上，应用系统工程的思想，按照层次分析法将研究对象构建为 1 个目标层、6 个准则层和 12 个指标层的具有代表性和典型性的指标体系，运用统计学方法计算出各指标的权重。

研究采用空间分析技术，对各个地质生态环境影响因子进行加权叠加，得出综合指数，然后依据分级标准，将朔州市按照地质生态环境质量的高低分为四级，并在深入分析朔州市地质生态环境问题及其形成因素的基础上，提出了改善该地区环境的对策和建议，为研究区环境保护、产业布局以及环境管理提供科学的参考与技术的支撑。在区域地质生态环境调查的基础上，查明区域内主要的地质生态环境问题；确立主要的评价目标和其相应的评价指标体系；运用恰当的评价方法、评价模型对地质生态环境现状进行评价；结合区域内人类活动的影响开展预测评价，以及地质生态环境的综合开发与保护规划。

5. 鞍山南部区域地质生态环境质量的研究与评价

对鞍山南部地区地质灾害系统的调查研究表明，该区域地质灾害种类较多，主要类型包括崩塌、滑坡、泥石流、地面塌陷、不稳定斜坡等。从区域地质灾害分布上看,东南部山区最发育,西北部平原区灾害点较少。主要灾害致因有构造发育因素、矿产开发无序、过度耕作、植被破坏等人为因素和东南部地区为山地丘陵、暴雨时有等自然因素。采用定性分析与定量评价相结合的方法,运用单元网格信息量综合评判法进行地质灾害易发程度区划和评价,对调查区进行了易发程度分区,划分出地质灾害高易发区、中易发区、低易发区、不易发区。在地质灾害易发程度区划的基础上,以点位重要性为依据,结合地质灾害的发育特征、危害程度,将研究区划分出重点防治区、次重点防治区和一般防治区,对不同的防治区提出了相应的防治措施。

首次采用建立在专家打分、资料检索、野外充分调查基础上的模糊综合评判法,对千山风景区及周边地质生态环境质量进行评价。结果表明:风景区周边的大孤山铁矿区、眼前山铁矿区地质生态环境质量基本上均为极差区域,同时也是最差区域。周边地区道路、居民点等受人类活动影响强烈的地区基本为地质生态环境质量较差,农田或园地、山肚口或沟谷较为平缓处的地质生态环境质量为中。其他地区地质生态环境一般为优和良。在景区内,旅游景点、旅游建设用地是呈点状分布的地质生态环境质量较差地区。纵观整个千山景区及周边区域,景区内地质生态环境质量优与良的区域面积比例大于周边地区,说明景区整体的地质生态环境质量还较好,但已有恶化现象。

总体来看,鞍山南部地区地质生态环境正在恶化,主要表现在土壤环境污染加剧、地质灾害频繁、农作物品质下降、植被减少。研究表明,这与区域人类活动,如矿产资源开发、工业排放、过度耕作等因素密切相关。保护区域生态地质环境已刻不容缓。根据综合研究结果,对研究区进行功能区规划,即研究区东南部为山地丘陵,主要适宜林木种植,西北部适宜大宗农作物种植,过渡带适宜果林种植,千山风景区应加强保护,提倡绿色旅游。

5.2　山地城市地质生态环境质量评价的技术方法

5.2.1　层次分析法

20 世纪 70 年代初,美国运筹学家 T. L. 萨蒂(T. L. Saaty)提出层次分析法(AHP)。AHP 是一种层次权重决策分析方法,其基本思路是:确定与决策有关要素间的隶属关系,将各要素分解成目标层、准则层和方案层不同层次结构,邀请相关专家对各层次要素进行重要性比较,计算并确定该层次各要素的贡献率,最后通过层次递阶技术求出基层各要素对总体目标的贡献率。越重要的要素贡献率越大,这个贡献率即为权重。层次分析法充分注重人类认识经验在反映客观事物时的重要性,所以在指标权重分析中起到重要作用[4]。

运用 AHP 分析问题有以下 6 个步骤：明确问题—建立层次结构模型—构造判断矩阵—层次单排序及一致性检验—层次总排序及一致性检验—最终决策。资料总结发现，AHP 因其原理简单、结构化、理论基础扎实、定性定量相结合等突出优势，在地质生态环境质量评价中有广泛的应用，主要被运用于各层次要素的权重确定，其中最关键的是建立层次结构模型 (图 5.2)[5]。

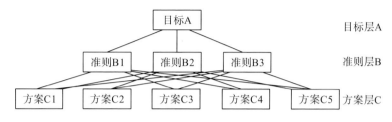

图 5.2　层次分析法理论模型[5]

5.2.2　多因素加权法

图形叠置法是美国著名生态规划师麦克哈格于 1968 年提出的，是把两个以上的生态信息叠合到一张图上，构成复合图，用以表示生态环境变化的方向和程度。本法的特点是直观、形象、易于理解，能显示出影响的直观分布。

因子可理解为因素或成分，即将一个物体或事件进行分解，得到有限的组成这一物体的成分或使得这一事件发生的因素。"因子"一词较早出现于数学和生物学中，随着后期因子分析法的出现，其在更为广泛的领域得到了使用。在地质学中，因子分析法是最常见的一种多元统计分析方法，可应用在成因及分类研究中。地质因子即为体现许多具有错综复杂关系的地质观测样品或变量的组合，通常归纳为极少数几个起主导作用的综合因子。例如在研究滑坡时，会选取地震影响因子、地形影响因子、公路影响因子、地质影响因子等进行研究，而在分别对各个因子进行研究时又会选取更低一级的因子进行研究，如研究地形影响因子时选取高程、坡度、坡向、曲率、坡位等因子；在研究地震影响因子时，会选取地表破裂、PGA、震中、宏观震中、同震位移等，它们共同成为影响滑坡发生的因子[6]。

5.2.3　GIS 空间分析法

地理信息系统 (GIS) 是集计算机科学、地理学、测绘遥感学、环境科学、城市科学、空间科学、信息科学和管理科学为一体的新兴边缘科学[7]。

GIS 不但具备一般数据库系统的数据采集与编辑能力，而且在计算机软硬件的支持下，可以存入各种已经完成的专题图件。为了清除采集到的实体图形数据和描述它的属性数据中的各种错误，GIS 可以对图形及文本数据进行编辑和修改。GIS 还具备处理航空、航天技术所获得大量空间数据的能力，从而使用户能充分、有效地利用遥感资料这一重要信息源[8]。

地理信息数据库是 GIS 的核心，它能够对庞大的地理图形和文本数据进行管理，并能与其他数据库管理系统相互转换，不但可以实现数据库资源的共享，而且也同时提供新的数据资源。

由于许多环境问题都具有空间特性、非线性、随机性以及随时间变化特性，因此为了解决环境问题所建立的环境模型大都比较复杂。在 GIS 中，基本概念是空间位置、空间分布和空间关系，而基本研究对象是被抽象成点、线、面的空间实体及其相关属性。与之相对应，在环境模型中，基本概念是物质、能量及其运动转化，而基本研究对象是诸如水、大气、土壤、人口等明显具有空间分布特性的环境要素。GIS 和环境模型在概念和研究对象上具有相似性、互补性，这使得二者的结合自然、合理又具有实用价值和巨大潜力。

GIS 技术在生态地质环境评价中的应用主要体现在基础数据的组织和存储管理、空间图层的建立与空间分析评价等方面。

(1)基础数据的组织和存储管理。数据的组织包括数据的输入编辑、图形数据图层划分、属性数据库结构设计和评价指标值的获取等多方面的问题。由于评价数据需要从空间图形数据和属性数据中直接或间接地获得，所以在进行图形数据、图层划分和属性数据库结构设计的时候，应该充分考虑评价的需要，建立适合地质生态环境调查特点的空间数据图层，考虑到空间数据的应用和相互转换，每一图层均应建立相应的内部属性表，属性表必须包含一些基本字段内容，根据具体任务的不同，需灵活扩充内部属性表字段内容。

(2)空间图层的建立。拟定这些基础图层和相应的属性表以后，便可以据此进行野外系列调查表的设计、遥感解译以及专题图件的数字化入库。然后把相应的属性数据提取出来与图形数据连接，以便实现图形属性的联动查询和其他互操作。

(3)空间分析评价。GIS 空间分析提供一系列数据操作功能，如空间叠加、属性分析、数据检索、二维模型分析等功能。借助这些功能，可以从原始数据中图示检索或条件检索出某些实体数据，还可以进行空间叠加分析，以及对各类实体的属性数据进行统计。通过空间分析方法和拓展空间分析，可以完成对基础数据的初步加工，为后续评价所用。

5.2.4 生态系统服务评价

本书以长江流域三峡库区为例，结合地区特点及其主要的生态问题，从生态系统服务的供给功能、调节功能、支持功能三个类型层面进行指标选取，包括水源涵养、土壤保持、气候调节和生物多样性维护等四个服务功能指标。

1. 水源涵养服务

生态系统的水生产服务能力是区域人类生活和生产的重要前提,是区域生物生存和繁衍的核心要素,更是社会经济发展的限制性指标。水源涵养服务是反映区域水生产服务供给能力的核心指标,主要与区域的降水量、蒸发量、地表径流量和土地覆被相关,水源涵养服务主要采用水源涵养供给总量进行测算,测算公式如下:

$$\mathrm{WS}_{tr} = P_{tr} - \mathrm{ET}_{tr} - R_{tr} \tag{5.1}$$

式中,WS_{tr} 代表第 t 年格网 r 中的水源涵养供给总量;P_{tr} 表示第 t 年格网 r 中的年均降水量;ET_{tr} 表示第 t 年格网 r 中的降水蒸散发量;R_{tr} 表示第 t 年格网 r 中的累积地表径流量,地表径流量由降水量和地表径流系数乘积获得。结合三峡库区实际情况,确定林地和草地地表径流系数分别为 4.65% 和 3.94%,其他土地利用类型径流系数为 0。

2. 土壤保持服务

土壤保持服务反映库区生态系统是否能够减少或避免水蚀所致的土壤侵蚀作用,基于修正通用土壤流失方程(the revised universal soil loss equation,RUSLE),并结合研究需求,确定库区土壤保持服务指标测算公式如下:

$$A_{tr} = \mathrm{RE}_{tr} \times \mathrm{SE}_{tr} \times \mathrm{LS} \times \left(1 - \mathrm{CCM}_{tr} \times \mathrm{CM}_{tr}\right) \tag{5.2}$$

$$\mathrm{RE}_{tr} = 73.989 \times \left(\frac{p_{tri}^2}{P_{tr}}\right)^{0.7387} \tag{5.3}$$

式中,A_{tr} 代表第 t 年格网 r 中的土壤保持规模;RE_{tr} 表示降水侵蚀力因子,降水侵蚀力测算采用月降水数据进行计算;p_{tri}^2 表示第 i 月的降水量;SE_{tr} 表示土壤可侵蚀性因子;LS 表示坡长坡度因子;CCM_{tr} 表示植被覆盖与管理因子;CM_{tr} 表示水土保持措施因子。

3. 气候调节服务

通过测算碳储量来反映区域气候调节服务。结合 InVEST 模型中碳储量测算模块,在年度土地利用类型数据基础上,综合考虑地上、地下、死亡有机质、土壤有机质的碳库量,具体测算公式如下:

$$C_{tr} = \sum_{i=1}^{l} \left(C_{ti1} + C_{ti2} + C_{ti3} + C_{ti4}\right) \times A_{tri} \tag{5.4}$$

式中,C_{tr} 代表第 t 年格网 r 中的碳固持总量;C_{ti1} 表示第 t 年 i 类土地覆被的地上碳密度;C_{ti2} 表示第 t 年 i 类土地覆被的地下碳密度;C_{ti3} 表示第 t 年 i 类土地覆被的死亡有机质碳密度; C_{ti4} 表示第 t 年 i 类土地覆被的土壤有机质碳密度; A_{tri} 表示第 t 年格网 r 中 i 类土地覆被的总面积。

4. 生物多样性维护服务

生境状态是区域生物多样性维护的重要内容,研究采用 InVest 模型中生境适宜性(habitat suitability)模型测算区域生物多样性维护服务能力,该模块是通过分析人类土地利用或自然灾害对其生物多样性的威胁程度,结合每一种生境类型对每一种威胁的相对敏感性,以此反映区域生物多样性。

5. 综合服务功能

采用生态系统服务综合指数反映区域的生态系统综合服务功能。为了消除四类生态系统服务功能指标量纲,在测算生态系统服务综合指数前对指标类型进行标准化处理,处理方式如式(5.5):

$$\text{Sr}_{trj} = \frac{X_{trj} - \text{Min}(X_j)}{\text{Max}(X_j) - \text{Min}(X_j)} \tag{5.5}$$

$$\text{ESI}_{tr} = \sum_{j=1}^{n} \text{Sr}_{trj} \tag{5.6}$$

式中,Sr_{trj} 为第 t 年分析格网 r 中标准化后的指标数值;X_{trj} 为第 t 年分析格网 r 中第 j 项指标的原始值;$\text{Max}(X_j)$ 和 $\text{Min}(X_j)$ 分别表示研究区所有年份 j 指标的最大值和最小值。

5.2.5 驱动力分析方法

1. 驱动力因子

生态系统服务功能持续受到自然环境、社会状况以及经济发展的共同作用,其状态和演变都是在一个综合环境中产生的,因此生态系统服务驱动力存在复杂性。通过分析已有文献,结合三峡库区实际状况,咨询相关领域专业人士并考量数据可获取性,基于 1990 年经济合作与发展组织(Organization for Economic Co-operation and Development,OECD)提出的压力-状态-响应(PSR)评价模型,将生态系统服务能力评价结果作为生态系统响应层,生态系统服务驱动力则从生态压力和生态状态两个层面进行要素和因子选取,从 7 个要素类型中选取 19 个因子,要素与因子的内容、模型和数据来源如表 5.1 所示。指标模型中涉及多项参数,D_r 代表格网编号 r 中的地形位指数,E 和 S 分别表示地理空间位置上任意一点的高程值和坡度值,$\overline{E}$ 和 $\overline{S}$ 分别表示研究区平均高程值和平均坡度值,m 表示格网中包含的数值个数。SA_{tr} 代表研究区第 t 年分析网格 r 中的生境面积比,A_{trf}、A_{trg}、

A_{trw} 分别表示第 t 年分析格网 r 中林地、草地和水域的土地覆被总面积，A_{tri} 表示第 t 年分析网格 r 中 i 类土地覆被的总面积，l 代表所有土地覆被类型数量。LUI_{tr} 代表第 t 年格网 r 中的土地利用强度，IC_i 表示 i 类土地覆被的人为影响强度系数，A_r 表示 r 分析格网的总面积。

表 5.1　三峡库区生态系统服务驱动因子指标体系表

准则层	要素层	因子层	因子代码	因子类型	因子模型	数据来源
生态状态	气候条件	年均降水量	C1	正	—	国家地球系统科学数据中心
		年均温度	C2	适度	—	国家青藏高原科学数据中心
	地形条件	地形位指数	C3	正	$D_r = \dfrac{\sum\limits_{r=1}^{m} \log 10\left\{\left[\left(E\big/\bar{E}\right)+1\right]\times\left[\left(S\big/\bar{S}\right)+1\right]\right\}}{m}$	地理空间数据云
	植被状态	植被覆盖度	C4	正	—	美国地质勘探局地球资源观测与科学中心（MOD13Q1）
		生境面积比	C5	正	$SA_{tr} = \dfrac{\left(\sum A_{trf} + \sum A_{trg} + \sum A_{trw}\right)}{\left(\sum\limits_{i=1}^{l} A_{tri}\right)}$	—
		植被净初级生产力	C6	正	NPP	美国地质勘探局地球资源观测与科学中心（MODIS17A）
	土地利用景观格局	景观类型多样性	C7	正	香农多样性指数（SHDI）	—
		景观类型均匀度	C8	正	香农均匀度指数（SHEI）	—
		景观破碎度	C9	负	斑块密度（PD）	—
		景观聚集度	C10	正	聚集度指数（AI）	—
	水系分布	距水域距离	C11	负	—	全国地理信息资源 1:25 万全国基础地理数据库水系面、线、点数据；土地利用现状数据
生态压力	社会经济压力	人口密度	C12	负	—	国家地球系统科学数据中心
		GDP	C13	正	—	国家青藏高原科学数据中心

准则层	要素层	因子层	因子代码	因子类型	因子模型	数据来源
生态因子	社会经济压力	土地利用强度	C14	负	$\mathrm{LUI}_{tr} = \dfrac{\sum\limits_{i=1}^{l}(A_{tri} \times \mathrm{IC}_i)}{A_r}$	—
		距道路距离	C15	正	—	全国地理信息资源1∶25万全国基础地理数据库交通数据
		距铁路距离	C16	正	—	全国地理信息资源1∶25万全国基础地理数据库铁路数据
		距建设用地距离	C17	正	—	全国地理信息资源1∶25万全国基础地理数据库居民地面、点数据；土地利用现状数据
	生态退化情况	耕林草年减少率	C18	负	—	—
		生境退化	C19	负	InVEST 模型	—

为消除因子单位影响和类型影响，研究过程中对各因子进行无量纲化处理，根据因子类型，正向因子标准化参照式(5.5)，逆向因子标准化参照式(5.7)，适度因子标准化参照式(5.8)。式中，a_1 和 a_2 分别表示适度指标最佳范围区间的最小值和最大值。

$$\mathrm{Sr}_{trj} = \frac{\mathrm{Max}(X_j) - X_{trj}}{\mathrm{Max}(X_j) - \mathrm{Min}(X_j)} \tag{5.7}$$

$$\mathrm{Sr}_{trj} = \begin{cases} 1 - \dfrac{a_1 - X_{trj}}{\mathrm{Max}[a_1 - \mathrm{Min}(X_j),\ \mathrm{Max}(X_j) - a_2]}, & X_{trj} < a_1 \\[3mm] 1 - \dfrac{X_{tj} - a_2}{\mathrm{Max}[a_1 - \mathrm{Min}(X_j),\ \mathrm{Max}(X_j) - a_2]}, & X_{trj} > a_2 \\[3mm] \qquad\qquad 1, & a_1 < X_{trj} < a_2 \end{cases} \tag{5.8}$$

2. 地理探测器

对生态系统服务功能的驱动力探索主要可以从时空维度进行，其中空间分异性是典型的地理特性，运用地理探测器模型探测各类型驱动要素下驱动因子与生态系统综合服务功能之间的时空相关性，通过决定力 q 值度量自变量对因变量的空间分异解释程度，其公式如下：

$$q = 1 - \frac{\sum_{h=1}^{L} N_h \sigma_h^2}{N \sigma^2}$$

$$\tag{5.9}$$

式中，q 代表驱动因子对生态系统服务功能空间分异的解释力度，值域范围为[0, 1]，值越大表示解释力度越大；$L(h=1, 2, \cdots)$ 表示变量的分类或分区数量；N_h 和 N 分别为层 h 和全研究区的单元数量；σ_h^2 和 σ^2 分别是层 h 和全研究区的生态系统服务功能综合指数的方差。

采用地理探测器模型中的交互探测器识别各类驱动因子之间的交互作用，评估驱动因子两两不同组合情况下，对生态系统服务功能综合指数的解释能力是否增强或减弱，还是驱动因子之间本身即为独立变量，交互探测器判断依据如表 5.2 所示。

表 5.2　交互探测器驱动因子交互作用判断表

判据	交互作用
$q(X_1 \cap X_2) < \mathrm{Min}[q(X_1), q(X_2)]$	非线性减弱
$\mathrm{Min}[q(X_1), q(X_2)] < q(X_1 \cap X_2) < \mathrm{Max}[q(X_1), q(X_2)]$	单因子非线性减弱
$q(X_1 \cap X_2) > \mathrm{Min}[q(X_1), q(X_2)]$	双因子增强
$q(X_1 \cap X_2) = q(X_1) + q(X_2)$	独立
$q(X_1 \cap X_2) > q(X_1) + q(X_2)$	非线性增强

5.2.6　空间相关性分析模型

1. 莫兰指数（Moran's I）

空间相关性是地理学第一定律，地理事物和属性在空间分布上存在相互关系，即相关性，且相近的事物关联更加紧密。目前全局空间自相关 Moran's I 是地理统计空间相关性分析中使用较多的模型，基于该模型分析研究区生态系统服务功能在地理分布上的相关性，判断指数在三峡库区是否存在集聚分布特征。公式如下：

$$\mathrm{Moran's\ I} = \frac{m \sum_{r=1}^{m} \sum_{r'=1}^{m} W_{rr'}(X_{tr} - \bar{X})(X_{tr'} - \bar{X})}{\sum_{r=1}^{m} \sum_{r'=1}^{m} W_{rr'} \sum_{r=1}^{m} (X_{tr} - \bar{X})^2}$$

$$\tag{5.10}$$

式中，X_{tr} 为 t 年 r 网格内的观测值；r 和 r' 为空间上的两个网格区域；$W_{rr'}$ 为两个区域的空间权重矩阵，表示区域的邻接关系，$W_{rr'}=1$ 则相邻，$W_{rr'}=0$ 为不相邻；m 为网格总数量。Moran's I 大于 0 表示两个区域内的观测值正相关，小于 0 表示负相关，绝对值越大表示正相关或负相关关联性越强，绝对值越小表示关联性越弱。

2. 冷热点格局分析

在分析区域空间自相关性基础上，需进一步研究区域集聚结构的空间特征，剖析三峡库区生态系统服务功能空间上的关联关系和集聚规律，并分析其时空格局演变特征。冷热点分析是研究局部空间聚类特征的有效方法，反映观测值高值和低值在局部空间上的集聚程度。本节所采用的模型为热点分析模型。热点分析 (Getis-Ord Gi*) 模型方法如下：

$$\text{Gi}^* = \frac{\sum_{r=1}^{m} W_{rr'} X_{tr} - \bar{X} \sum_{r=1}^{m} W_{rr'}}{\sqrt{\frac{\sum_{r=1}^{m} X_{tr}^2}{m} - \bar{X}^2} \sqrt{\frac{m \sum_{r=1}^{m} W_{rr'}^2 - (\sum_{r=1}^{m} W_{rr'})^2}{m-1}}}, \quad r \neq r' \tag{5.11}$$

5.3　山地城市地质生态环境质量评价的指标体系

5.3.1　指标体系的构建原则

1. 科学性原则

评价指标的选取应尊重地方技术规范及城市发展规律，指标体系中每一个指标都应具有准确的概念，并且在统计计算方法上有统一的标准。对于现状已有的居民点、道路以及基础设施等双面影响的指标，应明确其对地质生态环境的干扰性和支撑性。选择含义准确的评价指标，并对每一个指标科学客观对待，才可以更加客观、科学地反映地质生态环境质量的综合水平。

2. 系统性原则

地质生态环境各组成要素相互联系、相互制约，每一个状态或过程都是各种要素共同作用的结果。因此，评价指标体系中的每个指标都应反映地质生态环境的本质特征，共同构成一个完整的系统。

3. 层次性原则

地质生态环境是一个复杂的系统，为使评价科学、清晰、便利，可将地质生态系统分为若干子系统，子系统又可再分。因此，指标体系可由 2 层或 3 层构成，上层的指标相对综合，下层指标相对具体。

4. 易获性原则

评价指标的定量化数据要易于获得和更新。各指标基础资料收集是评价工作开展的基础，为了使评价工作具有可操作性价值，评价指标的选取应考虑其易获取性，如水文资料、气象资料、土壤环境资料、测绘 CAD (computer aided design，计算机辅助设计)、土地利用现状等，因此在指标选取时应优先考虑这些指标对山地城市地质生态环境的影响。

5. 普适性原则

评价指标的选取应考虑山地城市的地域特点，选择具有代表性的指标，使评价结果具有针对性。选取的评价指标应具有广泛的空间适用性，即针对不同省、市、县的山地城市都可以运用此评价体系对区域地质生态环境质量做出客观的评价。

5.3.2　指标体系的最终构建

山地城市地质生态质量评价指标体系如图 5.3 所示。

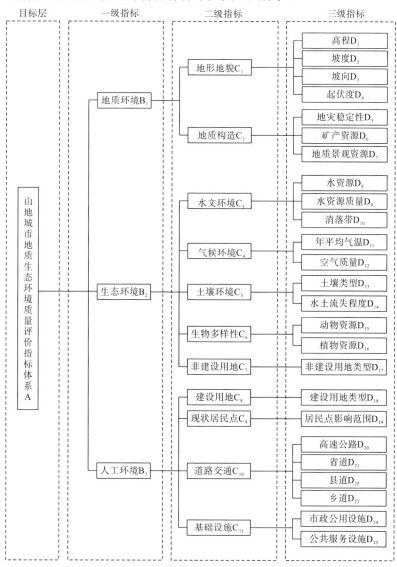

图 5.3　山地城市地质生态环境质量评价指标体系

5.4 山地城市地质生态环境质量评价的具体步骤

5.4.1 评价指标的分级取值

评价指标可按数学角度分为两类：定量指标和定性指标。定量指标可以用相应的单位来衡量，其度量值为一个特定的数。定性指标没有具体数值，只能定性描述，很难用单位来度量。不同指标的单位量级不同，因此，在评价前需将全部指标按照其对地质生态环境质量的影响程度进行分级统一量化，即指标的归一化处理。本书将影响程度统一分为Ⅰ、Ⅱ、Ⅲ、Ⅳ、Ⅴ级，分值采用十分制赋值，分数越高表明该指标影响下的地质生态环境质量越好，如Ⅰ级9～10分表示最有利于地质生态环境，Ⅴ级1～2分表示最不利于地质生态环境(表5.3)，由此可得到统一标准的指标评分栅格数据。

表 5.3   地质生态环境质量评价指标分级赋值标准

分级标准	Ⅰ	Ⅱ	Ⅲ	Ⅳ	Ⅴ
代表含义	好	较好	一般	较差	差
赋值标准	9～10	7～8	5～6	3～4	1～2

注：赋值为 0 时，代表该指标无影响区域。

5.4.2 评价指标的权重确定

确定各评价指标的权重有多种方法，如专家访谈法、调查统计法、敏感度方法、数理统计法、层次分析法等。由于生态地质环境系统的复杂性、模糊性，用精确的数学模型来求取评价指标的权重难度很大，有时对生态地质环境系统分析不够时，过分地相信定权的数学模型，反而使权重不尽合理。而根据专家的经验判断，结合适当的数学模型再进一步运算确定权重，有时其结论还较为可靠。目前应用较广的层次分析法(AHP)可以结合这两点，是一种较为合理可行的系统分析方法[9]。

其基本原理是：运用系统分析法将复杂系统中的各因素，通过分析划分有序的层次，确定层次间的隶属关系，构成一个多层次的分析结构模型[10]。然后由有关专家对每一层次上的各项指标通过两两比较，确定它们的相对重要性，构成判断矩阵，通过计算判断矩阵的特征值与特征向量，确定该层次各指标对其上层要素的贡献率，最后通过层次递阶技术，求得基层各指标对总体目标的贡献率。层次分析法在进行指标权重分析中起到重要的作用，主要是由于该方法充分注重人类认识的经验在反映客观事物中的重要作用[11]。

它的基本方法大致可以归纳为以下几个步骤。

1) 构造判断矩阵

设某一层级有 n 个评价指标，记为集合 $i=\{1,2,\cdots,n\}$，在同一层级间进行指标重要度比较，获得判断矩阵 A（表 5.4）。

表 5.4　评价指标判断矩阵

判断矩阵 A	a_1	a_2	$\cdots$	a_j	$\cdots$	a_n
a_1	a_{11}	a_{12}	$\cdots$	a_{1j}	$\cdots$	a_{1n}
a_2	a_{21}	a_{22}	$\cdots$	a_{2j}	$\cdots$	a_{2n}
$\vdots$	$\vdots$	$\vdots$	$\vdots$	$\vdots$	$\vdots$	$\vdots$
a_i	a_{i1}	a_{i2}	$\cdots$	a_{ij}	$\cdots$	a_{in}
$\vdots$	$\vdots$	$\vdots$	$\vdots$	$\vdots$	$\vdots$	$\vdots$
a_n	a_{n1}	a_{n2}	$\cdots$	a_{nj}	$\cdots$	a_{nn}

判断矩阵中 $a_{ij}=1/a_{ji}(i,j=1,2,\cdots,n;\ i\neq j)$ 表示第 i 个要素与第 j 个要素的重要度之比，其重要性数值依据 T. L. Saaty 提出的比较度量法获取[12]（表 5.5）。

表 5.5　层次分析法判断矩阵标度及含义

标度	含义
1	表示两个要素相比，同等重要
3	表示两个要素相比，a_i 比 a_j 稍微重要
5	表示两个要素相比，a_i 比 a_j 比较重要
7	表示两个要素相比，a_i 比 a_j 十分重要
9	表示两个要素相比，a_i 比 a_j 绝对重要
2、4、6、8	上述两相邻判断之中值，表示重要性判断之间的过渡性
倒数	要素 i 与 j 比较得到判断 a_{ij}，则要素 j 与 i 比较得到判断 $a_{ji}=1/a_{ij}$

2) 确定权重

各个层级中指标的相对权重，采用方根法求解归一化特征向量和特征值，直至符合一致性检验为止，各个评价因子的权重即为求出的特征向量。

第一，对判断矩阵中每一行集合 $A_i=\{a_{i1},a_{i2},\cdots,a_{ij},\cdots,a_{in}\}$ 中的所有元素进行累乘求积运算：

$$M_i=\prod_{j=1}^{nn} a_{ij}\quad (i、j=1,2,\cdots,n) \tag{5.12}$$

第二，分别对各行 M_i 的几何平均值 X_i 进行计算：

$$X_i=M_i^{1/n}\quad (i=1,2,\cdots,n) \tag{5.13}$$

第三，求第 i 项指标的特征向量：

$$W_i = X_i / \sum_1^n X_i \quad (i=1,2,\cdots,n) \tag{5.14}$$

第四，进而得到判断矩阵最大特征值：

$$K_{\max} = \{\sum_{i=1}^n [(AW)_i / W_i]\}/n \quad (i=1,2,\cdots,n) \tag{5.15}$$

3）一致性检验

通过判断矩阵求出的特征向量（权重）是否合理，需要进行一致性检验。所以一致性检验的本质就是对专家经过研究判断给出权重的矩阵进行合理性程度的检验。

首先计算判断矩阵一致性指标：

$$CI = (K_{\max} - n)/(n-1) \tag{5.16}$$

进而得到判断矩阵的随机一致性比率：

$$CR = CI/RI$$

式中，CR 为最终一致性检验指标；RI 为平均随机一致性指标，为对应不同矩阵阶数 n 的某一常数（表 5.6）。

表 5.6　RI 平均随机一致性指标常数表[13]

矩阵阶数	1	2	3	4	5	6	7	8	9	10
RI	0	0	0.58	0.9	1.12	1.24	1.32	1.41	1.45	1.49

若 CR＜0.1，则认为判断矩阵符合一致性要求，说明权数分配是合理的，否则需要根据结果调整判断矩阵，再次进行相对一致性检验，如此反复多次直至符合检验要求为止，由此得到的各层级指标的权重值更为客观合理。

5.4.3　评价单元的整体划分

反映单个要素的专题图受本身性质的制约，其内部图元的边界因要素的不同而不同。在进行区域评价时，选择评价单元一般有两种方式：一是按照行政区划、地形地貌、土地利用类型等一定的标准将整个评价区划分成有限数量的自然评价单元；二是抛开自然边界不谈，将其划分成数量众多但形状和大小都相同的网格单元。在 GIS 中进行空间分析和操作，栅格数据模式较矢量数据模式快速有效，事实上现今国内外很多优秀 GIS 软件的空间分析功能也正是基于栅格数据模式的。

不同局部区域，各种地质因素存在差异性和复杂性，要做到较为精确的评价，需将整个研究区域分成若干个小图元，即评价单元。选用不同评价单元，能够体现评价的空间分异特征。根据各个小区域的具体地质生态环境条件，分别赋予所选定的评价指标以不同的属性，然后再根据这些属性进行区域评价。

　　评价的基本图元区域大小和剖分方法往往对评价结果有较大影响。常用的单元划分方法有三种,即三角形剖分法、正方形网络划分法和不规则多边形网格划分法。正方形网格划分法是用地理坐标来控制,主要用于大区域地质生态环境质量评价,评价单元主要有基于面状的矢量评价单元和基于点状的栅格评价单元两类。

　　面状评价单元主要优点是数据的获取较为方便,结论也便于应用。最大的不足是评价结论空间位置的精确性不能得到保证。点状评价单元是以栅格作为评价单元,其优点是评价结果的空间位置较为准确,缺点是区域比较和结论应用都不方便。比较分析矢量面状评价单元和栅格点状评价单元各自优缺点,在大、中、小三个空间研究尺度中采用点状栅格评价单元,通过 ArcGIS 中的重采样,分别选择相应分辨率(如 30m×30m)格网作为山地城市地质生态环境质量基本评价分析单元。

5.4.4　评价指标的加权分析

　　应用分析决策问题时,首先要把问题条理化、层次化,构造出一个有层次的结构模型。

　　通过 AHP 得到各指标权重,将各指标要素的标准化评分取值与权重相乘,并进行累加,即可得到该单元的综合评价值:

$$K = \sum_{i=1}^{n} X_i A_i \qquad (5.17)$$

式中,K 代表每个评价单元的综合分值;i 表示第 i 个指标要素;X_i 为第 i 个指标要素的取值;A_i 为第 i 个指标要素的权重。

　　反映到地理空间上即为不同单要素评价栅格的叠图运算,可运用 GIS 进行具体操作。本书仅对三级指标(25 个)进行分析,运用 GIS 空间分析模块(Spatial Analyst)中栅格计算器工具(Raster Calculator)把 25 个单要素栅格评价图层进行加权叠加,计算每一个空间单元的地质生态环境质量指数,得到的地质生态环境质量评分为连续的区间值,分值越高表示地质生态环境质量越好。之后运用 GIS 重分类进行评分的重新分级,划分为五个等级分区,分别代表地质生态环境质量好、较好、一般、较差、差。本书研究的目的是明确地质生态环境质量现状并反馈于山地城市建设,应在数据值差异明显处进行质量评分分级,使各个级别之间的差异最大化,做到更明确的"物以类聚",以便于山地城市各类设施的叠加分析,所以采用自然间断点分级法对评价结果进行重分类,最终得到山地城市地质生态环境质量评价分级分布结果。

　　本书构建山地城市地质生态环境质量评价的技术方法。通过对山地城市地质生态环境影响要素进行分析,以山地城市建设的合理性调整为目的,选取对山地城市建设有重要影响的评价指标，建立由 3 个一级指标、11 个二级指标、25 个三级指标构成的山地城市地质生态环境质量评价三级指标体系，并确定具体方法和步骤，应用 AHP 确定权重，进行评价指标归一化量化，合理划分评价单元，运用多要素加权评价法和 GIS 空间分析法方法进行山地城市地质生态环境质量评价。

参 考 文 献

[1] 张翔. 山地城镇化与地质生态环境的相互影响研究——以重庆市巴南区为例[D]. 重庆：重庆大学，2014.

[2] 邓辉. 基于遥感和 GIS 的泸定县生态地质环境质量评价[D]. 成都：成都理工大学，2011.

[3] 高延良. 东营市地质生态环境评价与可持续发展研究[D]. 天津：天津大学，2011.

[4] 魏燕珍. 重庆市万盛经开区生态环境地质质量评价与预测研究[D]. 成都：成都理工大学，2013.

[5] 许树柏. 实用决策方法：层次分析法原理[M]. 天津：天津大学出版社，1988.

[6] 胡学祥. 基于 ArcGIS 的宁波市地下空间地质环境评价及应用研究[D]. 宁波：宁波大学，2014.

[7] 梁伟. 基于 RS 与 GIS 的鹤岗矿山地质环境评价研究[D]. 长春：吉林大学，2012.

[8] 白可. 基于地质环境评价的城市土地利用研究[D]. 北京：中国地质大学，2014.

[9] 赵金平，焦述强. 基于 GIS 的地质环境评价在国外的研究现状[J]. 南通工学院学报（自然科学版），2004，3（2）：46-50.

[10] 党国锋，纪树志. 基于 GIS 的秦巴山区土地生态敏感性评价——以陇南山区为例[J]. 中国农学通报，2017，33（7）：118-127.

[11] 陶晓风，罗昌元. 浅论生态环境评价中地质因素的作用[J]. 国土资源科技管理，2002，19（3）：58-60.

[12] 米琳迪，樊敏，周英，等. 雅安芦山 4.20 震后县级单元生态系统风险评价[J]. 测绘与空间地理信息，2016，39（4）：55-59.

[13] 李和平，王卓. Model Builder 在山地城镇控规用地适宜性评价中的应用——以重庆巫山县江东组团控规为例[J]. 西部人居环境学刊，2016，31（3）：17-23.

下篇：城市地质生态学实践研究

第6章 地质生态复杂地形条件下
城市空间结构

　　我国具有丰富的地形地貌条件且国土面积巨大，所覆盖的城市数量也更加广泛，为解决地形复杂地区普遍存在的问题，促进城市系统健康循环，本章将"复杂地形"和"空间结构"关联起来进行综合分析，以背景和问题导向—概念梳理与理论研究—方法构建—思路引导—策略提出—实践应用的逻辑展开。以复杂地形条件下的城市空间结构为研究对象，通过大量案例剖析，纵向分析不同种类的地形环境中城市空间结构的表现形式；采取对比的思路，选取典型城市与非平原城市进行横向比较，借助地学图谱与数学模型量化研究城市空间结构随时间的演变特征，揭示空间结构类型与发展趋势。在此基础上探讨影响空间结构形成和演变方向的多种动力因子，尝试提出规划原则并构建具体优化策略，然后通过案例进行全面实证。最后，基于上述理论研究，以重庆市开州区为实践案例，按照背景条件—空间结构演变历程—动力影响因子—现存问题—诉求及原则—策略构建的路线，证明复杂地形条件下城市空间结构的系统研究具有一定实践价值。

6.1 复杂地形与城市空间结构关系研究

　　复杂地形条件下的城市空间结构具有其独特性，区别于平原地区的城市，该类地域的地形地貌、气候、水文以及动植物资源等均是重要影响因素。将"复杂地形"和"城市空间结构"关联起来进行统筹研究，基础工作则是对两者进行全面认知，分析复杂地形构成要素、种类分布及其特征；解读城市空间结构的要素、系统特征、发展模式等，为之后针对性探讨复杂地形区域城市的空间结构做足准备工作。

6.1.1 复杂地形概述

1. 复杂地形构成要素

　　复杂地形区内的自然地理环境是城市选址和发展的重要影响因素，起伏多变的地形、特殊的地质条件、多变的气候、水文和土壤条件、丰富的生物基因库等相互组合形成各具特色、多种多样的生态环境。其中，各要素成为不同城市空间格局形成和发展的制约条件和有利条件，深刻剖析复杂地形包含的各自然要素对优化空间结构具有重要意义。

1) 基本构成要素

基本构成要素与起伏地形地貌直接相关，是构成该背景条件下城市形态的基底，对用地适宜度和生态环境有重要的影响，甚至关系城市活力以及长远发展的命运。

(1) 坡度，指两点间高程差与其水平距离的百分比，是用以反映地表倾斜程度的量化指标[1]。对于不同类型的地形，也对应存在不同的分布组合特征[1]。一般情况下，可将坡度划分为缓坡、中坡、陡坡、急坡、悬坡。坡度对用地组织、道路选线、功能分区、建筑物布局等各方面都有影响，同时也成为城市安全隐患重点防护因素，为城市开发建设提供依据，见表 6.1。

表 6.1　坡度影响建筑、道路布局方式[2]

坡地类型	坡度/%	受坡度影响的建筑与道路布局方式
平坡	<3	属于平地，受地形坡度影响小，建筑和道路可自由布局，但需注意排水问题
缓坡	3~10	建筑群布局几乎不受约束，车道可进行自由布局，不考虑梯级道路
中坡	10~25	建筑群布局受坡度一定程度的限制，车道选线不垂直等高线，若垂直等高线布局则考虑梯级道路
陡坡	25~50	建筑群布局明显受到坡度限制，车道平行等高线或与等高线呈较小锐角布局
急坡	50~100	一般不考虑作为建设用地，特殊情况下必须作为建设用地时需进行处理，车道曲折盘旋而上，梯级道路也只能与等高线斜交布局
悬坡	>100	作为非建设用地，车道、缆车、梯级道路均布局困难

(2) 坡形，指各种不同坡面经垂直纵剖后的几何形态，三维角度为曲面，二维角度则呈曲线，各种不同类型的坡面组成现实生活中的地面，如山坡、谷坡、岸坡等。为研究方便，通常在二维空间中将坡形划分为凹形、凸形、"S" 形以及复合形，不同坡形的形成取决于地壳运动速度与剥蚀速度间的对比关系，前者上升量大时形成凸形坡，坡体上部平缓而下部较陡，山体浑圆；后者剥蚀量大则形成凹形坡，这种凹曲线表明坡度较陡，尤其是上部；当剥蚀量与上升量相等时则称为平直坡，此时坡度变化较小；坡形变化多样且复杂的可称为复合坡形。因此，坡形作为复杂地形基本构成要素之一，对于城市发展所依赖的用地形态起到重要作用。此外，坡形差异也会影响坡面侵蚀量，是滑坡自然灾害发育的主要本底因素之一，深入研究坡形是构建健康的城市结构不可忽略的重要环节[3]。

(3) 坡向，反映了斜坡所面对的方向，具体可以划分为四类或八类，即东、南、西、北四坡向或东、南、西、北、东南、东北、西北、西南八坡向。其中，朝向太阳一侧日照多，故总体偏温暖、干爽，称为阳坡，背向太阳照射一侧凉爽、湿润，称为阴坡，在丘陵、山地诸类地形复杂区，坡向往往是城市布局的重要考虑因素。韩贵锋等[4]研究表明，坡向对城市地表温度影响极大，不同坡向的地表温度差异显著；除此之外，风速、降水、气候、植被生长、雪线等自然环境均和坡向有着密切关系，坡向是城市中用地选择、建筑布局朝向、空间塑造等生活、生产各方面不可回避的课题。

(4) 坡面，指倾斜角度大于 2°的倾斜地面，其面积占全部陆地表面的 80%以上。土地利用与开发与坡面面积有一定关系，面积越大，利用度越高，相对较为容易统一进行规划建设；面积越小则代表地形破碎度高，增加使用的困难程度和开发投资费用。坡面作为地形主要构成要素之一，与水土保持、坡面径流以及引发的泥石流等地质灾害存在必然联系，尤其在我国高原地区，抑制水土流失、避免生态安全隐患的大量研究已着眼于坡面护理方面，如植被覆盖分析、新型材料和技术引入等。

(5) 坡长，同一坡度的坡面长度称为坡长。坡长在城市开发建设中主要制约交通组织、建筑物的布置，当其超过一定长度时需进行特殊处理以满足规范安全及实用便捷要求。在如今以汽车为主要交通工具的时代，坡长往往影响汽车是否可以正常行驶，纵坡越陡、坡长越长则对行车影响也越大，就此提出最大坡长限制。因此，道路选线布局应充分考虑坡度阻力的克服问题以及制动频繁、爬坡无力等障碍，保证车速和安全。同时，坡长也会带来城市景观特色打造的先天条件，有利于营造符合复杂地形区多变、立体的三维城市景观。

(6) 高程，分为绝对高程和相对高程，是衡量地形起伏程度的量化指标，也是复杂地形的核心特征之一，与用地形态、功能选址与布局、交通组织、建筑布局、工程管线等各项基础设施均紧密相连。随着高程增大，温度也会随之产生变动，总体趋势为气温随海拔升高而递减，一般而言每上升 100m，气温下降 0.6℃；周围大气厚度和密度减小，水蒸气、二氧化碳等含量也随之骤减，太阳辐射强度明显增加；动植物种类、生态景观格局、降水量、土壤条件等差异成为重点关注对象，城市各工程组织的布局方案和经济性探讨将成为重要课题。

2) 相关构成要素

构成复杂地形环境的要素并非仅仅指坡度、坡向等地表起伏因子，还包括一系列相关要素共同作用于自然环境，即地质环境、气候、水文条件、土壤和生物。

(1) 不同地形环境区域的地质构造存在一定程度的差异，这对城市建设产生重要影响，如地层的倾斜程度和走向会直接影响建筑工程的布局，从安全稳定性的角度考虑，往往将建筑物布置在地层倾斜角偏小、坡度和走向一致的顺向坡上[5]；不同种类岩石具有不一样的强度，其密度等物理性质决定基底岩层的承载力，对开发建设的难易和经济性产生重要影响。

(2) 地形复杂区域往往具有特殊的局地气候，日照受到城市地理位置、地形坡向、坡度及海拔的影响；气温随地理纬度、垂直高度及小环境变化而变化；湿度、降水作为至关重要的生态因子，决定着人类和生物群落分布的总体格局；地貌与大气温度共同作用形成大气压，高压气流向低压气流流动产生风环境，对城市总体布局、道路走向、绿地系统组织和建筑设计影响较大。例如，北方寒冷区域通过城市结构和空间布局抵御冷风侵袭，南方炎热地区顺应风廊改变强化效果。

(3)"有山必有水，有水必成溪"，水文环境与人的生活息息相关，地形起伏的高山、丘陵、盆地等往往有水系经过，成为城市发源和拓展方向的依据。地面水、地下水、湿地等构成丰富的水文环境，尽管当今技术水平较发达，引水输送的门槛可以逐渐跨越，但考虑经济性、人的亲水特性以及良好的景观资源，城市结构通常与水系脉络相一致。

(4)与平原相比，地形复杂区域土壤构成差异较大，风化严重会造成岩石破碎、营养流失等问题。土壤质地、土壤结构、酸碱度、有机质和无机元素是评判该地区土壤质量的重要指标，关系土地肥沃与否。

(5)山地、丘陵等地区生物种类丰富，植物、动物和微生物繁多，是一个资源密集且极具生态价值、研究价值的基因库。地形地貌不同则呈现出不同的资源覆盖情况，相对应的规划策略也需差别探讨。从全国视角来看，这些地区不仅地形变化多样，同时也是全国绿化占比较高的地域，由于人口众多以及长期过度开发，出现人均绿化资源世界排位后退的窘境。因此，合理规划以达到生态保护、可持续城市化的目标在复杂地形条件下的城市空间结构研究中更是不可或缺[6-8]。

2. 我国复杂地形种类及特征

在我国辽阔的土地上，陆地的 5 种基本地形均有分布，包括平原、丘陵、山地、盆地和高原。本书对复杂地形的分析主要聚焦于后四种起伏变化的地形环境，就其分布及特征进行简要阐述。

中国总体西高东低的地势呈三级阶梯状分布：第一级阶梯的地形以高原为主，包括青藏高原、柴达木盆地，平均海拔 4000m 以上；第二级阶梯的地形以盆地和高原为主，包括准噶尔盆地、内蒙古高原、云贵高原、黄土高原、塔里木盆地以及四川盆地，海拔为 1000~2000m；第三级阶梯的地形以平原、丘陵为主，包括华北平原、东北平原、山东丘陵、长江中下游平原、东南丘陵以及辽东丘陵。各种地形并非完全独立分布，而是存在相互组合的情况，如李炳元等根据差异及成因将中国范围划分为六大区域，即青藏高原区、西南亚高山地区、中北中山高原区、西北中高山盆地区、东部低山平原区和东南部低中山地区，在此基础上进一步细化形成 38 个地形分区[9]。我国地形种类极其丰富，复杂地形区域面积占国土面积的 80%以上，深刻认识地形类型特征及差异，以便因地制宜、合理进行开发利用，为生产实践和科学研究提供宝贵经验。

山地地形一般指海拔超过 500m 的区域，不同划分标准存在差异，其特点都是起伏度大、坡度陡峻，多以脉状分布。山地根据高度不同可细化为高山、中山和低山，都由山麓、山坡、山顶组成，或彼此平行蜿蜒千里，或相互重叠犬牙交错；按成因又可分为褶皱山、断层山、皱褶-断层山、火山、侵蚀山等。我国山地地形占比最大，多分布在西部地区，对于山地地形研究相比其他类型成果较多。

　　丘陵是介于山地和高原的一种过渡性地带，一般坡度低缓、切割破碎，表现在地图上是等值线闭合区内圈数层级少，顶部浑圆，散布众多。相比其他地形种类，形态和结构比较模糊，与其久经侵蚀形成有关。丘陵的空间类型可分为两种，一种是点状式空间，丘包散布、破碎且无方向性；一种是带状丘陵空间，以丘壑为主且呈现出明显的方向性，通常伴有江河水系环绕，如图 6.1 所示。我国丘陵面积占全国总面积的 1/10，自南向北分布有江南丘陵、江淮丘陵、辽西丘陵等；黄土高原上分布有黄土丘陵；山东半岛上山东丘陵等大大小小分布很广。丘陵地区，尤其是山地和平原过渡地带，由于降水量较大、土壤肥沃，坐拥丰富的地表水和地下水资源，是农耕、果林种植、旅游休闲的绝佳地区之一。

　　高原海拔在 500m 以上，素有"大地的舞台"之称，面积广且地形开阔。四周以陡坡为清晰边界，经长期连续的大面积抬升运动而形成，特征十分明显。由于海拔较高，高原地区含氧量少、气压偏低；日照时间长、太阳辐射强，拥有极其丰富的太阳能资源。其形成过程和山地不完全相同，高差小是与山脉的差异之一，年代较短的高原形态往往比较平坦，而经过长期风化侵蚀的年代久远的高原形态一般呈低矮状，类似山地风貌。按照形态可将其划分成 3 类：一类是高原的顶部区域近乎平坦，如内蒙古高原；一类是地表高差起伏变化较大，但顶部依旧比较宽广，如青藏高原；还有一类则是分割型高原，起伏度大，流水切割深度大，顶部区域依旧宽广，如中国的云贵高原，如图 6.2 所示。不同的高原类型反映出起源、受侵蚀形成过程的差异历史，为城市发展提供了多样化的基底环境。

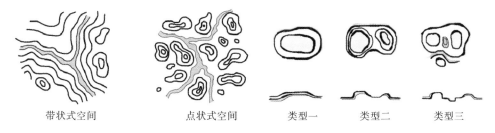

带状式空间　　　　　　点状式空间　　　　　类型一　　　类型二　　　类型三

　　图 6.1　丘陵空间类型示意[10]　　　　　图 6.2　高原空间类型示意[10]

　　盆地主要特征是四周高、中部低的盆状地形，有完全盆地和非完全盆地之分，在全球分布广泛。我国有著名的四大盆地，多数分布在地势的第二级阶梯范围，包括塔里木盆地、四川盆地、柴达木盆地和准噶尔盆地。从形成原因来看，地壳运动的作用同样也是盆地产生的主要成因，当地下岩石受作用力挤压或拉伸使得形态弯曲、断裂，有些部分下降，有些部分隆起，当下降部分被隆起部分包围则产生盆地雏形。因此，盆地和山地、丘陵、平原关系紧密，中间低地通常为平原或丘陵，起伏程度偏低，适合人类居住和生产生活；外部则由地形起伏幅度较大的山地环绕，适合农林业发展。盆地地形区域的资源种类丰富，土壤肥沃，尤其多油气资源。

6.1.2 复杂地形与城市空间结构的相互关系

1. 复杂地形为城市空间结构带来的客观条件

我国地形种类繁多且地域差异大，形成了不同环境下具有地方特色的城市布局，如规模各异的滨海城市、山地城市、河谷城市、高原城市和丘陵城市等，这无疑与地形起伏及地表山、水、林、田等自然要素相关，这些地理条件在不同的时期承担的角色略有差别，与当时的技术发展水平与居民生活需求不可分割，为城市形成和发展带来有利条件的同时也带来局限性(图 6.3)。客观规划必须建立在全面分析上述具体条件带来的影响上展开，以辩证的观点认清地形条件对城市系统的利弊作用。

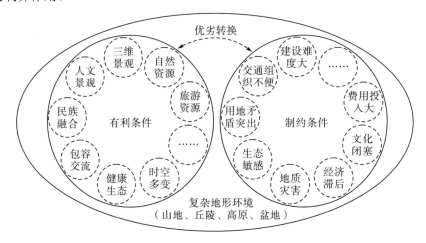

图 6.3 复杂地形对城市建设的客观条件

1) 制约条件分析

复杂地形构成要素中最基本的是坡度、坡向、坡长、高程等一系列基础因素，这些直接影响城市空间结构中"点"要素的选址、"线"要素的走势和方向、"网"要素的选线构建以及"面"要素的规模等；其次，地形相关要素如地质条件、气候、水文、资源等对城市生态环境、经济社会发展也起到了决定性作用；总结此类自然背景下城市建设存在的制约条件分析如下。

(1)地形起伏整体加大了城市建设和扩展的难度,不同功能区所需的土地类型对场地处理提出要求,工程量较平原区域以几何倍数增加。城市规模随人口增加而拓展,地形往往是制约扩展方向的重要条件之一,当不得不克服某类地形障碍时,投入的物力、财力、人力也远远超出正常供应范畴。

(2)由于地形、水体等要素分割,交通联系十分困难,道路设施的建设费用较高且出行效率大大降低。

(3)耕地矛盾突出,城市与平原区相比,可利用的土地不多,平坦用地、宜建设用地稀缺,使得农业耕地面积遭到侵占缩减。

(4)生态环境敏感脆弱,地形复杂区动植物资源丰富,但同时也是生态敏感地带,需要对生态圈进行重点保护;此外,地质灾害事件频繁发生给人类的生命和财产安全带来巨大威胁,地震、泥石流、滑坡、山洪水灾、水土流失还容易引起次生灾害。

(5)地形复杂地区交通不便而相对闭塞,导致城市经济文化滞后,新鲜事物和新的科技引入都比较缓慢,城市发展具有局限性。

2)有利条件分析

地形给城市发展带来限制的同时,另一方面也为城市增加了自身竞争力,涉及自然、资源、经济、文化等方方面面,具体包括:丰富的地形地貌以及山水资源塑造了城市三维景观,如山城重庆,云贵高原的大理、丽江都以其独特的城市景观风貌吸引四方游客;储备的丰富资源为城市转型多向发展提供优越条件,如矿产资源丰富的新疆克拉玛依、水力资源富足的宜昌、采用风能发电的内蒙古等地区;旅游业、生态农业等无污染产业类型是众多城市的转型方向及趋势,这类城市的发展正是需要集景观资源、人文资源为一体的地域条件,气候和植被随高程的垂直变化使得时空景观变化极为多样化,使得该自然背景下的城市也非常具有吸引力;我国地形复杂区往往也是民族聚集融合的地区,多民族的风俗习惯、生活方式活跃当地交流氛围,不同文化包容渗透形成多彩的人文景观。如何充分利用有利条件规划合理的城市空间结构,提供健康而宜居的人居环境是本书研究的重点[11-13]。

2. 城市空间结构对复杂地形环境产生的影响

城市空间结构是以特定区位的各种现存条件为基础建立并发展起来的,地形为其带来客观的有利因素和不利因素的同时,反过来城市空间结构亦影响着地形环境,主要概括为两个方面。

其一,顺应地形。基于当前社会的现实状况,在生态保护思想引导下新建、发展或改造的城市中,项目选址和布局、道路选线与分布、功能分区与区域聚集等均应慎重考虑和协调,从城市空间结构的点、线、网、面各要素层面,最大程度兼顾地形，适应其自然特征，以达到城市开发与自然保护双赢的有利局面，减少不必要的人力、物力消耗，同时避免对地质环境带来负面影响以降低灾害发生的可能性。

其二，改造地形。城市是以人工环境为主的人类聚居场所，对自然的应用与改造成为必然。地形作为城市的建设基底，无疑在特定的空间结构秩序下随城市发展而受到影响。当地形与城市发展方向不一致时，需要在不同程度上对地形进行改造，以达到优化城市空间和顺应结构发展趋势的目的，这在地形复杂的城市成长历程中均可得到验证。

目前，国内外城市空间结构相关研究已积累较丰富的成果，但就针对地形复杂区域这一特殊背景进行探讨的却不多。为了能更加合理地将"复杂地形"与"空间结构"两个概念关联到一起，本书对复杂地形的基本构成要素和相关构成要素均全面进行了阐述，并对我国地形种类和特征进行总结，这有助于归纳独特的空间结构类型并提出适宜的规划手法；通过分析城市空间结构这一复杂系统的特征，为挖掘城市空间结构演变的动力影响因子提供前提。同时，需要客观认识多样化的地形和城市空间结构之间的相互关系，权衡利弊条件，在规划策略提出时达到针对性应对的效果。

6.2　复杂地形区域的城市空间结构类型

笔者在充分研究复杂地形环境和城市空间结构相互关系的基础上，试图将两者关联起来进行综合分析，探讨城市因处于不同复杂地形条件下而呈现出的空间结构类型。为保证结论的科学性和客观性，采取定量和定性互补结合的研究方法，即在区域视角下以大量实证案例研究不同地形区域城市空间结构存在类型，并选取典型城市在时间视角的维度下定量分析其演变特征，最终达到总结类型并剖析发展趋势的目的。因此，判定哪些城市处于复杂地形条件下，且如何选取典型城市显得尤为重要。

6.2.1　区域视角下实证归纳复杂地形区域的城市空间结构

通过借鉴前人的研究成果以及对相关文献、书籍和政府官方网站的查阅，初步选取建于复杂地形环境下的若干代表城市，运用谷歌地球(Google Earth)卫星图片和1：400万的中国地貌数据 WGS84(world geodetic system 1984)进行二次鉴定，最终确定包含 71 个城市的研究样本集合。为进一步研究地形种类与空间结构布局存在的对应关系，便于横向对比后统筹总结分析，按照本书对复杂地形的定义将研究对象划分为处于丘陵地区、高原地区、山地地区和盆地地区的 4 类城市(表 6.2)。

表 6.2　研究样本的类型和数量　　　　　　　　　（单位：个）

地形分类	丘陵地区	高原地区	山地地区	盆地地区	合计
城市数量	20	13	27	11	71

　　值得说明的是，4 种类型地区并非仅包含一种地形，往往多种地形地貌互相交错分布，如山地地区是以山地地形为主体要素，对城市空间起到主要影响作用；高原地区可以进行二次划分，由高海拔山地、中高海拔起伏山地、中高海拔丘陵等构成；盆地地区同样包含起伏山地、冲积平原、谷地等，四周高中间低，地形复杂；此外这些区域通常包含河流、江流等水系要素。因此，本书将复杂地形以大类方式进行划分，结合中观和微观思维在大类地形条件下细化研究城市空间结构。为尽量减少变量对研究结果的干扰，上述研究样本对象囊括不同方位、不同经度纬度的地域范围，既包括东部沿海城市，又包括西部边疆城市，考虑到台湾省内各城市的地形资料以及空间布局要素现状图纸获取难度大，故本书暂不涉及。由于县城和建制镇的资料和规划目前尚且不够健全透明，且规模相对较小，因此本次选取对象主要为中国城市中的大、中、小城市类型。根据 2014 年国家新标准的五类七档划分(图 6.4)，样本城市具体涉及小城市、中等城市、大城市、特大城市和超大城市。差异化的规模亦可反映出一定现实问题，有利于区域视角下对城市空间结构进行对比研究。

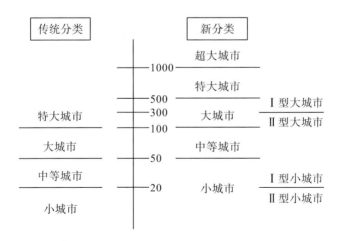

图 6.4　城市规模划分标准对比(单元：万人)

　　研究表明，处于复杂地形条件下的城市，由于地表起伏、高差变化、河流水系等自然条件的阻隔影响和生态维护的压力，再加上城市中各种不同职能空间对用地形态、位置、规模和环境的差异性要求，使得复杂地形背景下的城市在自组织和他组织双重作用下呈现出如下几种类型：单核环形结构、（双）多核组团结构、分散-集中布局结构、串珠式发展结构、带状轴向扩展结构。其中，单核与（双）多核所指中心可为复合功能片区中心、生态绿心、自然水面等，城市功能分布与人行车行系统围绕核心而展开；分散-集中结构是兼顾尊重自然环境和适应地形发展的结果，大尺度范围城市呈现分散状态，某一团块一般体现出紧凑集中的特点；串珠式和带状轴向结构的城市通常一侧或两侧为自然边界难以跨越，如河流边或山体间，后者更强调片区之间的连续性。

6.2.2　丘陵地区的城市空间结构

丘陵地区的城市因受到起伏度相对缓和的地形影响形成各式各样的空间形态，不同于平原"摊大饼"式均衡发展，而是权衡地形障碍与自然资源朝着一个或多个易于拓展的方向生长延伸。地理位置、地形坡度、气候、降水、日照以及海拔多要素差异组合，使得不同城市在空间结构进化方面呈现出自身的独特性[14]。为抽象总结城市空间结构类型在丘陵地区的规律性，选取 20 个代表城市进行剖析（表 6.3），通过量化的数据结果进行说明。

表 6.3　丘陵地区城市样本的空间结构

空间结构类型	单核环形结构	（双）多核组团结构	分散-集中布局结构	串珠式发展结构	带状轴向扩展结构	合计
城市名称	都江堰	广水、涪陵、温州、绍兴	都匀、威海、九江、茂名、梧州、香港、珠海、十堰、仁寿、惠州	宜宾、自贡	资阳(单)、南充(多)、天水(多)	—
数量/个	1	4	10	2	3	20
比例/%	5	20	50	10	15	100

注：分散-集中布局结构根据分散原因及形态可划分为树枝状、新旧城区分离式、多核生态隔离式等。

1. 丘陵区：单核环形结构

丘陵地形对城市选址和扩展起到直接的制约影响作用，城市发育初期通常优先考虑地势平坦、高差较小的区位；加之受到技术水平的限制，对外交通追求便捷高效，更加驱使城市在广袤的起伏地形中布局于相对缓和的节点范围内。单核环形结构适用于城市规模较小、中心用地平缓而四周存在地物障碍的情况，故采取围绕单一中心环状布局的紧凑开发模式(图 6.5)，如都江堰和 20 世纪中期的宜宾。

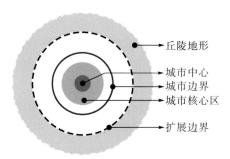

图 6.5　丘陵区：单核环形结构示意图

都江堰市地处我国西南部，是成渝经济圈的重要组成部分。全市处于四川盆地西北边缘，作为川西高地成都平原的过渡地带，市境内地势呈西北高、东南低的态势。该城市地形种类复杂多样，高山、中山、低山、丘陵和平原呈阶梯状分布，以山地丘陵为主，占比为 65.79%，素有"六山一水三分田"之说。在城市总体规划中，市域城市空间结构在山水为景、以水为脉、景城一体、以田为底、城乡统筹的背景指导下形成"一城两区"的布局，其中"一城"指主城区，是典型的单核环形结构。主城区规划将灌口、幸福、聚源、玉堂、蒲阳、中兴、滨江街道和四川都江堰经济开发区全部纳入范围内，在梳理地形和自然资源后提出"一核两中心、三轴四区"的城市空间结构模式，围绕核心区通过绿化、水系和主要道路进行分割扩展，环环相扣，形成"以山体为背景、水网为脉络"的放射状布局。

2. 丘陵区：（双）多核组团结构

随着人口规模逐渐增长，城市规划相关方法与技术手段为城市扩张提供有力支撑，突破缓和的地形障碍，朝着阻力相对较小的方位布局发展，最终形成非连片式组团单元，共同构成（双）多核组团型城市空间结构，其城市规模与组团核心数量呈正相关，这种核心可以是人工的复合功能节点，也可以是自然山、水、湖、湿地等（图 6.6），如湖北广水市、重庆涪陵、浙江温州和绍兴等。

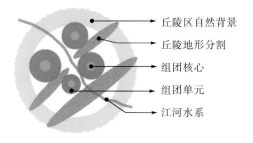

图 6.6　丘陵区：（双）多核组团结构示意图

绍兴市是典型的(双)多核组团结构,更是典型的丘陵复杂地形区。全境处于浙西山地丘陵、浙东丘陵和浙北平原这三大单元的交会地带,地势总体呈西南高东北低。全市水资源发达,形成地表江河纵横、湖泊密集的态势,水系面积达225km²;按照地形起伏度划分:起伏度小于20m的区域面积高达909.6km²,占陆域总面积的11.0%;起伏度在20~75m的面积有516.9km²,占比为6.3%;起伏度在75~200m的面积有1633.2km²,占比为19.7%;起伏在200~500m的面积有2624.17km²,占比为49.8%;起伏度在500~900m的区域面积约1095.7km²,占比将近13.2%。在绍兴市地域和人口规模双重增长的形势下,城市总体规划将袍江、柯桥都纳入大绍兴的统一规划中,形成袍江、越城、柯桥三大片区和镜湖生态核心的四组团中心城区空间结构模式。其中,镜湖生态区以湿地公园为核心,承担综合性城市中心功能;纺织商贸的柯桥片区和生产服务新城的袍江片区均以自身的片区中心为核心;文化旅游名城的越城片区以历史文化名城保护范围为核心。整个中心城区形成水网交织、山丘交错的多核组团分布格局。

3. 丘陵区:分散-集中布局结构

该空间结构类型在丘陵地形区适应度最高,城市数量占比最大,这种现象主要与丘陵地形起伏度平缓但形态连绵有关。分散-集中布局结构主要指在宏观大尺度视角下城市布局相对分散,而在中微观小尺度下各区域团块集中紧凑发展(图6.7)。根据分散原因及形态可细分为多核生态隔离式、新旧城区分离式、树枝状式等不同类型。

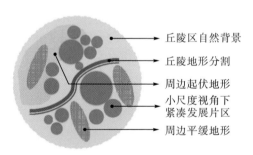

图6.7　丘陵区:分散-集中布局结构示意图

1) 多核生态隔离式下的分散-集中布局

多核生态隔离式下的分散-集中布局主要适用于丘陵密集区域的城市,用地被分割成大小不一的多个分散块状,在兼顾生态保护并避免城市蔓延的思路引导下形成,如山东威海市。该市位于地形起伏缓和、坡缓谷宽的丘陵地带,大部分地区介于200~300m且坡度低于25°,丘陵面积占总面积的52.38%,低山占比为15.77%。在城市规划和建设中,通过划分城市绿核严格控制区、绿核缓冲控制区以及滨海景观带等措施保护生态资源。同时，结合城市发展需求，最终将中心城区规划为"一带多核、一主三副、一轴多组团"的空间结构，多个绿核自然片区以点、线、面的形式渗透于城市建设用地之间，起到抑制城市蔓延的作用，人居环境得到质的提升。这种大分散小集中的结构模式得到专家的一致认可，与当前城市环境恶化的痛点问题紧扣，必将对今后的相关问题具有重要借鉴意义。

2）新旧城区分离式下的分散-集中布局

我国自古以来很多城市在选址时出于防御要求和资源获取目的，甚至对风水也要进行考究，最终将城市建设在依山傍水、地形复杂的区位，以达到易守难攻、自给自足的生活目的，这也是很多城市旧城区处于丘陵、山间、谷地的原因。新的时代背景下对城市定位以及发展方向均产生重大影响，老城区的空间格局不再适合城市人口规模、职能分化要求、生活质量诉求等，为充分保护老城肌理并解决用地不足的矛盾，克服地形障碍另辟用地发展新城成为主要方法之一。新旧城区分离的二元结构模式在丘陵地带得到广泛应用，分散分布的新城数量不一，通过主要交通系统和景观结构联系起来构成完整的城市系统，珠海、仁寿均属此类模式。

仁寿地处川中台拱、威远穹窿与川西台陷龙泉褶皱的接合部位，地势整体由东部向西北升高，主要地形则表现出丘陵特征，境内的地质构造极其复杂。仁寿老城区面积已经远远不能容纳迅速增长的人口，新的功能区采取围合老城以团块状分布周边，即新城与老城相对独立的空间布局方式。各团块之间以农田、冲沟、园林绿化、河流水系等自然景观和永久性隔离带分割，在避免新城无序蔓延的同时，还可提供生态宜人的开敞空间。新城与旧城之间通过便捷的公共交通联系，各团块内部则辅以人行道和自行车道，降低车行需求，为居住、工作创造了安全、卫生、宁静、舒适的有利条件。

3）树枝状式下的分散-集中布局

树枝状式下的分散-集中布局在冲沟、地形复杂的丘陵地带发育较多，城市布局结构与水系、山丘等自然要素相结合，在山谷之间或冲沟的槽地、高地之上布置工业生产等功能。由于这种地形往往延伸分散，如树枝有机自由生长，故城市各交通、市政等基础设施相适应布局，形成树枝状式的分散-集中的空间布局结构，如湖北十堰、广西梧州等城市。

十堰是一座位于湖北省西北部，与鄂、陕、渝、豫四省市交界的现代化城市，市内地形特点可概括为山大谷狭、高差大、切割深、坡度大，整个城市自西南向东北倾斜，地势南北高，中间低矮。该市将自然环境的利用与保护提到重要高度，先后荣获国家卫生城市、中国宜居城市、全国最佳生态保护城市等称号。按照中心城区人口规模计算，十堰作为中等城市在规划建设中很好处理了发展与自然之间的关系，以集约发展的原则为指导，结合地形条件、适度紧凑发展，集约、高效利用土地资源。在城市总体规划中严格保护外围山丘，高效集约利用河谷地区，适度开发低山丘陵地区，推进中心城区可持续发展。最终形成"中部三片区、东西两组团、多中心带状组团式"的空间结构，其中片区和组团之间存在山体隔离，组团内部和片区内部则大量保留城市绿色斑块点缀，是典型的大集中小分散型多中心树枝状发展模式。

4. 丘陵区：串珠式发展结构

串珠式发展结构又称糖葫芦式、串联式结构，指受到丘陵自然地形限制，城市沿着狭长河谷地带或交通干线布局各功能片区进而串联式发展。对比分散-集中式布局和带状轴向发展结构，分散-集中式结构的分散度最大；带状结构分散度最小而连续性较强，如 21 世纪初的四川宜宾、自贡等；而串珠式结构分散度居中，如自贡。

自贡境内中、浅丘陵起伏，海拔一般介于 250～500m，地势整体由西北向东南倾斜，属于十分典型的丘陵地形区。城市内丘陵面积占总面积的 80%左右，平坝地形分布零散且十分狭小，一般为沿河阶地、丘陵间的平地；此外各类沟谷分布在自贡境内，冲谷、冲沟、侵蚀沟以及盆地、喀斯特槽谷、河谷等种类众多，沟谷密度达 2.85km/km^2。城市建于相对高差为 30～50m 的缓丘地区，在浅丘之下蕴藏着珍贵的盐卤和天然气资源，盐井地、居住点分布结构、地形客观条件三者间存在千丝万缕的联系，"利水行舟，因盐而作，择水陆两便而居"形成了自贡相对分散的串珠式城市形态。

5. 丘陵区：带状轴向扩展结构

城市用地在丘陵、山谷或沿江河地区有限，顺应地形呈线状发展形成带状轴向的空间结构。当城市处于规模较小、职能结构简单的初期阶段，单中心带状成为城市主导发展方向，如小城市规模的资阳市；伴随经济社会日趋强化，城市向一侧或两侧成片延伸，城市规模的迅速崛起导致单中心向多中心演变，如大城市南充、中等城市天水；这也在一定程度上验证了复杂地形条件下城市规模结构、职能结构与空间结构三者存在密切联系[15]。

资阳市是单中心带状轴向结构，市域城市体系规划将全市划分为区域中心城市、县域中心城市、重点镇、中心镇、一般镇 5 个等级，形成"一心、一带、五走廊"的空间结构。中心城区作为成渝经济区新兴的区域性城市，承担机车汽车产业制造和绿色食品加工配送的职能，丘陵特色鲜明；结合地形与水系格局打造城市中心拥江组织的"一江三片十组团"空间形态，总体沿江呈带状扩展。

天水市是甘肃省第二大城市，地处陕甘川交界，地势东南低、西北高，主要地形为黄土丘陵和山地。为确保土地有效供应以满足城市经济社会发展要求，近期与远期规划相衔接，重点发展秦州、麦积两区的带状河谷地形区，形成"一带多心、轴向强化、山水连城、组团发展"的空间发展结构。

6.2.3　高原地区的城市空间结构

高原地区以其海拔高、气压低、含氧量少为主要特点，呈现出顶部平坦、底部起伏大而广和分割深等三个主要类型，很多高原地区山体、丘陵交错，沟壑交织，造成土地破碎且利用效率不高。水土流失、滑坡等地灾更是对高原城市的合理规划与策略应对提出严格要求。

我国高原地区面积占土地总面积的 26%，以内蒙古高原、青藏高原、黄土高原、云贵高原构成的四大高原为主体，分布在这些地区的高原城市数量众多。但由于地形要素和相关气候、资源要素的影响，总体表现出中小城市多、大城市少的特点。本书选取 13 个处于高原地区的代表城市为样本(表 6.4)，对地形地貌等自然地理环境进行分析，归纳总结空间结构的类型与数量，为提出优化复杂地形条件下城市空间结构具体策略提供支撑。

表 6.4　高原地区城市样本的空间结构

空间结构类型	单核环形结构	(双)多核组团结构	分散-集中布局结构	串珠式发展结构	带状轴向扩展结构	合计
城市名称	个旧、昆明、甘孜、玉溪	西昌、白银、酒泉	呼伦贝尔	延安	西宁(多)、拉萨(双)、日喀则(双)、玉树	—
数量/个	4	3	1	1	4	13
比例/%	31	23	8	8	31	100

注：带状轴向结构可二次划分为单核类、多核类。表中数值修约存在进舍误差。

1. 高原区：单核环形结构

高原区内的小城市数量占比较大，这种城市规模与高原地形边缘陡峭的特点相适应，围绕旧城为中心向外拓展形成圈层布局的功能区分布结构。由于许多高原地区中小城市经济和文化的聚集力依然存在于老城附近，尚未形成新的分散中心，因此单核环形结构成为该类城市较长一段时间内的主要空间结构发展模式，如云南省个旧市、玉溪市、昆明市，康藏高原东南部的甘孜藏族自治州等。

昆明市位于云贵高原中部地带，地势整体由北向南逐渐倾斜，受到南北断裂带地质构造的影响，湖泊和山脉的分布呈南北向展开特征。昆明的主城区包括五华、官渡、盘龙和西山，三面环山、一面环湖，具备丰富的自然地形环境和良好的资源优势。追溯昆明城市空间演变历程，可归纳为三个时期：建城初始至 1840 年的古代时期，城市功能分区简单，建成区呈点状分布；1840～1949 年的近代时期，地处西南、交通不便使得其受到资本影响不大，城市发展缓慢，直到 1905 年开辟商埠才得到进一步发展；1949 年中华人民共和国成立以来，城市规模和分区发生了明显的变化，到 2020 年昆明主城区形成"五区三轴、一主三副"的同心环形发展结构[16]。因此，纵观昆明主城空间结构拓展历程，其始终没有摆脱"三山一湖"的地形限制，而且现代城市对于空间的优化提升均始终围绕"三山"展开，属于高原地形的昆明在自然环境要素作用下，城市用地布局呈现明显的单核环形结构模式，如图 6.8 所示。

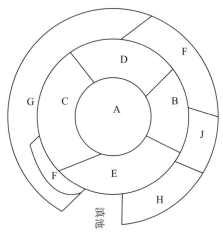

A.老中心区；B.新中心区；C.旧居住-工业区；D.文教-居住区；E.旧居住-商业区；
F.新居住区；G.新工业区；H.旅游度假区；J.交通仓储区

图 6.8　昆明城市空间结构模式[17]

2. 高原区：（双）多核组团结构

（双）多核组团的空间结构适用于功能分化趋于成熟、地形破碎度不高的城市，综合高原地区自然环境各要素，往往出现在高原的平原腹地。河流、山地、冲沟、丘陵等地形要素将不同成熟的功能组团隔离，各组团逐渐形成其完善并独立的核心以满足系统的正常运转，西昌、白银和酒泉均属于此类。

西昌市是一座少数民族聚居的城市，地处川西高原的安宁河平原地带，是高原区河谷型城市的典型代表。全市境内海拔大部分为 1500m 以上，以高原中山为主要地形，约占总面积的 80%，形成"八分山地二分坝，坝内八分土地二分水"的复杂格局。进入 21 世纪，国家及四川省提出加快城市化进程的战略方针，西部大开发也给西昌带来前所未有的发展机遇，截至 2020 年，预计中心城区人口规模达到 55 万人，建设用地面积为 54.16km^2。兼顾城市化快速发展趋势与地形环境现状，西昌顺势形成"双心两区、两轴四片"的组团结构模式，以老城和城西一主一副为中心，依托航天大道和安宁河谷城市分别以东西向和南北向拓展，构建老城片区、城西片区、安宁片区和经久片区四个城市组团，形成城景一体、田园相间、互为依托的自然与人工协调发展格局，是典型的双核组团结构布局。

3. 高原区：分散-集中布局结构

高原区的城市"大分散、小集中"空间布局通常是在两种支配力推动下形成的，即地形障碍与生态导向。前者主要指在高原地带存在起伏山丘、河流等要素，阻碍城市连片发展；后者是以生态保护为出发点，保留农田、林地、湿地以及湖面等绿色斑块，为高原城市增加宝贵的生态资源，构建宜人的人居环境。分散-集中的布局结构大部分是在以上两种驱动力共同作用下形成的，同时与当地经济、自然、社会文化特征有关，如处于内蒙古高原的呼伦贝尔就是典型的生态隔离式的分散-集中布局结构，中心城区规划形成"一城三区一镇(组团)"布局模式，具体见表 6.5。

表 6.5 呼伦贝尔中心城区空间结构与布局

结构单元	详细说明
一城	指主城区，包括新城区、老城区、巴彦托海三大片区，是中心城区的极核
三区	指呼伦贝尔经济技术开发区、中俄蒙物流园区、呼伦贝尔民族文化园，形成外围集中布局的物流园区和产业园区
一镇(组团)	指哈克镇

4. 高原区：串珠式发展结构

高原地区相比平原区域交通便捷度低，周边自然地形局限性使得城市多沿交通干线和狭长河谷地带发展，呈多个组团纵向延伸，非连续性串接发展，最终形成串珠式空间结构(图 6.9)。由于受到地形条件一定程度的限制，城市用地规模较小，多以中小型城市为主，如陕西省延安市。

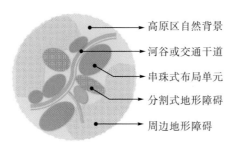

高原区自然背景
河谷或交通干道
串珠式布局单元
分割式地形障碍
周边地形障碍

图 6.9 高原区：串珠式结构示意图

延安位于陕西省北部、黄河中游处，是具代表性的黄土高原丘陵沟壑区。平均海拔达 1200m 左右，地势总体表现为西北高、东南低，主要以黄土高原和丘陵分布其中。城市主要用地开发于河道两侧的滩地之上，布局形态与周边山水特征相一致。由于城市主要河道宽度较大，为 500～800m，跨越发展难度大，最终城市用地与复杂地形条件有机协调进化发展，以"三山两河"为骨架呈"Y"形线状延伸[18]。在延安市总体规划中，梳理区位自然影响要素和城市战略发展与定位，并结合历史发展历程和现状潜在问题，将中心城区规划为"一体两翼、一主三副、组团发展"的空间结构形态(表 6.6)。各功能组团相互串联，绿化斑块渗透其中，堪称高原沟壑地形条件下人工与自然结合的典型。

表 6.6   延安市中心城区空间结构与布局

结构单元	详细说明
一体两翼	一体：东部城区、北部城区 两翼：西部城区、经济技术开发区
一主三副	一主：北区行政中心 三副：延安经开区中心、三山旅游服务中心、东区罗家坪中心
组团发展	形成 18 个城市组团，14 个组团中心

5. 高原区：带状轴向扩展结构

高原地区城市的带状轴线扩展结构与丘陵地区类似，多由于山体、水体对用地的限制而形成，一侧或多侧局限(图 6.10)。带状轴向扩展结构可划分为单核、双核与多核类型，核心数量与经济社会发展程度、城市规模有关，如多中心带状结构的青海省西宁市。高原地区遵循此规律的同时，也存在其特殊性，少数民族大量集聚，不同的地域文化相互碰撞也会影响城市核心的产生，如拉萨和日喀则就是双中心的带状轴向发展结构。

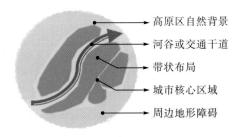

图 6.10   高原区：带状轴向结构示意图

1) 多核型

西宁是一座历史悠久的高原古城，位于青海省东北部、青藏高原东北部，地势总体西北高、东南低。市区以南山、北山和湟水为界，沿东西向呈条带状，酷似一叶扁舟，"两山对峙、三川汇聚"的复杂地形格局为西宁带状空间结构提供了先天条件。从简单空间结构的古城时期，一直到中华人民共和国成立后，西宁随着经济与城市规模变化，城市结构先后经历了单中心扩展阶段(1949～1966年)、"X"形格局发展阶段(1967～2000年)、多中心组团转化阶段(2001年至今)，这与城市功能分区与布局特征有着直接关联。最终在"先天"的地形环境与"后天"的经济社会发展共同作用下，西宁"多中心十字轴梯度式"的带状轴向扩展结构逐渐形成。

2)双核型

拉萨城市空间结构演绎过程是客观地形与当地文化综合影响的结果，双核带状格局成为其明显的空间布局模式。拉萨坐落于青藏高原的中部，海拔高达3650m，城市建设用地主要集中在拉萨河北岸的河谷平原地带，属于典型的"依山而建、逐水而扩"的"轴向式"城市[19]。此外，宗教文化尤其是藏传佛教对该类城市的形态演变有着深刻的影响，政教合一使得拉萨在历史上确定了以布达拉宫为政治中心、以大昭寺为宗教中心的双核型空间结构[20]。这种布局一直影响着拉萨的城市格局，随着总体规划对历史文化遗产的保护愈发重视，对八廓街历史街区针对性划定与保护的同时，拉萨老城基本还是保留下来明显的"双中心"空间结构。但由于社会结构已然变化，昔日政治中心逐渐变为文化遗产中心、旅游接待中心。为满足城市扩张发展的需求，拉萨将东延西扩、跨河发展，形成"一城两岸三区"的空间结构。总之，在"两山夹一市，一河穿越过"的复杂地形条件下，拉萨以"见缝插针"的方式在河流、山体间呈带状轴向拓展。

6.2.4　山地地区的城市空间结构

"山地地区"是一个广义的概念，泛指具有较高海拔和较大起伏度的地区，是以山地地形为主要影响要素作用于城市建设。作为复杂地形环境中重要类型之一，研究该类地区的城市具有十分重要的现实意义，以便于对实践和相关领域的科学研究提供启示。

山地地区城市按照所处区位和地貌综合划分，可以包括平原滨海地带的山地城市，如澳门、烟台等；盆地地带的山地城市，如西昌、重庆、乐山、雅安等；高原地带的山地城市，如曲靖、大理等；河谷山地城市，如攀枝花、奉化等；以及沟壑山地城市，如宝鸡。笔者选取符合以上不同类型环境的山地地区城市样本进行研究，共计27个，通过卫星图与总体规划资料归纳样本城市的地形条件以及中心城区空间布局特征(表6.7)，详细总结山地地区城市的空间结构类型，为复杂地形条件下城市空间结构研究及规划策略的提出做足准备工作。

表 6.7 山地地区城市样本的地形条件和空间结构布局特征

省(区、市)	市(区)	地形条件	空间布局特征
云南省	曲靖	境内多山岭河谷交错,以高原山地为主	中心城市"一坝三带、一城五片"的空间结构
浙江省	宁波市奉化	"六山一水三分田"	形成"一心一带三江三组团"生态型的山水城市空间结构
安徽省	铜陵	南部低山、丘陵纵横;中部丘陵、岗地起伏;北部地势低下且平坦	中心城区形成"一主两辅、山水相嵌、两核两轴"空间结构
内蒙古自治区	乌海	"三山两谷一条河"	以黄河生态走廊为轴带,环山湖发展区为核心,物流园区、独立工矿区和其他功能建设片区呈组团式分布
广东省	清远	西北向东南倾斜,以山地、丘陵为主,山区面积超过1/2	形成"两轴三片四廊多组团"网络化、组团型空间结构
湖北省	荆门	东、西、北三面高,中、南部低	中心城区形成"一主五组团"的空间结构,各组团承担城市的不同功能
陕西省	汉中	地形地貌多样,以山地为主,占土地总面积的75.2%	中心城区结构可概括为"一江两区三组团,三轴十个功能区"
陕西省	铜川	山、原、梁、峁、沟谷、河川均有分布,呈不规则的网状结构	通过"南扩北疏",形成"一城一廊二区,六园三河多带"的山水园林带状组团城市形态
云南省	大理	以高山峡谷区和中山陡坡地形为主	中心城区空间结构为"一主、一次、两轴、四组团"的组团式布局
云南省	丽江	地势西北高、东南低,以高山峡谷亚区和中山山原亚区为主	中心城区形成"一廊五组团"的空间结构
湖南省	郴州	山丘为主,水面较少,岗平相当;山丘面积约占3/4	中心城区远期规划形成"一城两区五组团"的城市空间形态
山东省	济南市莱芜区	山地面积约占67%,洼地面积占3%,丘陵面积占19%,平原面积占11%	主城区总体格局"一主一副、双心七片"
重庆市	重庆	"三分丘陵七分山,真正平地三厘三"	城市空间结构为"一城五片,多中心组团"
山西省	阳泉	太行山中部西侧,市区桃河横贯,境内山川叠翠	在中心城区构建"两轴、两园、一廊、三组团"空间结构
重庆市	开州区	"六山三丘一分坝"	城市规划形成"一城、六组团"的空间结构
四川省	乐山	总体西南高、东北低;包含平坝、山地、丘陵三种地形,以山地为主,面积占比为66.5%	"城随山转,山耸城中,水穿城过,山水相映,融城、山、水于一体",形成了"三江串五城"的城市结构
陕西省	安康	山地面积约占92.5%,丘陵和川道平坝面积分别占5.7%和1.8%	"一江两岸、一心多区;山水环绕、桥道贯通"布局结构
四川省	达州	山地面积占70.70%,丘陵面积占28.10%,平坝面积1.20%	"一心六片"大分散小集中布局
湖北省	宜昌	高低差悬殊,地形复杂,西部山地面积占全市面积的69%	中心城区形成"沿江带状多组团"的空间结构
黑龙江省	绥芬河	位于东北亚经济圈中心,境内水域丰富,属于边境山城	中心城区采用带状组团式布局,形成"一轴、三区、二城"的总体城市空间结构
四川省	攀枝花	以低中山和中山为主,面积占全市面积的88.38%	趋向于"都市环+放射组团"的"阳光型"城市结构,城市中心城区功能结构为"一心两轴四片"

续表

省(区、市)	市(区)	地形条件	空间布局特征
陕西省	宝鸡	"六山一水三分田"	中心城区构建"一—五"带状结构
广西壮族自治区	河池	地势西北高、东南低,喀斯特地貌面积占比为65.74%	中心城区形成"一城两区五组团十五片区、一带一廊四中心"的空间结构
湖北省	利川	高山面积占52%,二高山面积占41%,低山面积占7%	主城区整体形成"一主二次三片区的组团式"带状格局
黑龙江省	伊春	"八山半草半水一分田"	"一体两翼、两心多组团、两带两轴"
四川省	雅安	高山面积占21%,中山面积占69%,低山面积占4%	中心城区"一主两次多中心、多组团、两带夹绿轴"的总体空间格局
湖南省	株洲	总体东南高、西北低;山地面积占41.52%,水域面积占5.66%	"一江两岸两中心,二主五次七组团"

通过数据统计表明,山地地区城市以地形起伏为主要约束条件而产生的空间结构类型分异,呈现出5种不同的发展模式,即单核环形结构、(双)多核组团结构、分散-集中布局结构、串珠式发展结构以及带状轴向扩展结构。其中,组团结构和分散-集中布局结构这两种类型数量最多,共占75%,成为山地地区城市布局与地形适应度最高的空间结构类型(表6.8)。

表6.8 山地地区城市样本的空间结构

空间结构类型	单核环形结构	(双)多核组团结构	分散-集中布局结构	串珠式发展结构	带状轴向扩展结构	合计
城市名称	曲靖、奉化	乌海、清远、汉中、荆门、铜川、大理、重庆、丽江、郴州	铜陵、安康、阳泉、开州、乐山、达州、攀枝花、株洲、河池、莱芜、雅安	宜昌、伊春	绥芬河、宝鸡、利川	—
数量/个	2	9	11	2	3	27
比例/%	7	34	41	7	11	100

1. 山地地区:单核环形结构

单核环形结构适用于规模较小的山地城市,山地区域往往起伏度较大,跨越式发展要考虑成本的经济性以及必要性。当城市人口围绕某一中心足以满足生活、工作等需求,城市产业运营健康,单核环形结构模式应运而生。"一坝三带、一城五片"的曲靖则是该种类型的空间结构,以曲靖坝区为核心地区,以南盘江生态文化带、寥廓山系生态带、组团城市发展带为发展轴向,围绕曲靖中心城市发展中心片区、南片区、北片区、马龙片区和西片区,构建单核环形拓展模式。

2. 山地地区:(双)多核组团结构

随着人口规模与城市用地矛盾愈发突出,跨越山地、河流等地形成为发展的必然选择,单核环形逐渐向(双)多核组团结构演化,如广东清远中心城区。在城市建设与生态保护之间寻求平衡，清远市在新版总体规划中提出"两轴三片四廊多组团"的网络化、组团型空间结构，其中江北片、中部片和南部片以生态廊道相隔离，源潭物流园、太平产业区等 6 个组团相对分散布局。

3. 山地地区：分散-集中布局结构

分散-集中布局结构在山地地区数量最广，适应于山水纵横切割导致用地破碎的城市，如攀枝花。该市境内有大量的低山、中山分布，城市用地被多次分割，集中平坦的用地面积少和城市规模扩张存在极大矛盾。中心城区范围克服山体阻隔和水系分离障碍而拓展，形成"一心两轴四片"的空间格局，以机场为中心的片区同时成为城市绿心，起到生态优化的作用。

4. 山地地区：串珠式发展结构

串珠式发展与带状轴向扩展结构在山地地区中数量相对较少，多适用于山-山之间或山-水之间的狭长条带状谷地城市，克服地形障碍难度大而呈轴向拓展。前者各组团以轴线方向间隔式布局，串联互动扩展，如沿江多组团分布的宜昌市；后者则随时间以连续渐进成片的方式拓展蔓延，如中国西北地区的宝鸡市。

不同类型的山地地区城市空间结构是在地形条件下综合社会、文化与经济各要素形成的，通过归纳统计分析样本城市对应的结构模式以及该模式数量所占的比例，有助于为最终探讨复杂地形条件下城市空间结构相关问题提供有力支撑。

6.2.5 盆地地区的城市空间结构

我国盆地多分布在地势的第二阶梯上，按照成因不同可分为构造盆地、喀斯特盆地、河谷盆地、熔岩堰塞盆地和冰川盆地 5 种类型。构造盆地顾名思义是由于构造运动而形成，盆地底部通常较平坦，周围由不对称的台地和山体环绕。盆地内部的平坦地带坡度多为 3° 以下，并常伴有河流、湖泊等水源，承载能力较强，因此是城市建设用地首选之一；山前台地与水系两侧的阶地坡度多不超过 15°，面积广且远离洪涝灾害等特点也使其成为城市发展的良好用地。河谷盆地由受侧蚀沉积的平原与台地构成，呈条带状沿河分布，河漫滩位置低，容易受到洪水侵害，平坦的阶地成为带状城市扩展的基底。喀斯特盆地内部常有河流穿过，溶蚀台地和盆地底部共同构成建设用地，起伏缓和，易于利用。此外，经过冰川修饰形成的冰川盆地和火山喷发而成的熔岩堰塞盆地因地形条件和地灾威胁等原因，城市发展数量极少，规模较小[21]。

笔者选取 11 个位于盆地地区的典型城市进行研究，通过卫星图与城市总体规划图，分析城市所处的地域自然环境对建设产生的影响(表 6.9)，总结其空间结构类型并进行数据统计。

表 6.9　盆地地区城市样本的地形条件和空间结构布局特征

省(区、市)	城市	地形条件	空间布局特征 (中心城区)
广西壮族自治区	柳州	三江四合，抱城如壶，岩溶地貌、河流阶地地貌叠加的天然盆地	城市总体为中心城区+外围组团的结构。中心城区则由五组团构成
甘肃省	兰州	黄河谷地两侧的二、三级河流阶地上，属典型河谷城市	"一河两岸三心七组团"
福建省	福州	四周被群山环抱，属于典型的河口盆地	"一区三轴八组团"
甘肃省	敦煌	河西走廊西段，中间低、南北高，四周由戈壁沙漠包围	"一城四组团"
青海省	格尔木	市区地处柴达木盆地中南方位的格尔木河冲积平原	"三心四轴六片区"
浙江省	金华	金衢盆地东段，属于浙中丘陵盆地地区；"盆地错落涵三江，三面环山夹一川"	"一个核心区七大功能区"
浙江省	衢州	金衢盆地西端，以衢江为中轴，向北部和南部对称扩展	"两轴四组团多中心"
河南省	南阳	地处我国东端大型盆地"南阳盆地"之中，一面为丘陵地，三面环山	"一河两岸、四组团"
云南省	楚雄	地处云贵高原西部，小盆地散布的山原地貌环境	"一核七片，组团发展""七星捞月"
贵州省	贵阳	以山地、丘陵为主的丘原盆地地区	"一城三带多组团、山水林城相融合"
浙江省	义乌	地处金衢盆地东部，狭长走廊式盆地	"一核三区"

　　数据表明，盆地地区多以中小城市规模发展，跳跃式扩展模式因成本较高以及地形障碍发展比较困难，因此从空间结构角度来看，依旧多采用"摊大饼"模式[22]，如单中心或多中心的组团布局(表 6.10)。此外，当城市坐落于盆地区域的河流地带，可开发用地呈典型河谷带状时，通常城市依水而建成为必然。

表 6.10　盆地地区城市样本的空间结构

空间结构类型	单核环形结构	(双)多核组团结构	分散-集中布局结构	串珠式发展结构	带状轴向扩展结构	合计
城市	金华、敦煌、义乌	柳州、福州、衢州、南阳、楚雄、贵阳	格尔木	—	兰州	—
数量/个	3	6	1	0	1	11
比例/%	27	55	9	0	9	100

注：样本城市中未出现串珠式空间结构，并非代表盆地地区不包含该类模式存在。

1. 盆地区: 单核环形结构

金华是典型代表城市。截至 2020 年，该市中心城区人口达到 100 万人，依据人口规模标准可划分为中等城市。三面环山、江水穿越的金衢盆地地形与城市规模共同作用于城市空间结构，形成以内城区作为金融、商业、行政、娱乐复合的核心，带动并辐射周边七大功能片区组团发展的空间布局。

2. 盆地区: (双)多核组团结构

随着城市化进程推进，21 世纪中国各区域的城市功能的专业化、多样化以及扩大化竞争激烈，建成区范围的面积相较 20 世纪有明显增长，单中心结构与现代工作方式、生活追求不再匹配，大量盆地地区城市向着多核组团布局演化，如福州。该市属典型河口盆地，境内自西向东倾斜，在总体战略发展背景下按照"东进南下、沿江向海"的方向扩展中心城区，缓解人口和功能布局之间的矛盾，最终形成"一区三轴八组团"的多核空间结构。

3. 盆地区: 分散-集中布局结构

盆地地区城市规模较小且克服地形问题难度大的特点，决定了城市多建设于平坦的盆地底部以及两侧阶地之上，因此分散-集中布局的空间结构在该类地形条件下数量不多，且分散程度不大，如柴达木盆地中南部的格尔木。在新一轮总体规划中，兼顾地形与发展的同时，格尔木构建"三心四轴六片区"的空间格局，其中郭勒木德公共服务中心跳跃式布局，形成远离老城区、新区的大分散-小集中的多核格局。

4. 盆地区: 带状轴向扩展结构

该模式适用于河谷地形等条带状用地且受到山体、大江大河限制的城市，如兰州。兰州市区主体建设在黄河谷地两侧阶地上，西至西柳沟，东至桑园峡，总体呈东西狭长状。南北两山阻隔使得城市扩展方向被限制，只能顺应黄河沿轴线纵向延伸，各组团片区围绕中心沿轴分布。这种复杂的地形条件在制约城市规模的同时，也限制了城市形态，在生态导向的原则驱使下，最终形成了"一河两岸三心七组团"的带状轴向空间结构。

6.3 复杂地形区域的城市空间结构演变特征

城市空间结构的动态性系统特征决定了其具有演绎的历史过程，这种变化涉及自然环境、资源分布、城市开发、社会经济等各方面[23]。为分析复杂地形条件下城市演变特征，笔者从时间视角的维度采用对比手法，选取处于不同地形环境的典型城市与平原城市进行比较，并基于地学信息图谱的方法论展开定量结合定性的研究，试图通过对不同时期城市空间结构的现状提取与演变过程分析，总结变化的时空规律，为城市未来合理规划与健康有序发展提供服务。

6.3.1 城市空间结构图谱体系构建

城市空间结构图谱体系是依托城市在不同时期的各现状图层叠合实现，即时间维度下各要素的变化情况和变化间的相互组合，从而体现城市这一个动态系统的空间结构演变规律。谱系构建具体分为四组要素，即四个阶段对应建成区轮廓图谱、建设用地图谱、环境图谱（江河、植被绿化）、综合图谱（轮廓、建设用地、江河、植被以及其他用地）。本书以聚焦空间结构演变为目的进行研究，因此着重研究建成区变化情况，植被、绿化和其他用地未进行详细划分，利用博伊斯-克拉克（Boyce-Clark）卫星图片进行识别校正处理。基于软件的数据处理构建10 个城市分别在 1992 年、2000 年、2010 年和 2015 年的图谱体系，计算 Boyce-Clark指数和空间结构动态度指数，利用以上数据量化研究城市空间结构图谱特征。

1. Boyce-Clark 指数

这种方法是 Boyce 和 Clark 于 1964 年提出的，也被称为放射状指数、城市空间形状指数。其原理是将研究对象的形状和标准圆形进行对比分析，基于半径的测度而得出的一个相对指数，计算公式可表达为

$$\text{SBC} = \sum_{i=1}^{n} \left| \left\{ \left[r_i \div \left(\sum_{i=1}^{n} r_i \right) \right] \times 100 - \frac{100}{n} \right\} \right| \tag{6.1}$$

式中，SBC 为 Boyce-Clark 指数，即空间形状指数；r_i 为形状优势点到边界的半径长度；n 为具有相同角度差的辐射半径数量，取值一般为 8、16 或 32，相对应的各半径夹角为 45°、22.5°和 11.25°。计算结果的精度和选取的顶点、半径数量都有关，n 值越大，夹角越小，则数据处理获得的结果越精确。SBC 计算值越小，表示城市空间内部越紧凑，受到人类干扰程度越大，当计算结果趋近 0 时，空间形状接近标准圆形。反之，结果计算越大，则表示城市内部空间形状复杂且松散，受到人类干扰较小。

2. 空间结构动态度指数

城市空间结构随时间变化的程度即动态度，可用来定量计算城市用地的扩张程度。本书用以计算各城市建成区用地变化速率，具体公式如下：

$$\text{DC} = \frac{\text{DU}_{t2} - \text{DU}_{t1}}{T_2 - T_1} \times \frac{1}{\text{DU}_n} \times 100\% \tag{6.2}$$

式（6.2）中利用一定时间差内城市建设用地面积来计算动态变化速率，DC

代表某一时间段内城市空间扩张变化速率；T_1 和 T_2 表示某一具体年份节点；DU_{t1} 和 DU_{t2} 则代表对应两个时间节点的建成区面积值，该数值为对应年份实际建设拓展范围的现状统计面积。根据公式和相关资料数据可以计算出对比城市样本建成区的净增面积和动态变化率，为合理进行城市纵向比较以及城市间的横向比较，每个阶段平均值按 5 年计算，获得 5 年平均动态变化率和标准增长度。

6.3.2　数据来源及典型城市筛选

研究数据主要来自不同阶段的 Landsat 遥感影像图、中国统计信息网、《中国统计年鉴》、各城市总体规划资料以及其他网络数据平台。城市空间结构在复杂地形条件下可直观通过若干影响要素的特征进行说明，主要包括建成区范围、土地利用情况、江河水系分布和自然地域环境等。通过 ArcGIS 和 AutoCAD 软件提取 1992 年、2000 年、2010 年和 2015 年 10 个城市的建成区、水域、建设用地、绿地植被等其他要素，将其作为定量计算的数据来源。其中 1992 年、2000 年、2010 年的遥感数据来自陆地卫星 Landsat 4-5 TM，2015 年的遥感数据来自陆地卫星 Landsat 8，将最新版总体规划的中心城区作为各城市统一的研究范围，不同数据要素在相同原则指导下叠加并进行分析处理。

我国自然地形种类丰富，位于不同地理位置的城市存在自然环境差异大、经济水平存在差距的现象。为满足研究对象的针对性要求，从复杂地形条件下的城市样本中选取 8 个典型城市，具体从丘陵地区、高原地区、山地地区以及盆地地区四类环境中各取 2 个代表城市(温州市、威海市；西宁市、延安市；攀枝花市、宜昌市；兰州市、金华市)和平原地区 2 个城市(北京市、上海市)，平原城市用作对比样本。

6.3.3　空间结构演变特征分析

在以上图谱体系基础上，分别运用 2 种数学模型对数据进行计算、整理并提炼，得到 10 个样本城市对应的汇总统计结果。采用纵横对比的手法，以时间为纵轴分析同一个城市在不同时期内空间形态的紧凑程度和变化速率情况；同时横向比较处于复杂地形环境的城市样本与平原城市的计算结果，从而探讨空间结构演变的特征。

1. 基于 Boyce-Clark 指数的城市空间结构分析

通过式(6.1)，取 n 值为 16，计算 10 个典型城市样本于 1992 年、2000 年、2010 年和 2015 年的现状建成区放射状指数，如表 6.11 所示。

表 6.11　1992 年、2000 年、2010 年、2015 年典型城市样本的放射状指数

分类		城市	1992 年	2000 年	2010 年	2015 年	平均值
平原区域		北京市	22.1543	22.0011	14.5618	13.1792	17.9741
		上海市	19.6179	18.9833	13.9385	11.5920	16.0329
	样本平均值		20.8861	20.4922	14.2502	12.3856	—
复杂地形区域	丘陵地区	温州市	49.0706	38.7483	35.1931	36.3161	39.8320
		威海市	60.4692	66.3700	71.6597	73.0350	67.8835
	高原地区	西宁市	55.9609	61.4363	63.6269	68.6320	62.4140
		延安市	65.7935	70.7842	104.1573	106.9987	86.9334
	山地地区	攀枝花市	76.6908	76.8419	64.9340	66.8633	71.3325
		宜昌市	59.5250	87.6285	77.3506	84.8408	77.3362
	盆地地区	兰州市	67.4481	80.3478	73.9412	68.9116	72.6621
		金华市	19.4784	20.4434	31.7977	30.8056	25.6313
	样本平均值		56.8046	62.8251	65.3326	67.0504	—

通过表 6.11 可得，处于复杂地形条件下的城市形态与平原城市形态均随时间而产生了巨大变化：1992 年放射状指数范围为 19.4784～76.6908，最大值和最小值对应城市分别为攀枝花市和金华市；2000 年放射状指数变化范围为 18.9833～87.6285，最大值城市和最小值城市分别是宜昌市和上海市；2010 年放射状指数最大值和最小值的城市分别为延安市和上海市，变化范围为 13.9385～104.1573；2015 年城市放射状指数范围为 11.5920～106.9987，最大值和最小值城市分别对应延安市和上海市。

横向对比来看，1992～2015 年的 24 年间，平原城市样本的平均放射状指数呈现从 20.8861 到 12.3856 的持续减小现象；而复杂地形条件下的城市平均放射状指数由 56.8046 持续上升至 67.0504，平原区域的城市放射状指数值明显整体偏低，表明较复杂地形的城市其紧凑度总体偏高(图 6.11)。

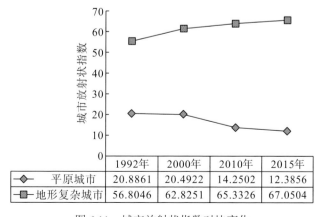

	1992年	2000年	2010年	2015年
平原城市	20.8861	20.4922	14.2502	12.3856
地形复杂城市	56.8046	62.8251	65.3326	67.0504

图 6.11　城市放射状指数对比变化

　　平原城市在该24年间总体城市空间结构由分散向紧凑转变,因地处平原所受到地形等自然要素影响相对较小,人类行为的干扰成为主要作用力量。平原城市在势不可挡的城市化进程中,大量人口的涌入与产业经济的蓬勃发展使得城市"摊大饼"式逐渐蔓延,总体形态由不规则、棱角分明向多边形、矩形和团状形转换,边缘与内部的碎空间渐渐被填补,紧凑程度提高。反观地形复杂的城市样本数据,除个别城市(如攀枝花、温州市)因建设用地围绕山丘环形渐进式延展出现指数缓慢下降的现象,从1992年总体呈现放射状指数一路升高的趋势(图6.12)。数据表明复杂的地形环境对城市空间塑造与结构发展具有重要的制约作用,城市初期面积较小对用地环境的要求并不高,形状单一且相对紧凑。人口增长、经济活跃等驱动力导致城市用地范围扩张现象趋于明显,地形障碍极大程度限制了城市拓展的方向,可建设用地无法如平原城市一样均匀向外拓展,而是朝着障碍较小的方向以带状或跳跃式的模式发展。城市形状由单一向复杂变化,空间结构多由单核心向组团式、带状轴向式、串珠式以及分散-集中式等类型转变。

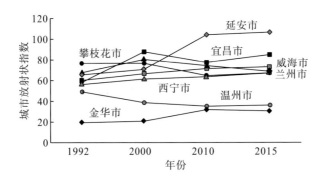

图6.12　复杂地形城市年份指数变化

　　纵向研究复杂地形条件下城市的放射状指数变化趋势,根据主要地形限制要素种类进行划分,大体分成4类,即山间发展、滨海发展、跨水发展、环山发展。

1)山间发展

　　山体或丘陵是形成复杂地形区最常见的地形主体,或大或小的起伏度直接影响城市用地的布局与建设,对城市形状具有决定性作用。当城市从山丘之间孕育而生,其发展延伸则与周边自然地理环境密切相关,城市建成区沿山间水系或交通运输通道不断纵向扩张,但两侧始终受到几乎无法逾越的地形限制,如带状轴向结构的延安市、兰州市、西宁市和串珠式结构的宜昌市。这类城市的放射状指数值通常较大,且呈现出随时间不断增大的变化规律,表明受人类干扰程度相对较小。例如,1992~2015年,放射状指数从55.9609变化为68.6320的西宁市,从65.7935变化为106.9987的延安市,从59.5250变化为84.8408的宜昌市,从

67.4481 变化为 68.9116 的兰州市。

2）滨海发展

我国拥有超长的海岸线，滨海城市发育的初期往往依托丰富的海洋资源与宝贵的地理区位，城市核心地段靠近滨海区域，此时城市形状表现为由点到面的演变历程。其后，用地范围沿海岸线向一侧或多侧伸展，城市放射状指数也随之不断升高，如威海市 4 个时间节点的放射状指数分别为 60.4692、66.3700、71.6597、73.0350。

3）跨水发展

一些城市起初依水而建，布局在水体一侧，城市放射状指数较小，表明该类城市此时的空间布局比较紧凑。随着用地矛盾的突出以及工程技术的提高，跨水发展成为一大趋势。相对应的城市建成区范围隔水划分为多个布局团块，在此过程中必然经历从集中走向分散的变化，处于三江交汇处的金华市则是典型代表，1992 年放射状指数值为 19.4784，逐渐变化为 2000 年的 20.4434，2010 年的31.7977，2015 年的 30.8056。

4）环山发展

少数处于地形复杂区域的城市形状指数在 4 个时期的变化情况表现为下降趋势，意味着城市由分散向集中紧凑开发的方向演化，如环山渐进式扩展的攀枝花和温州就是该类情况。

综上，在分析各城市在不同时期放射状指数值及其变化情况的基础上，寻求空间结构类型与放射状指数间的相互关系，整理得到 8 个城市样本的空间结构类型（表 6.12）。

表 6.12　典型城市样本的空间结构类型

空间结构类型	单核环形结构	分散-集中式结构	串珠式发展结构	带状轴向扩展结构
样本城市	金华市	威海市、攀枝花市、温州市	宜昌市	延安市、兰州市、西宁市

注：因样本中未涉及（双）多核组团结构类型，故该实例论证中暂不予以阐述。

通过图 6.13 表明：不同空间结构类型的城市放射状指数值存在明显的差异，4 个时期带状轴向扩展型城市（延安市、兰州市、西宁市）的平均放射状指数分别为 86.9334、72.6621、62.4140，整体值偏高；串珠式发展结构的宜昌市平均放射状指数高达 77.3362，与带状轴向扩展结构城市类似，整体城市形状复杂且布局的分散度较高；分散-集中式结构城市的平均放射状指数存在明显差异，如温州市仅为 39.8320，而同类空间结构模式的威海市、攀枝花市分别高达 67.8835、71.3325，究其原因主要是江河、山丘等自然环境的限制程度不同以及克服地形的建设用地在空间上的布局距离不同；单核环形结构城市的平均放射状指数较低，如金华市仅为25.6313，该类城市往往规模较小且尚未受到起伏地形的明显制约，随着城市进一步扩张必然会出现形状指数增减波动的现象。因此，空间结构类型与放射状指数在一个城市的发展过程中存在一定联系，即串珠式发展与带状轴向扩展式的城市放射状指数偏高，单核环形结构城市的放射状指数偏低，分散-集中结构城市的放射状指数大小波动明显。

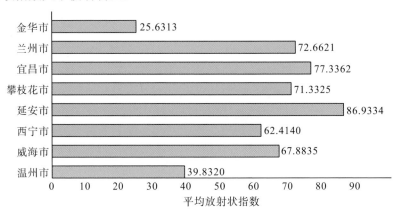

图 6.13　典型城市的平均放射状指数

2. 基于动态变化度的城市空间结构分析

利用式(6.2)计算 10 个典型城市在 1992～2015 年 24 年间城市建成区的动态变化率，为使得数据具有可比性和直观性，最终计算出 5 年平均动态变化率和标准增长度(表 6.13)，通过前者反映城市扩张速度，后者用于为建成区变化率的趋势研判提供依据，从而达到探讨不同地形条件下的城市空间结构变化情况及内在规律的目的。

表 6.13　典型城市空间结构动态变化

分类	城市	指标	年份			
			1992	2000	2010	2015
平原区域	北京市	建成区面积/km²	397	747.77	1231.3	1401.01
		净增面积/km²	—	350.77	483.53	169.71
		5 年平均动态变化率/%	—	6.9	3.23	2.76
		标准增长度/个百分点	—	6.9	-3.67	-0.47
	上海市	建成区面积/km²	254	549.58	998.75	1380
		净增面积/km²	—	295.58	449.17	381.25
		5 年平均动态变化率/%	—	9.09	4.09	7.63
		标准增长度/个百分点	—	9.09	-5	3.54

续表

分类	城市	指标	年份			
			1992	2000	2010	2015
复杂地形区域	丘陵地区	温州市 建成区面积/km²	28	110.97	190	238.4
		净增面积/km²	—	82.97	79.03	48.4
		5 年平均动态变化率/%	—	23.15	3.56	5.09
		标准增长度/个百分点	—	23.15	−19.59	1.53
		威海市 建成区面积/km²	16	43.65	135	192.57
		净增面积/km²	—	27.65	91.35	57.57
		5 年平均动态变化率/%	—	13.5	10.46	8.53
		标准增长度/个百分点	—	13.5	−3.04	−1.93
复杂地形区域	高原地区	西宁市 建成区面积/km²	52	59.15	75	90
		净增面积/km²	—	7.15	15.85	15
		5 年平均动态变化率/%	—	1.07	1.34	4
		标准增长度/个百分点	—	1.07	0.27	2.66
		延安市 建成区面积/km²	12	21	36	36.8
		净增面积/km²	—	9	15	0.8
		5 年平均动态变化率/%	—	5.86	3.57	0.44
		标准增长度/个百分点	—	5.86	−2.29	−3.13
复杂地形区域	山地地区	攀枝花市 建成区面积/km²	42	42.2	59.56	74.08
		净增面积/km²	—	0.2	17.36	14.52
		5 年平均动态变化率/%	—	0.04	2.06	4.88
		标准增长度/个百分点	—	0.04	2.02	2.82
		宜昌市 建成区面积/km²	29	61.53	102.43	165.12
		净增面积/km²	—	32.53	40.9	62.69
		5 年平均动态变化率/%	—	8.76	3.32	12.24
		标准增长度/个百分点	—	8.76	−5.44	8.92
	盆地地区	兰州市 建成区面积/km²	107	133.42	196.97	305.28
		净增面积/km²	—	26.42	63.55	108.31
		5 年平均动态变化率/%	—	1.93	2.38	11
		标准增长度/个百分点	—	1.93	0.45	8.62
		金华市 建成区面积/km²	13	49	73.74	80.2
		净增面积/km²	—	36	24.74	6.46
		5 年平均动态变化率/%	—	21.63	2.52	1.75
		标准增长度/个百分点	—	21.63	−19.11	−0.77

　　根据表 6.13 的数据对比可以看出，平原地区城市建成区扩张面积普遍较大，北京和上海在 2015 年分别高达 1401.01km²、1380km²，这与城市的定位、经济、历史等均有关联。但对比 1992 年早期其他复杂地形下的各城市建成区数据值，同

样处于 20 世纪 90 年代发展初期，位于复杂地形条件下的城市由于各种自然要素的制约关系，城市建设范围多停留在 13～107km² 范围，远远低于一般平原城市的建成区面积，说明在技术水平落后且经济发展缓慢的城市化前期阶段，地形要素成为影响城市扩张的主要因素之一。

通过分析 5 年平均动态变化率以及标准增长度情况，地形复杂的城市与平原城市在总体拓展趋势上具有一致性，5 年平均动态变化率值为正可说明在该时间段内城市建设范围依然呈扩大趋势，即增量仍是城市健康发展的主旋律。但同时由于平原城市无障碍发展相对迅速，已逐渐趋于饱和，故从 1992～2015 年 5 年平均动态变化率出现下降的现象，标准增长度在 2000 年后出现负值，这表明城市的增量速度在自然规律与人为作用的双重控制下逐渐放缓。而地形复杂的城市样本中明显分化为两种趋势，一种是以温州市、威海市、延安市、金华市为代表，5年平均动态变化率逐年减小，如温州市在 1992～2000 年平均 5 年折算的变化率高达 23.15，2010～2015 年变化率下降为 5.09；类似的金华市从 21.63 下降为 1.75，威海市与延安市分别从 13.5、5.86 减小到 8.53 和 0.44。该类城市主要坐落于滨海与山丘之间且城市发育较早，建成区范围面临拓展困难的窘境。另一种则是以西宁市、攀枝花市、宜昌市和兰州市为代表，5 年平均动态变化率呈现波动型攀升的规律，此类城市的空间结构仍处于高速优化阶段，在经济驱动力或政策鼓励引导下，城市建设用地不断增长，建成区范围尚未完全触及地形影响的禁建区。

本书主要对位于地形复杂区的城市空间结构展开研究，在区域视角的维度下，对 71 个城市样本的具体自然地形环境及其对应的空间布局模式进行分析并统计数据，得到丘陵地区、高原地区、山地地区和盆地地区背景下的复杂地形城市空间结构类型与数量。此外，在时间脉络的维度下，分别选取不同地形条件下的典型城市，包括平原城市与复杂地形城市两大类，通过不同城市间横向对比和同一城市随时间变化的纵向分析，采用城市放射状指数和动态变化率来量化分析空间结构的具体特征，进而总结内在规律，为剖析其演变趋势提供有力支撑，同时也有助于为后文探讨空间结构的演变影响因子和构建规划策略做足铺垫性工作。

参 考 文 献

[1] 高一平. 基于 SRTM 数据的地形坡度分级多边形合并方法与应用研究[D]. 太原：太原理工大学，2012.

[2] 徐思淑，徐坚. 山地城镇规划设计理论与实践[M]. 北京：中国建筑工业出版社，2012.

[3] 吴彩燕，乔建平，兰立波. 基于 GIS 的三峡库区滑坡坡形研究[J]. 自然灾害学报，2005，14(3)：34-37.

[4] 韩贵锋，叶林，孙忠伟. 山地城市坡向对地表温度的影响——以重庆市主城区为例[J]. 生态学报，2014，34(14)：4017-4024.

[5] 黄光宇. 山地城市学原理[M]. 北京：中国建筑工业出版社，2006.

[6] Frey H. Designing the City: Towards A More Sustainable Urban Form[M]. London: Taylor & Francis E-library，2003.

[7] Lloyd K，Auld C. Leisure，public space and quality of life in the urban environment[J]. Urban Policy and Research，2003，21(4)：339-356.

[8] Newman P，Kenworthy J. Sustainability and Cities: Overcoming Automobile Dependence[M]. New York: Island Press，1999.

[9] 李炳元，潘保田，程维明，等. 中国地貌区划新论[J]. 地理学报，2013，68(3)：291-306.

[10] 吴勇. 山地城镇空间结构演变研究[D]. 重庆：重庆大学，2012.

[11] 威廉果斯，白劲鹏. 从生态足迹看全球变化、城市可持续性与潜在的危机[J]. 求是学刊，2006(04)：51-57.

[12] Register R. Ecocity Berkeley：Building Cities for A Healthy Future[M]. Berkeley：North Atlantic Books，1987.

[13] Beatley T，Wheeler S M，et al. The Sustainable Urban Development Reader[M]. London：Routledge，2004.

[14] 方果. 丘陵地貌影响下的城市设计研究[D]. 长沙：湖南大学，2008.

[15] 柴宗刚. 带型城市空间结构及其形态特色研究——以兰州市为例[J]. 城市道桥与防洪，2012(4)：241-247.

[16] 周昕. 昆明城市空间形态演变趋势研究[M]. 昆明：云南大学出版社，2009.

[17] 马仁锋，王玺，尧厅. 昆明城市内部空间结构演变特征研究[J]. 襄樊学院学报，2010，31(2)：50-53.

[18] 韩晓莉，宋功明，张闻文，等. 黄土沟壑地貌制约下中小城市空间结构优化策略研究——以延安市为例[C]//多元与包容——2012 中国城市规划年会论文集(城市设计)，2012：183-189.

[19] 禄树晖，刘维彬，宋扬杨，等. 拉萨城市空间格局研究[J]. 水利与建筑工程学报，2010，8(1)：81-83.

[20] 石琳. 西藏地区城镇空间结构演变研究[D]. 北京：北京建筑大学，2016.

[21] 朱虹，明庆忠. 山间盆地地貌与城市发展[J]. 华中师范大学学报(自然科学版)，1993(2)：116-119.

[22] 管旸. 山间盆地中小城市空间扩展模式研究——以楚雄为例[C]//城乡治理与规划改革——2014 中国城市规划年会论文集(城市总体规划)，2014：1-15.

[23] 高杨，吕宁，薛重生，等. 基于 RS 和 GIS 的城市空间结构动态变化研究——以浙江省义乌市为例[J]. 城市规划，2005，29(9)：35-38.

第7章 地质生态变化下山地城市的衰落现象

7.1 城市衰落

7.1.1 衰落与城市衰落

"衰败零落，谓事物由盛而衰"，"衰落"是一个由强大转为弱小、由兴盛转向没落、由好转向坏的客观性下降过程，是自然法则作用下事物发展过程中的普遍的、必然的现象，正如花开花落、人生老病死一样。衰落现象的本质就是以新旧更替为目的，当"新"的战胜"旧"的后衰落结束，但当现在的"新"变成了未来的"旧"的时候，未来的"新"又会出现，这时衰落现象也会再次到来[1]。古语中"盛极而衰""否极泰来"就是对循环的衰落现象的高度概括。

"城市衰落"就是在城市发展过程中由兴盛转向没落、由强大变为弱小的后退过程。吴相利在论文《论城市的衰退与复兴》中将城市衰落现象定义为"城市在发展过程中表现在经济、文化、社会、建筑等方面出现的停滞、衰减和倒退，或是在与其他城市比较过程中地位和优势的降低等"[2]。阳建强在论文《城市的发展与衰退》中将城市衰落现象理解为"在城市的发展过程中，因为城市结构形态的许多组成要素在城市成长过程中失去价值被历史发展所抛弃，而出现的体现了中断关系的衰退现象"[3]。何一民在论文《近代中国衰落城市：一个被忽视的重要研究领域》中认为城市衰落是城市客观发展过程中存在的一种普遍现象，而近代中国的城市衰落现象就是历史从农业社会进入工业社会过渡期的必然反映[4]。总之，城市衰落是城市这个有机的生命体在不断新陈代谢过程中的重要环节，是由城市不间断地发展运动的特性导致的，可能是一个长期的过程，也可能是一段极短的时间，具体可以表现为城市空间结构、形态、功能、资源、产值、价值等的停滞和倒退，它的出现常常伴有严重的经济、文化、环境等问题。类似的概念还有"城市衰退""城市收缩"等。

深入分析，"城市衰落"是一个相对性的概念，既可以指城市在自我比较中要素指标的递减，也可以指与其他城市的类比中发展速度、区域优势和地位等的降低[5]。本书所研究的"城市衰落"主要针对山地城市这一特殊群体，探讨外力作用下地质生态变化所引起的城市自我比较过程中的停滞和后退现象。

7.1.2　城市衰落现象类型

由于城市构成的复杂性，以及城市自身功能、结构、属性、发展速度等的差异化，城市衰落现象的类型、衰落程度、衰落表现都是多样的(图 7.1)，正如 Beauregard 所认为的，人们对城市存在不同的理解和界定决定了城市学者们对城市衰落的解读存在不完整性、不确定性以及分异化[6]。本书综合现有的多种分类方法，从宏观、中观、微观三个视角对城市衰落现象进行具体分类。

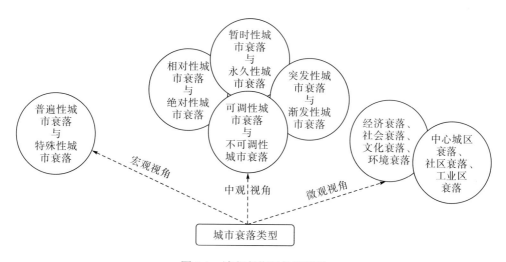

图 7.1　城市衰落现象类型图

7.1.3　地质生态学和城市衰落现象的交叉研究

地质生态学和城市衰落现象研究都属于起步较晚的新兴研究领域，两者的交叉研究还处于探索期，研究成果较少，但国内外很早就出现了这类研究的萌芽，比如从环境因素的角度考虑城市建设问题自古希腊、古埃及时期就已经存在[7]，古罗马建筑师威特鲁威的《建筑十书》就是有力的证明。再比如在我国唐代就已经有地方病与地质生态环境关系的历史文献记载[8]，间接地用地质生态环境因素解释了当时人口减少、城市衰落的重要原因。进入现代以来，随着城市研究的深入和研究视角的更新，学者们逐渐开始重视从地质生态环境的角度解读城市的发展，这就使地质生态学和城市衰落现象研究发生了越来越多的交集。

1955 年，Downey 详细梳理了 1100 年间君士坦丁堡地区的重要地震灾害，强调了地震这一自然地质生态变化对城市发展的不利影响[9]。随后刘易斯·芒福德也在其著作《城市发展史——起源、演变和前景》中提出了"只有在共生关系和合作关系保持内在平衡并在更大环境中保持稳定时，城市才能繁荣"，表达了地质生态环境与城市兴衰存在影响关系的重要观点[10]。相似的还有詹姆斯·特拉菲尔在《未来城：述说城市的奥秘》中写道"一个城市有可能经历政治兴替、经济变化屹立不摇，如千年都市罗马，但不可能永远不受地理变化影响……会发现或早或晚有某种地理力量足以摧毁它"[11]。此外，英国克莱夫•庞廷的《绿色世界史》也是颇具代表性的作品，该书是一本"绿色"视角下的人类发展史，描述了人类及其生产活动方式与其中的环境、生态系统之间的互动关系及后果[12]，尽管这部书是一本历史作品，但书中用案例说明了在人类历史上，人口的数量与自然生态系统可以支撑的人口数量之间的平衡是至关重要的，当人口数量的增长超出了自然生态系统的承载量时，社会动乱往往就不可避免。从这个角度去审视历史，正是从地质生态变化的角度去看待城市衰落现象，属于地质生态学和城市衰落现象的交叉研究领域中的经典之作。

在我国，城市灾害史的研究可以说是地质生态学和城市衰落研究的起源。《中国灾害通史》《中国救荒史》《中国地震历史资料汇编》《中国近五百年旱涝分布图集》《20世纪中国历史气候研究述论》《中国历史大洪水》等著作尽管都是单纯的历史资料汇编，但较为详细和全面的数据资料为由地质生态变化导致的城市衰落现象的分析建立了基础的数据库。基于历史资料的分析，1985年傅崇兰就近代运河流域城市衰落问题进行了阐述，认为河道积淤和铁路的修建是该区域城市衰落的主要原因[13]。2002年，张超林在《自然灾害与唐初东突厥之衰亡》一文中谈到了唐贞观初年漠南地区发生了严重的自然灾害并最终使东突厥衰亡[14]。2003年，张文华的论文《自然灾害与汉武帝末年的经济衰落》将自然灾害作为影响历史的重要因子分析了汉武帝末年国家经济衰退的原因[15]。2007年，谯珊的《近代中国自然灾害与城市衰落》一文选择了近代中国作为研究主体，从自然灾害特点和城市承受灾害能力等方面分析了自然灾害与城市衰落之间的复杂关系，是实际意义上的研究由地质生态变化所引发的城市衰落现象[16]。同年，何一民在论文《近代中国衰落城市：一个被忽视的重要研究领域》中指出自然灾害是近代中国城市衰落的重要原因，是应该受到我国学术界重视的重要研究课题[4]。尽管如此，由地质生态变化导致的城市衰落现象的专项研究仍然处于新生阶段，多数是间接的、基于历史学视角的研究成果，缺乏从城市规划学视角的应用研究。目前，在城市规划领域，能够体现地质生态学和城市衰落的交叉研究主要是工矿型城市的环境修复，研究主要通过解析矿区资源开采所引发的地质生态环境变化，采用生态修复等技术手段，来进行城市及区域的建设指导。

7.2　地质生态变化与山地城市衰落的相关性分析

地球上包括人类在内的不同的生命形式都不能独立存在，都是地质生态环境系统的一部分，正如恩格斯所说"我们统治自然界，绝不像征服者统治异族一样，绝不像正在自然界之外的人一样，相反的，我们连同血肉、骨骼和头脑都是属于自然界、存在于自然界的。"[17]人类的生存发展与地质生态环境的状态密不可分，故而人类的聚居地——城市的兴衰也与地质生态环境的变化血脉相连。本书从历史资料的数据分析和因子逻辑关系分析两个方面阐述地质生态环境变化与城市衰落现象之间存在相关性，并且在此基础上试图说明山地城市作为由地质生态环境导致的城市衰落现象的研究对象，是具有典型性的。

7.2.1　基于历史纪实统计的相关性分析

地质生态环境的变化是一个地质环境因素和生态环境因素在较长的时间里不断累积的过程，可以说地质生态环境无时无刻不在发生变化，只是并不是每一个变化都能让人类察觉，而自然灾害的方式就是地质生态变化的最重要的显性表达之一。本书选取隋唐五代[公元 581 年(开皇元年)至公元 960 年(显德七年)]共 380 年间的自然灾害的历史纪录为研究对象，尝试通过历史事件的整理分析，用已存在的事实例证建立起地质生态环境变化和城市衰落现象间的相关关系。

隋唐五代时期在研究我国的自然灾害历史方面具有重要意义。首先，隋唐五代时期是封建社会的鼎盛时期之一，人口增长、城市繁荣，人类为了解决人口增加问题而不断地改造自然环境，这一时期人类不再局限于在平原上从事农耕生产，在山地、沿海、滩涂地区都有开垦耕地的身影，《元次山集》中的"耕者益力，四海之内，高山绝壑，未耜亦满"描述的就是开皇元年(公元 581 年)集中拓荒的场景。这一时期城市发展较为稳定，且人工的地质生态环境的改变活动较为活跃，提供了一个全面的、干扰因素较少的、良好的以自然灾害为代表的地质生态变化与城市衰落之间关系的研究环境。其次，隋唐五代时期本身就是一个自然灾害频发的时期，并且由于南方地区得到了较好的发展，自然灾害的纪录范围更广泛、全面。据《中国灾害通史》统计，在隋唐五代共 380 年内只有 47 年没有自然灾害的记录。而计算水灾、旱灾、虫灾、地质灾害、冷冻灾害、疫病、风灾、海洋灾害、沙尘灾害、雹灾、动物疫病、鼠灾、雷电这 13 种自然灾害的数量，发现一年之内发生自然灾害灾种在 3 种及以上的有 136 个年份，占有灾年份的 40.84%，而一年之内发生自然灾害灾种在 2 种及以上的有 240 个年份，占有灾年份的 72.1%，占总年份的 63.16%，自然灾害的发生具有群发性特点(表 7.1)。隋唐五代自然灾害较为活跃，且历史资料记录较为翔实，为地质生态环境的变化和城市衰落的研究提供了良好素材。

表 7.1　隋唐五代自然灾害年际灾种数量频次表[18]

灾种数量/种	0	1	2	3	4	5	6	7	8
年份统计/个	47	93	104	69	39	15	10	1	2

　　基于隋唐五代时期的水灾、旱灾、虫灾、地质灾害、冷冻灾害、疫病、风灾、海洋灾害、沙尘灾害、雹灾、动物疫病、鼠灾、雷电这 13 种自然灾害数量的分类统计，水灾和旱灾是这一历史时期最为严重的自然灾害现象(图 7.2)。而无论是洪水还是干旱都是当时天气变化的显性结果，这就说明隋唐五代时期，地质生态环境变化要素中大气环境要素活动相对强烈，尤其是其中的气象要素在可视化的地质生态环境变化中占有较大比例。隋唐五代时期，我国还处于以第一产业为主导产业的封建社会，天气异常变化所导致的洪水和干旱都是对农业生产的巨大打击，意味着粮食减产、产业衰退。当水灾或旱灾影响范围较大或是持续时间较长时就会导致人口的快速减少。而在我国古代社会，判断城市兴衰使用最为广泛的评价指标就是人口指标，因此地质生态变化—天气异常—洪水、干旱—农业衰退、人口减少—城市衰落的关系链是成立的。以人口数量、经济损失和农业损失为衡量城市兴衰的主要指标，对隋唐五代时期的自然灾害历史纪实进行筛选和整理，可得到部分比较能够确定的因地质生态变化所导致的衰落城市或地区，事件中对人口减少、庄稼减产、城郭庐舍损毁、坊市没落等的记载是从地质生态变化到城市衰落的因果关系的有力佐证。

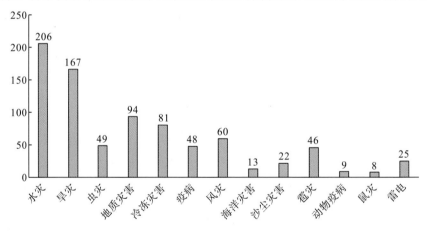

图 7.2　隋唐五代时期自然灾害分类频次统计图[18]

1. 地质生态环境变化的构成要素

　　地质生态环境是包括岩石圈、水圈与大气圈及生物圈的、以人类为主体的复合生存空间的环境，是一种涉及诸多组成部分和多种学科的复杂巨系统，受地球内营力、外部能量和人类活动力影响不断在动态变化着。根据地质生态环境的定义，参考地质学、地理学、气象学、生态学、环境学等相关学科的要素分类，参考现有地质生态学影响因子研究成果，重点强调地质生态环境中可变性强的活跃要素，本书把地质生态环境变化的构成要素细分为地质环境、水文环境、大气环境和生物圈环境四大类十个中类(表 7.2)。

表 7.2　地质生态环境变化主要要素体系

目标层	准则层		要素层
地质生态环境变化要素体系	地质环境	地壳稳定性	区域地壳稳定性、场地稳定性、岩体稳定性
		地形地貌	高程、坡度、坡向
		地质灾害发育	斜坡岩土体运动、地面形变等
		可开发的地下资源	能源、矿物等
	水文环境	地表水	降水、流量、水位、蒸发、水质、土壤含水量、河流含沙量、潮汐、波浪、海流、污染物
		地下水	
	大气环境	气候要素	气压、气温、湿度、风力、降水、雷暴、雾、辐射、云量、污染物等
		空气质量	
	生物圈环境	生物活动	动物、植物、微生物
		人类活动	

2. 因子关系的逻辑分析

通过以上对地质生态环境变化的构成要素和城市衰落的诱发因子的具体、分类的分析，比较地质生态环境变化的构成要素(表 7.2)和城市衰落诱发因子中的环境变化因子(图 7.3)，可以发现两者的组成因子具有逻辑上的因果关系(图 7.4)，比如"降水—洪水—农业衰退、人口减少、建成环境损毁—城市衰落"的因果链就是事实成立的。由此，从因子之间的因果逻辑关系可以推理得到地质生态变化和城市衰落现象间具有相关性，并且很可能也是因果相关。而历史事件的部分记录正好可以印证地质生态变化是可以引发城市衰落的。

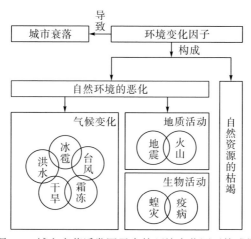

图 7.3　城市衰落诱发因子中的环境变化因子构成图

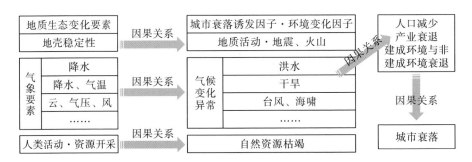

图 7.4   地质生态环境变化与城市衰落环境变化因子关系图

7.2.2   地质生态环境变化因子是城市衰落诱发因子的重要组成

无论是从地质生态环境变化原因和城市衰落原因的组成因子的比较分析还是从历史案例的举证都指向地质生态环境变化因子是城市衰落诱发因子的重要组成。不得不说，在城市衰落的诸多诱发因子中，无论是政治上的变动，还是经济文化上的动荡，都是可以受到人为控制的，但是来自自然界的影响却是无法完全避免的。诚然，随着人类从农业社会迈入工业社会，又从工业社会步入信息时代，技术的进步和地质生态环境变化防卫体系的完善是显而易见的，很多年前，几个月不下雨就会造成大面积的干旱，从而农业减产甚至导致饥荒大面积爆发，随之的后果就是大量的人口死亡和城市衰落。但是，现代社会已建成完善的供水、灌溉系统，干旱已经不再是城市快速发展的主要威胁。然而，当人类用时间和智慧克服了一个又一个地质生态环境变化所带来的困难的时候，大自然却接着出了一道又一道难题。因此，地质生态环境变化在众多引发城市衰落的因素中是特殊的、是难以攻克的。

7.2.3   地质生态变化下城市衰落现象研究中山地城市具有典型性

地质生态环境的变化是由一定范围的地理区域孕育而成的，受区域内各要素的综合作用。由于区域与区域之间在要素构成和力的作用强度上存在差异，因此地理区域的划分所对应的由地质生态环境变化而导致的城市衰落现象的表现、特征以及结果都是差异化的。通常情况下，地理区域可以按地形地貌和海拔划分为平原、高原、盆地、丘陵、山地等几种类型，相应的，地质生态环境的变化也可以划分成平原地质生态环境变化、高原地质生态环境变化、盆地地质生态环境变化、丘陵地质生态环境变化和山地地质生态环境变化等几种类型。由于山地地形是地壳运动形成的，且这种地壳运动的动力是持续作用的，就像一百万年长高了大约 2000m 的喜马拉雅山一样，山地地质生态环境的变化具有独特性和典型性，建于山地之间的城市不论规模大小都难免受到相对活跃的地质生态环境变化的影响。因此，相较于平原城市，山地城市具有更为复杂和活跃的地质环境和大气环境，是地质生态变化频繁发生的地区，且由于受地形等的限制，山地城市在应对地质生态变化方面具有天然的局限性，所引发的危害性更为巨大。故而，选择山地城市作为研究地质生态变化所导致的城市衰落问题具有典型性和重大意义。

1. 山地城市是地质生态变化的频发区

山地城市是建于山地地形地貌环境中的城市，城市内建设用地高低起伏，相较于平原城市，建设活动涉及更多、更大范围的土地平整之类的地形、地质和环境改造工程，地质生态环境变化的人为影响更为强烈。再加上山地城市本身的大山大水的天然环境较其他类型的地貌环境在地质体自身性质(物理性质、化学性质等)、地下动力、重力以及气候等方面具有敏感性和特殊性，山地城市的地质生态环境发生显性和剧烈变化的频率更高、可能性更大。而我国是一个大面积山地地貌的国家，69%的山地面积具有构造活动强烈、气候变化多端的特点以及拥有占全国 56%的庞大的人口基数，相应的山地地貌下的地质生态环境的变化也是频繁的，具体表现为长年累月发生且危害严重的自然灾害。在《水经注》《汉书》《唐书》《资治通鉴》以及各个时期各个区域的地方志等历史文献中都可以找到伴随着大量人口死亡的山地地区的自然灾害记录，而这些自然灾害的背后几乎都是地质生态环境剧烈变化的可视化表现。故而，在我国地质生态环境变化频繁、占据大比例国土面积的山地城市具有城市衰落相关研究的典型性。

2. 山地城市地质生态变化的危害较大

山地城市地质生态环境较为敏感，在其独特的地质环境、大气环境、水环境和生物圈环境的共同作用下，地质生态环境的变化引发的自然灾害的类型更为多样。由于山地地区促使地质生态环境发生变化的自然作用力的活动强度较大，因而当一种自然灾害发生时，更多的相关自然灾害会被激发，形成破坏力强、辐射范围广的自然灾害链条，如 2008 年发生的"5·12"汶川地震，就引发了滑坡、崩塌、泥石流、堰塞湖等多种次生灾害和潜在自然灾害，使受灾范围内的原自然灾害高易发区 30%的区域升级为自然灾害的极高易发区，自然灾害的高易发区面积扩大到受灾范围的 40%左右，无疑，山地城市自然灾害的链条反应使灾害的危险性成倍增长。再加上地质生态变化发生时具有重力作用的加持，山地地质生态环境变化的危害往往是不可估量的。此外，山地环境中的城市建设用地格外紧张，城市的发展模式多为立体化、集约化，这就造就了山地城市两个鲜明的特点：其一是山地城市建设过程中人类对自然环境的改造比例较大，高强度的人类工程活动极大地加快了地质生态环境变化的速度，增加了自然灾害发生的频率；其二，高强度、集约化的发展使山地城市平均的建筑高度较高、建设容积率较高、建筑密度和人口密度过大,以重庆渝中区为例,300多栋高层与超高层建筑矗立在 $9km^2$ 的渝中半岛上,过多的人口和密集的建筑意味着自然灾害发生时受灾人数和范围的扩大化,也就是说,山地城市地质生态环境变化后灾害引发的后果较建筑和人口分布更为松散的平原城市来说更为严重。

3. 山地城市应对地质生态变化具有局限性

1992年联合国环境与发展大会上通过的《21世纪议程》将全球的关注点聚焦到了山地研究方面,文件指出:"山地是人类最重要的水源、能源和生物多样性基地,关系世界一半以上人口的生活和生产。但山区生态较为脆弱,大部分山区已经或正在经历环境的退化"。的确,山地城市的诞生和发展一直是与生态环境的进化和保护相矛盾的。山地城市难免存在向环境要土地以满足土地、资源、能源等发展需求,改造山体、清理植被,这就等同于在消磨地质生态环境的恢复力,并主观地让这一系列的举措成为地质生态活动的加速剂,在应对地质生态环境变化的态度上首先就是消极和不顾后果的,在主观意识上就具有应对地质生态环境变化的局限性。其次,山地城市的地质生态环境变化的活动过程往往是隐性的,提前预测地质生态环境的变化非常困难。尽管地理力量的积累是一个相对缓慢的过程且隐约有规律可循,但是现代的科技水平还未能准确地抓住其中的普适性规律,因此山地城市在与频繁的地质生态环境变化活动的较量过程中是处于被动地位的。由地质生态环境变化引起的山地城市衰落现象也不像其他因素导致的衰落现象那样具有一段留给人类反应和应对调整的时间。此外,山地城市复杂的建设环境十分不利于地质生态环境变化防治体系的构建,尤其是在我国,这个山地的平均海拔高于世界平均水平700m以上的、具有占国土面积25%的高原山地(海拔高于3000m)的国家,地质生态环境变化应对体系的架构在设计和实施上均存在诸多困难,如坡度、坡向、岩体、日照、通风等与建筑的矛盾,交通、建筑材料、城市发展资源的限制等与城市防灾要求的矛盾……缺乏完善的应急体系意味着山地城市一旦遭到较大的地质生态环境变化的作用力的袭击,就会发生较为严重的后果。

通过历史事件的列举分析和构成因子的逻辑关系分析,地质生态环境的改变与城市衰落现象间确实存在相关性,且地质生态环境的变化是引发城市衰落现象的重要原因,尤其是地质构造复杂、地质生态环境要素活动频繁、地质生态环境变化应对机制不健全的山地城市,尽管城市的兴衰发展在景观、资源以及文化等方面具有独特性和优势,但更多地受制于地质生态环境突变的威胁,可以迅速地衰落却很难痛快地崛起。故而,从山地城市这一特殊的城市类型入手,研究由地质生态环境变化引发的城市衰落现象格外具有代表性。

7.3 山地城市地质生态变化作用下的衰落现象

7.3.1 山地城市地质生态变化下衰落现象的动因分析

由地质生态环境的变化所引发的山地城市衰落现象是源于导致地质生态环境发生变化的所有动力作用的叠加。这些动力作用发生在岩石圈、水圈、大气圈、生物圈的各个角落，受控于地质环境要素、水环境要素和大气环境要素等自然要素作用力的同时也受制于人类长期生产生活作用的环境破坏力的积累，实现了各个圈层内部和圈层之间要素和能量的调整与分配。当自然力或人类活动力的影响足以打破原有山地城市地质生态环境相对稳定的状态时，城市就会受到来自大自然的攻击，攻击力强烈的时候，山地城市甚至会瞬时衰落。基于地质生态环境变化视角，山地城市的衰落现象本身就是一个综合性的多因子复杂问题，本书基于现象的主要诱发动力将地质生态变化下山地城市衰落现象分为大陆运动力作用、地球外部能作用和人类活动力作用三大类进行分析(图 7.5)。

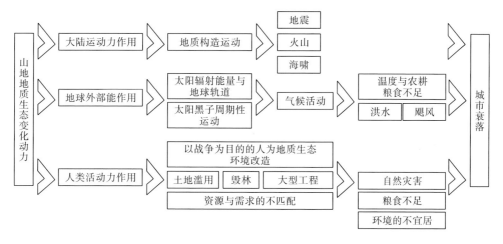

图 7.5 从山地城市地质生态变化到城市衰落的动力作用

大陆运动力作用主要是以地质构造为主体的地球内动力作用，表现为地球浅层岩石圈表面的形变，是促进地质生态环境演化的机制[19]。而地球外部能作用则是以太阳辐射为主的外动力作用，太阳辐射能在大气环流、地表水循环、生物起源等方面有着不可或缺的作用，通过气候活动、水体循环运动等影响城市的兴衰。大陆运动力和地球外部能共同构成了诱发城市衰落的地质生态环境变化动力中的自然力。而另外一种地质生态环境变化动力是依托社会生产力发展的人类活动力。目前，随着技术的发展，人类活动对地质生态环境干预的深度和广度越来越大，已经成为促使地质生态环境演化的第三种主要作用力。尽管大陆运动力、地球外部能和人类活动力都是带动地质生态环境变化从而引发城市衰落的主力军，但在不同的历史阶段三股力量之间的主从地位具有差异性，目前来看，大陆运动力占有较长时间的主导地位，而未来人类活动力可能对改变地质生态环境和城市兴衰状态方面更具有影响力。

1. 大陆运动力与山地城市衰落

城市发展的漫长历史中，大陆运动力作用下的地质构造活动是十分活跃的角色，正如北大西洋每年都在变宽 1cm 一样，大陆运动力对地质生态环境的改造是随时随地发生的。大陆运动力这种能够改变地质生态环境的能力通过地震、火山、海啸等形式表现出来，而人类在地质灾害中，国家、城市和文明一次又一次衰退，甚至是覆灭。例如，锡拉火山消灭了米诺斯文明；再如 1556 年的陕西地震死亡人数达 80 万人等。大陆运动力对地质生态环境和人类建成环境均存在极强的破坏力，尤其是在地质构造活动活跃的山地城市，大陆运动力爆发的次数更加频繁，并容易触发崩塌、滑坡、泥石流等自然灾害间的连锁效应，给城市带来反复、多次的伤害，加速城市的衰落并减缓衰落城市的复兴。本节以四川地区大型推覆构造带——龙门山断裂带以及位于该断裂带上的山地城市——江油市为例。受南北向岷江断裂构造带的影响，龙门山断裂带构造断裂纵横分布，是历史上 7 级以上最强烈地震的发生地之一(表 7.3)，直至今日，断裂带活动仍然十分强烈，对西北部地区的城市建设和发展影响极大。而位于涪江中上游的山地城市——江油市，就是深受龙门山断裂带影响的地震多发城市，由于龙门山断裂带从东北到西南穿过江油市，地区小震活动每年不少于 200 次。2008 年龙门山断裂带上的汶川县发生 8.0 级特大地震，江油市是 41 个受灾重的城市之一，同时受到地震和地陷、滑坡、地裂等多种次生灾害的冲击，城市的建成环境与非建成环境同时受到了严重损毁，调研数据显示，仅方水、六合、铜星、大康、九岭、彰明 6 个乡镇 61 个行政村的严重损毁区域就占到 68%，可见大陆运动力对山地城市的破坏性以及城市衰落的影响力极大。

表 7.3 龙门山断裂带 7 级以上地震一览表[5]

名称	时间(年.月.日)	涉及地区	震级/级	成因
1657 年大地震	1657.4.21(清顺治十四年)	威州、茂州、汶川、平武、江油、石泉(北川)、彰明(今并入江油市)等	—	龙门山断裂带中段地震能量正常释放
茂州地震	1713.9.4(清康熙五十二年)	震中茂州(今茂县)，涉及乐至、广元、三台、潼川府、射洪、蓬溪等地区	7.0	龙门山断裂带中段地震能量正常释放
松潘南坪地震	1879.7.1(清光绪五年)	震中松潘南坪营(今九寨沟县)，涉及广元、昭化(今属广元市)、平武、松潘、保宁府(今阆中市)、绵州(今绵阳市)等地区	8.0	龙门山断裂带北段地震能量释放

名称	时间(年.月.日)	涉及地区	震级/级	成因
叠溪地震	1933.8.25	震中茂县叠溪，成都、灌县(今都江堰市)、绵竹等数十县、镇均有震感，今茂县、黑水、理县、马尔康四地连接的圆形区域内受灾严重	7.5	龙门山断裂带地震能量正常释放
松潘、平武地震	1976.8.16 和 1976.8.23	松潘、平武、茂文(今茂县)、南坪(今九寨沟县)受灾严重	7.2	龙门山断裂带北段地震能量释放
"5·12"汶川地震	2008.5.12	震中为汶川映秀，涉及川、甘、陕、渝等10个省(区、市)的417个市、区、县	8.0	龙门山汶川—茂汶大断裂带地震能量释放
"4·20"雅安地震	2013.4.20	震中在雅安市芦山县，成都、重庆、宝鸡、汉中、安康等地均有较强震感	7.0	龙门山断裂带南段地震能量释放

　　以太阳辐射为中心的地球外部能主要是通过天文学活动尤其是气候活动来对山地城市的发展兴衰产生影响。气候活动在塑造人类城市发展历史方面一直是基础性力量，通过影响人类与动植物的生长和分布方式，尤其是农作物的产量来达到影响人类定居。气候的活动是复杂多变的，它除了受大陆位置、稳定的太阳辐射能力增长以及大气中甲烷、二氧化碳等各种气体含量的影响外，20 世纪 20 年代南斯拉夫科学家米尔汉克维奇发现一系列影响地球和地球环绕的轨道的天文循环是影响气候活动的主要因素。最近的 30 年中，对取自大洋底部的沉积核的分析和对反映数十万年前气候情况的冰川样本的分析均证明了米尔汉克维奇的这个结论[12]。随着之后科学家们的深入分析，将天文循环总结为三个过程。①地球轨道从圆形到较为椭圆形的天文循环变化具有一个时间长度为 9 万年至 10 万年的周期。当地球轨道在向椭圆形变化时，太阳投射到地球上的热量在不同时间的最大值和最小值的差距会不断增大，这一过程直接影响地球气温的整体变化。②每经过 21 000 年，地球就会站在所能到达的离太阳最近的地方，这一天文循环过程直接影响太阳热量的传递，与季节性气候变化相关。③地球的倾斜角度大约 40 000 年循环一次，当倾斜角度减小时，季节间的差别也随之缩小。除了三大长期的天文循环外，类似在太阳黑子活动影响下以 22 年或 23 年为周期的太阳能量输出循环等的短期天文循环也对气候活动有着重要影响。目前，科学家已经证实太阳黑子周期性活动与气候周期性变异息息相关，这一点从我国特大洪水史料记载上就能够窥探一二。细数我国 1887 年、1909 年、1931 年、1954 年、1975 年和 1998 年发生的六次特大洪水的年份关系，发现特大洪水年份间隔大约是 22 年，正好与太阳黑子活动的 22 年周期相对应。

　　各种时间长度的天文循环对气温、气压、湿度、风向、风速、降水、雷暴、雾、辐射、云量、云状等有着不同程度的影响，也就形成了变化多端的气候活动，并直接作用于地质生态环境中引起环境的各种动态变化。当气候活动异常时，地质生态环境往往也会发生异常变化，表现为洪水、雪灾、飓风等自然灾害，对人类和人类所居住的城市具有较强的攻击性，是城市瞬时衰落的重要原因。以1931年我国发生的近代以来最为严重的特大洪水灾难为例，当年长江和黄河同时泛滥成灾，包括长江水系、淮河水系、珠江水系，甚至包括东北的辽河、鸭绿江、松花江、嫩江等河流水系都不同程度发生洪涝灾害，所影响的城市数量达到受灾范围内23省城市总数的3/4，面积超过了整个英国的领土范围，不仅大量城市被淹没，更诱发了无数的次生灾害，使受灾城市长时间处于衰败状态。其中，湖南、湖北、安徽、江苏、江西、浙江、河南、山东八个省共642个县中有将近60%的县被淹，受灾人口5311万人中有42万余人死于浊流[20]。

此外，地球气温的变化最能够体现以太阳辐射能为核心的地球外部能对气候活动的直接影响。异常的气温——过冷或者过热虽然能够导致少数人的死亡，但不会直接快速地摧毁城市，然而这不代表气温的异常变化不能引发城市衰落，反而在以农业为主导产业、技术落后的封建时代，气温的异常直接影响农作物的产量，直接威胁人类生存的根本——粮食，大量人口因饥荒而死亡，如果遇到连续年份气温异常的情况，城市的衰落就难以挽回了。例如，丹麦王国的海外自治领土——格陵兰，一个由于地理位置特殊，生存主要依赖温和气候和自然物产的地区，格陵兰在最为繁荣的时候，不大的土地上生活了约3000人以及300个以养牛为主的农场。从1200年后，受气候恶化的影响，干草的生长季节渐渐变得越来越短，破坏了岛上原本以牧牛为基础的生活方式，脆弱的格陵兰逐渐走向衰落，居民只能进一步向南迁移，但随着气候变本加厉地恶化，格陵兰周围的海里一年四季都留有冰堆，夏季也不例外，到了1408年，格陵兰与其他地区的联系就彻底消失了。再比如冰岛，这个北大西洋的岛国也一度因为日益恶化的气候面临衰落的风险，冰岛的年平均温度每下降1℃，其小麦的生长季节就缩短将近1/3，岛上人只能把海洋资源当作主要生存资料，但能够供养的人口还是在逐年下降，从公元1100年的高峰期大约有77 000人，到18世纪后期下降到了38 000人。

2. 人类活动力与山地城市衰落

"夫灾变大抵有二：有政治之灾，有无妄之变。"提出这个说法的后汉学者王充认为灾害的产生更多的是社会，即政治之灾，或称"人祸"，而不是自然的无妄之灾，或称"天变"。诚然，为了生存、繁衍和进化，所有的动植物在与其他物种时而竞争时而合作的复杂互动中都倾向于从自身利益出发来改变环境，人类是其中的佼佼者，影响力延伸至地球的各个圈层，并能够使用技术手段进行要素的支配，甚至是摧毁地质生态环境和建成环境。在人类的全部历史上，想方设法从各个生态系统中获得生产生活资料是保障繁衍生息和满足生活享受的最重要的任务。例如，人类用了600年灭绝了新西兰44种鸟类，用了1000年将北太平洋的阿留申群岛附近的海濑赶尽杀绝，同样是用了1000年的时间使夏威夷70%的鸟类消失……人类发展的这个漫长的不断索取的过程挑战了地质生态环境的固有规律，也在地质生态环境的反击中自食恶果。根据《中国灾害通史》等史料的记载，自然灾害的多发地区有着随政治中心的迁移而迁移的特点。以隋唐时期的洪水灾害为例，隋唐时期水灾的多发地区为河南道(28%)、关内道(25%)、江南道(16%)、河北道(12%)，与我国基于自然地理分布规律的雨涝统计资料的结果有颇大差异[21]。从自然地理的降水量分区的角度来看，黄河下游到海河流域、淮河流域及秦岭山地、四川盆地、云贵高原地区、长江中下游地区、东南及华南丘陵地区是降水量 500~1000mm 以上的地区，理应是洪水的多发区。但隋唐时期的洪水灾害 73.02%都发生在北方地区，尤其是关内道(京师长安所在地)和河南道(东都洛阳所在地)。安史之乱以后，唐朝的经济中心从关中地区和河南地区向南方转移，加大了对南方的开发力度，洪水灾难的发生区域也开始向南变化，位于南方地区的淮南道和江南道的洪水灾害的记录分别从安史之乱前的 5 次、21 次增加到了安史之乱后的 19 次和 37 次。由此可见，人类活动对地质生态环境改变的重大作用，而这些地质生态环境的变化总是负面效应大于正面效应，时不时就会给城市造成毁灭性伤害。

在众多人类活动力的表现中，对地质生态环境的变化影响较大的有人口激增、土地兼并、战争以及大型工程项目的建设，这些活动能够长时间、持续性地作用于城市建设和发展，是引发城市衰落的不可忽视的原因。例如，土地兼并和人口激增就曾给近代的中国的诸多城市带来了衰落，受清中叶以来土地兼并和人口激增的影响，严重的生态失衡使长江流域的泛滥频率急剧上升，流域内众多城市在洪水的冲刷中元气大伤。据《中国历史大洪水》一书的记载，1583~1840 年长江流域仅发生过 2 次大洪水，在 1841~1949 年的短短 100 多年中，长江流域发生了 9 次重大性、灾害性的大洪水，甚至超过了同一时期黄河流域的灾害程度。历史的进程告诉我们一个深刻的道理：所有的人类干预都倾向于破坏地质生态环境，进而展示出打破规则和平衡而使城市走向毁灭是何等的容易。但同样也显示了这个过程一旦开始，想要修复平衡或是回转是多么的困难。

1) 以战争为目的的人为地质生态环境改造与城市衰落影响

战争侵略对于被直接攻击的城市来说是导致城市衰落的关键原因，但除此之外，战争过程中会涉及基于军事目的的人为地质生态环境的干预，能够引起间接的、更大影响范围的城市衰落现象。1938 年黄河花园口决口及其形成的长达 9 年的黄河泛滥灾害就是此类"人祸"的典型代表。1938 年 5 月日军取得徐州会战胜利后，计划占领兰考和封丘—切断龙海路—占领郑州—会攻武汉。由于战况紧急，蒋介石批准了"以水代兵"的作战方案，即轰开郑州黄河大堤，用洪水拖延日军的进程。这一方案仅仅限制住了日军一时的行动，并没有达到保卫武汉的最终目的，却是黄河长达 9 年泛滥的源头。从 1938 年 6 月到 1947 年 3 月，黄河水在淮北平原上形成了一个包括豫、皖、苏三省共 44 个县市的广袤的泛滥区，无岁不灾，无灾不重,大量的村落被翻滚的洪水彻底吞没,仅豫东 17 县就有 45%的村落惨遭灭顶之灾。据抗战胜利后著名学者韩启桐等的统计,在这 9 年的时间里,泛区 44 个县共有 1993 万亩的农田被淹,占黄泛区耕地总面积的 35%,泛区河南、安徽、江苏三省死亡人数达 89 万人,占总人口的 4.6%,逃荒人数更是数不胜数,各县所剩余人口已寥寥无几,经济损失更是空前惨重,合战前币值估计为 109 176 万元,相当于当年经济水平下 1900 多万人一年的劳动所得。由此可见,人类活动力在某些时候会将地质生态环境变化产生的自然破坏力放大,造成严重后果。

2) 土地滥用与城市衰落影响

创造耕地生产粮食、建立牧场圈养牲畜,农业和畜牧业的出现就是建立在对地质生态环境的巨大改变之上。同时,农业和畜牧业的出现也意味着人类原始的生活生产方式开始发生质变,定居的社群建立了村落和城市,也收获了稳定增长的人口数量。同时,更多的食物和房屋被需要,人类对资源的需求更为集中了,于是定居—毁林造田—土地侵蚀—粮食产量下降—定居地衰落的负面循环就开始运作。从公元前 6000 年前的约旦找到的证据表明,早期一个定居社群建立的村落可以维持的时间大概是 1000 年,而衰落的原因就是土地所供应的粮食不足。

土地是农业的基础,而农业是古代社会城市发展的依靠。人类长期的土地滥用所导致的土地盐碱化、水土流失等都是摧毁城市的"慢性毒药"。较为典型的案例就是苏美尔的衰亡——从一个繁花似锦的粮仓到一片空白的荒原。大约在公元前 3000 年,苏美尔人历经千辛万苦在艰难的环境中创造出了世界上第一个有文化的社会,使这里成为一个硕果累累的粮仓。然而当更多的土地被开发,再加上当地夏季 40℃的高温和透水性不良的土壤和地势条件,土壤中的含盐量不断增加,当土地达到了可耕种的极限时,勤劳的苏美尔人没有选择让土地休耕来降低土地的盐分,所以"土地变白"的报告在公元前 2000 年后就经常出现了,拥有 2370 年历史的苏美尔城邦随着农业的崩溃而消失。

3) 毁林与城市衰落影响

普遍而言,更大的人口数量给地质生态环境带来了更大的供养压力,而木材的供应更是首当其冲。木材是人类自定居生活开始就不可缺少的材料,就算是现代社会人类对木材的需求量也是相当大的。人类通过砍伐森林来获得木材,并将森林消失后腾出来的空地改造成为农用耕地,用来供养增加的人口。而森林的消失使区域的水土流失严重,洪水等自然灾害变得频繁起来,众多依河而建的城市的没落究其原因都是人类过度砍伐树木改变地质生态环境所造成的。比如我国的黄河之所以"善淤、善徙、善决",就是受到上游高原地区森林消失的影响,这导致黄河流域的城市,如 675 年间大致有 445 次水患之灾的江苏徐州,经常因为灾难性洪水而损失惨重。

　　人类持续的毁林活动确实带来了近在咫尺的巨大利益，但这种利益却是充满诱惑力的毒药，将许多城市送上了或是死亡或是迁徙的道路。比如曾经伟大的基督教王国——中世纪的埃塞俄比亚，持续的毁林活动使山体被侵蚀，土地越来越贫瘠，严重的水土流失使河流挟带了大量的淤泥，阻塞了水道并形成了湿地，农业基础的毁坏使埃塞俄比亚人不得不放弃位于北部的国家中心——蒂格雷和厄立特里亚，在南边的中部高原建设新的都城。类似的还有现今被埋在了超过 8m 厚的淤泥里而在拜占庭早期还仍然繁荣的安蒂奥克，淹没它的淤泥来自河流上游被砍伐的森林。尽管砍伐森林与城市衰落之间并没有直接的作用关系，但是森林存在与否与大气环境、水环境和地质环境的状态息息相关，是地质生态环境变化的原动力之一，也是自然灾害链条的前部序列。

　　4) 资源与需求的不匹配与城市衰落影响

　　人类的野心支撑了人类对地质生态环境的索求，野心是在不断膨胀的，但资源是有限度的，当资源与需求不匹配的时候，城市的衰落就会接二连三地上演。例如复活节岛的兴衰，复活节岛是一个火山岛屿，温度高，湿度大，只有一个淡水湖和较少的动植物种类，资源稀少。公元 5 世纪，波利尼西亚人带着白薯、鸡和老鼠来到岛上定居，从一个极其有限的资源基础开始，发展了技术，增加了人口，建造并形成了以祭祀为核心的当时世界上最为复杂和发达的社会组织之一，直到现在岛上还竖立着他们技术的证明——600 多座平均高度超过 6m 的巨大石像。然而为了供养岛上越来越多的居民，也为了扩展他们民族在祭祀和文化方面的野心，一千多年来，森林被几乎采伐殆尽，土地侵蚀、营养流失，大规模环境退化，人类不得不从木头房子中搬到岩洞里，战争导致农作物大量减产，人口数量迅速下降。1600 年以后，复活节岛的发展迎来了倒退期，退回了较为原始的状态。

　　复活节岛的案例清晰地告诉了我们人类社会对环境的依赖以及环境破坏所带来的不可挽回的后果，人类可以通过对地质生态环境的改造获得繁荣发展的机会，对所有动植物来讲，这是创造性的胜利，但当人类的需求与野心远远超过能够得到的有限的资源时，地质生态环境会展现出惊人的攻击力，使人类死亡，使城市崩溃，使文明没落。复活节岛只是地球的一个小小缩影，地球也只是依靠有限的资源来支撑人类社会发展，来忍耐人类的野心和需求，但当地球的地质生态环境无法承载来自人类野心的压力时，国家的衰落和社会的崩溃是可以预见的。

　　5) 大型工程与城市衰落影响

　　随着技术的发展，人类的建设活动扩展到了地上地下的各个空间，通过穿山、填海、挖洞等各种手段来开发和改造地质生态环境、寻找新的生产资料，使地质生态环境给人类定居环境更多便利。然而这些以实现人类"舒适、便利、宜居"

为目的的大型工程项目，或许能够引起地质生态环境的负面改变，使其通过自然灾害的方式阻碍城市的繁荣，如矿物开采活动触发某些地下断层活动引起地震等；或者能够改变原有资源与利益的分布分配方式，使某些城市从普通变繁荣，也使某些城市直接从繁荣变没落，如 1604 年为缓解黄河常年的水患灾害，人工开凿 260 里(1 里＝500m)泇河，使本来坐享大运河和黄河水利之便的江苏徐州失去了漕运优势，很快地衰落下去。

相较于平原城市，人类的各种大型建设项目对于被大山大水包裹的山地城市的作用效果更为明显，毕竟山地城市建设施工难度较大，类似的项目比平原城市涉及更多的地质生态环境的改造，而且大多还会伴随着多种次生灾害的发生。例如，位于三峡库区腹地的重庆市开州区，三峡水库的建设给这个地区带来了重大影响，不仅促使百万人口的大移民，而且随着蓄水的开始，2003～2011 年，开州区城市的边界和形态也发生了巨大变化，开州区三面被 45.17km 的消落带包围，老城直接淹没在滔滔江水之中，经济损失、文化损失都是巨大的，至今仍时常伴有崩塌、滑坡等灾害。

7.3.2　山地城市地质生态变化引起的衰退表现

在以农业为主导产业的封建社会，人口指标是衡量城市衰落的最重要的标准。毕竟，人是城市永恒的主题，城市的存在就是为了人类的生存和发展服务的，人类对城市是有选择上的自主权的，因而能够提供更好的服务、更完善的设施、更多的就业发展机会和更宜居的环境的繁荣城市理所当然地会吸纳更多的人口，而衰落的城市会随着人口的流失走向更进一步的衰落。进入现代社会后情况发生了细微的改变，城市的繁荣程度、竞争力和活力度与人口规模不一定完全符合"人口越多城市越繁荣，城市越繁荣人口越多"的规律，城市的产业多样化、科技应用的多样化、社会生产力的多样化以及社会生产方式的进化都使城市的实力审查更为复杂化了，经济、文化、社会、环境、人口等各个方面的各个子系统都需要参与综合、系统、科学的城市实力的判定体系。相应的，判定指标的完善、复杂也对应着城市衰落的多样化表现。

从诱发城市衰落的原因分析，可以将不同类型、不同衰落原因的城市衰退表现进行分类。其中，山地城市地质生态变化引起的城市衰落主要是在城市外部力量主导下经过一系列链条式事件的快速发展使城市人口骤降、建成环境与自然环境损毁、产业基础破坏、精神文化动摇，最终不适合人类生存、繁衍和居住。通过对地质生态环境变化作用下衰退的山地城市的归纳、总结及分析，可以大致地把山地城市在地质生态环境变化作用下的衰退的表现总结为城市评价指标的衰落、城市建成环境的衰落、区域自然环境的衰落以及社会群体心理的负面影响四个大类(图 7.6)。

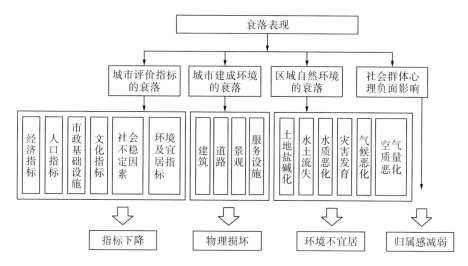

图 7.6　地质生态环境变化下山地城市的衰退表现

1. 城市评价指标的衰落

近代(1840～1949 年)是地质生态环境变化显著、自然灾害频繁发生的一段特殊的历史时期，也是大多数城市发展不稳定的动荡阶段，其中地质生态环境的改变是影响城市兴衰的主要原因之一。以我国近代由地质生态环境变化诱发衰落的城市为蓝本进行深入分析，可以大致从城市实力评价指标的角度将此类衰退城市的衰退表现总结为以下六种指标的降低。

1) 经济指标的下降

地质生态环境的变化往往是通过自然灾害的形式作用于城市的，最直接的表现就是人口的死亡和建成的物质环境的损毁，间接的表现就是使城市原有的经济运行链条停滞，严重的时候可以导致城市产业基础的彻底破坏。比如，洪水将农作物淹没就相当于地质生态环境的变化力将第一产业的基础损毁，对城市未来的发展有着持续性的影响。建成环境的破坏、产业基础的损毁，还有原有城市经济链条的停滞都是城市经济损失的重要组成。近代中国经济的萧条在这些受到自然灾害影响和失去地质生态环境的经济优势的城市中有着深刻的体现。

2) 人口指标锐减

能够诱发城市衰落的地质生态环境的变化往往有两种，其一是地质生态环境的这种改变使城市失去了原有的区位优势而使经济迅速衰败，这种城市将会因为经济对人口的吸引力不足而使人口大量流失，进一步导致城市社会文化、环境等的全面衰落；其二是地质生态环境的这种变化表现为灾难性自然灾害，是直接可以威胁居民生命和财产的"天灾"，由于此类自然灾害总是对城市发起突然袭击，因此人口的损失是被动、大量和瞬时的。

3) 市政基础设施的落后

城市基础设施的建设往往与城市经济水平和城市地位有关。比如，省会城市的基础设施条件总是优于省内其他城市，其中的原因有政策上的支持，有经济上的基础，更重要的是大规模人口的需求。因此城市一旦衰落，经济指标和人口指标的下降会带动城市市政基础设施指标的下滑。

4) 文化指标的下降

地质生态环境的变化通过灾难性自然灾害使城市衰落，不仅攻击的是城市的建成环境、城市的产业、城市的居民，更严重的是攻击了城市的精神、城市的文化以及居民对城市的情怀，因而灾难的袭击很容易通过摧毁城市隐形精神力量的物质载体给居民带来内心的恐慌，冲击城市文化、精神和凝聚力。

5) 社会不稳定因素增加

城市居民对于地质生态环境变化力的恐慌，对于生命安全和财产损失的在意，对于未来发展的迷茫都是社会问题发生的原因，尤其是城市经济上的衰落更会加速社会矛盾的激发，更多社会问题的积累是打破社会稳定平衡的利器。

6) 环境及宜居指标下降

地质生态环境的变化就是城市居住环境的改变，如果地质生态环境的变化带来的结果是城市的衰落，那么这个改变必然是负面的，即城市的宜居度会下降，这里的宜居度既包含城市建成环境的不宜居，也包含在经济和社会因素的作用下自身发展潜力的下降。

2. 城市建成环境的衰落

地质生态环境的变化引发城市的衰落主要可以分为区位、资源优势下降—经济产业衰退—城市衰落和灾难性自然灾害—居民死亡、建成环境损毁、经济停滞两种，第一种城市衰落过程对城市建成环境的衰落是滞后的，先发生城市内部运作系统的问题，然后由于城市内部衰落导致经济、政策等的支持环境的衰退，在资金不足和政策不重视的情况下，城市的建成环境会随着时间逐渐老旧、从而衰落。而第二种城市衰落过程中灾难性自然灾害对于城市系统来说，包括建筑物、道路、景观、基础设施在内的城市的物理环境是优先被攻击的对象，洪水、地震、台风等灾难性自然灾害都具有强大的破坏力，"街坊千余片瓦未存"是灾难过后常见的景象。对于位于地质生态环境活动较为强烈的山地城市，由地质生态环境引发的城市衰落现象大多数都是第二种灾难模式。而由于山地城市特殊的地形地貌，自然灾害的发生更容易引发灾害的链式反应，其破坏力得到加成和放大，所导致的城市物质环境的损毁更为严重。以 2008 年"5·12"汶川地震的重灾区四川省江油市的大康镇、九岭镇(现并入青莲镇)、彰明镇、六合乡(现并入枫顺乡)、方水镇、铜星乡(现并入重华镇)这六个乡镇的调研数据为例(图 7.7),存在物理损坏的建筑物面积占总建筑面积的 98%以上,而其中倒塌的建筑物面积约占总建筑物面积的 27%。由此可见,地质生态环境变化的作用力对城市建成环境的破坏力之强,多数受灾城市只能依靠重建才能修复城市建成环境的衰落。

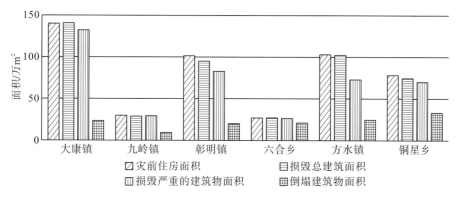

图 7.7　江油市六大受灾乡镇建筑物损毁情况调查图

3. 区域自然环境的衰落

能够诱发山地城市衰落现象的地质生态环境的变化对于衰落城市所在的自然环境也有着明显的负面效应,尤其是山地城市所在的独特的地貌环境中,地质生态环境变化的外在显现主要表现在自然灾害方面。自然灾害的发生本身就是地质生态环境能量再分配的过程,这个过程的存在对原有地质生态环境系统进行干预,在新的系统形成之前,需要一个较长期的适应过程。由于这个自然的过程是在城市这个人类活动力较强的特殊区域内发生的,难免受到人类活动的影响,这种出于人类发展利益考虑的人工参与往往会帮助建立地质生态环境变化—自然灾害—区域自然环境衰落—自然灾害加剧—区域自然环境衰落加剧的恶性循环。常见的城市区域自然环境的衰落表现主要有土地盐碱化、水土流失、水质恶化、灾害发育、气候恶化、空气质量恶化等几个方面,这些衰退表现的形成往往来自地质生态环境变化作用和城市人类活动作用的结合。例如,降水量过于丰富产生了洪水,洪水结合人类砍伐森林等活动轻易地打破了自然水生态系统,引发水土流失现象,其挟带的泥沙与土地过度耕种相结合可以提升土地含盐量,使土地盐碱化,成为旱涝灾害的多发区,进而使水土流失更为严重。再比如,地质构造运动中释放能量发生地震,地震产生的能量对地表形状加以改造,有的地方地表岩体碎裂,有的地方地下断层错动,有的地方碎石混入了水体阻塞了河道,甚至改变了河道,在天灾、人祸共同作用下,受灾城市周围的生态系统平衡会逐步被打破,人类生存所依赖的水、空气等会受到不同程度的污染，长期的恶性循环和自然生态环境系统平衡的重组，使城市的非建成环境变得不再适宜人类居住，进而影响城市的建成环境和居民正常的生活。

7.3.3　城市衰落对社会群体心理的影响

地质生态环境的突变通过灾难性自然灾害引发城市衰落现象不仅是从物质环境、生存环境的角度对城市和城市中的居民进行了不友好的攻击，更是给居民的心理和精神带来冲击。毕竟，以现有的科学技术水平，人类在地质生态环境系统面前还是渺小而无力的，面对地质生态环境长时间隐藏着的力量积累的突然爆发，人类大多数时候只能做到事后的补救和挽回。这种灾难性的巨大力量会给所经历的人类带来极大的心理压力，结果就是城市原有居民内心不安全感上升，对城市的归属感、依赖感下降，大量的人会因为或畏惧或悲伤或不信任的心理情绪离开故土，这也是由地质生态变化引发城市衰落现象后人口迅速流失的重要原因之一。以受卡特里娜飓风光顾的美国新奥尔良市为例，2005 年肆虐的飓风灾害直接夺走了 2000 人的生命，这个数字相对于 46 万撤离人口来看是相对渺小的，灾难过后，大多数撤离的人并没有选择回归，直至灾难后 6 年，新奥尔良市人口仍然仅有 21 万人。

参 考 文 献

[1] 魏鉴勋. 衰落论：兴盛界限阐微[M]. 沈阳：辽宁人民出版社，1996.

[2] 吴相利. 论城市的衰退与复兴[J]. 绥化师专学报，2000(3)：18-22.

[3] 阳建强. 城市的发展与衰退[J]. 城市规划，1996(2)：11-14.

[4] 何一民. 近代中国衰落城市：一个被忽视的重要研究领域[J]. 四川师范大学学报(社会科学版)，2007，34(4)：122-129.

[5] 曾卫，陈肖月. 地质生态变化下山地城镇的衰落现象研究[J]. 西部人居环境学刊，2015(1)：92-99.

[6] Beauregard R A. Representing urban decline：Postwar cities as narrative objects[J]. Urban Affairs Review，1993，29(2)：187-202.

[7] 黄光宇，陈勇. 生态城市理论与规划设计方法[M]. 北京：科学出版社，2002.

[8] 周平根. 中国地质灾害早期预警体系建设与展望[J]. 地质通报，2003，22(7)：527-530.

[9] Downey G. Earthquakes at Constantinople and Vicinity，AD 342-1454[J]. Speculum，1955，30(4)：596-600.

[10] 刘易斯·芒福德. 城市发展史——起源、演变和前景[M]. 宋俊岭，倪文彦，译. 北京：中国建筑工业出版社，2005.

[11] 詹姆斯·特拉菲尔. 未来城：述说城市的奥秘[M]. 赖慈芸，译. 北京：中国社会科学出版社，2000.

[12] 郭沛源. 绿色世界史：环境与伟大文明的衰落[J]. 世界环境，2005(6)：94.

[13] 傅崇兰. 中国运河城市发展史[M]. 成都：四川人民出版社，1985.

[14] 张超林. 自然灾害与唐初东突厥之衰亡[J]. 青海民族研究(社会科学版)，2002，13(4)：53-56.

[15] 张文华. 自然灾害与汉武帝末年的经济衰落[J]. 菏泽师范专科学校学报，2003，25(3)：60-62.

[16] 谯珊. 近代中国自然灾害与城市衰落[J]. 四川师范大学学报(社会科学版)，2007，34(4)：134-138.

[17] Robinson N A. Agenda 21：Earth's Action Plan，Annotated[M]. New York：Oceana，1993.

[18] 闵祥鹏. 中国灾害通史. 隋唐五代卷[M]. 郑州：郑州大学出版社，2008.

[19] 胡宝清，刘顺生，张洪恩，等. 长江流域地质-生态环境的演化机制及综合自然灾害区划[J]. 自然灾害学报，
      2001，10(3)：13-19.

[20] 刘仰东，夏明方. 灾荒史话[M]. 北京：社会科学文献出版社，2000.

[21] 郝平，高建国. 多学科视野下的华北灾荒与社会变迁研究[M]. 太原：北岳文艺出版社，2010.

第8章 地震及次生灾害影响下山地城市衰落现象研究——以龙门山断裂带为例

本书探究了山地城市衰落现象与地震及其次生灾害的相关关系，并提出二者关系研究的重要意义。研究从环境地质灾害视角出发，以地震及次生灾害为切入点，聚焦龙门山断裂带地震及次生灾害频发地区。就龙门山断裂带地区而言，自然因素的限制和自然环境变化导致的多种环境地质灾害极大程度上加剧了这些地区的城市衰落问题。研究对象位于龙门山断裂带，不稳定的地质环境导致地震、泥石流、山体滑坡等环境地质灾害频发，此类因素使得这些城市人口外迁、产业经济发展受限、道路基础设施破坏，进而导致城市衰落。故而环境地质灾害作为地质条件不稳定的山地地区衰落的主要原因之一，应当予以重视，而地震作为瞬时且破坏性巨大的灾害，和多种伴随地震发生且长久对受灾地区造成多方面损失的地震次生灾害是造成山地城市衰落最主要的环境地质灾害，因此研究地震及其次生灾害对龙门山地区城市造成的衰落影响是迫切且必要的。

在充分阐述了自然环境因素引起的城市衰落现象和龙门山断裂带地区复杂的地质生态环境的理论综述和国内外研究进展后，本书首先总结了龙门山断裂带历史地震概况，研究从人口、产业经济、道路交通、基础设施等多方面提出了衰落应对措施。从增强龙门山地区承载能力、改善受灾山地城市生态环境等方面提升区域生活空间，进而阻止灾后人口流失；从经济损失评估、保险制度完善、道路等基础设施抢修等多方面控制地震及其次生灾害对产业经济的冲击；从道路网络规划和基础设施修复方面保证灾前、灾中、灾后的生命线畅通。以此为龙门山断裂带地震及次生灾害频发区山地城市健康发展提出建议，为环境地质灾害频发区深入研究城乡衰落提供一定的理论参考。

8.1 龙门山断裂带

作为青藏高原的东边界，龙门山自中新世以来发生了强烈隆升，形成了世界上最陡峻的地形梯度带。在构造样式方面，龙门山存在明显的南北分段特征，龙门山断裂带可分为四部分，主要是后山断裂(汶川-茂汶断裂)、中央断裂(映秀-北川断裂)、前山断裂(灌县-安县断裂)(三条分支断裂组成叠瓦状冲断带)[1]，以及山前断裂，即广元-大邑隐伏断裂。

8.1.1 后山断裂

龙门山断裂带后山断裂中北段主要为汶川-茂汶断裂和青川断裂。南西端在泸定冷碛附近与南北向的大渡河断裂相交，向北东经陇东、汶川、茂汶、平武、青川插入陕西境内。该断裂是松潘-甘孜造山带与龙门山之间的一条大型断裂带，印支期时主要表现为韧性剪切运动，形成宽达 20～30km 的高温韧性剪切带。晚新生代以来，汶川-茂汶断裂表现为脆性破裂特征，具逆走滑运动性质[2]。

汶川-茂汶断裂从地质图与遥感影像上看，断裂迹线在汶川与茂汶两地发生弯曲，走向偏转，在两地分别形成走滑断裂系下的阶区，以此将汶川-茂汶断裂分为三段，茂县以北断裂线性特征明显，发育有多条大型冲沟位错，右旋位移 130～170m，冲沟两侧的冲洪积物未发生变形，茂县以南的牟托、茂县县城、草坡乡等地发育多级阶地，并伴有断裂陡坎和断层槽谷等地貌[2]。

8.1.2 中央断裂

中央断裂在中北段为北川-映秀断裂，断裂两侧的地形落差巨大，遥感影像上断裂的线性特征明显，沿着断裂发育断层槽谷、断塞塘等断裂地貌。南西端始于泸定附近，向北东延伸经盐井、映秀、北川、南坝、茶坝插入陕西境内与勉县-阳平关断裂相交。以此断裂为界，断裂西侧为龙门山高山区，海拔为4000～5000m，东侧则为海拔 1000～2000m 的中低山区，地貌反差显著。北川-映秀断裂的线性影像清晰，活动构造地貌保存较为完好，在龙门山构造带几条主干断裂中显示出较强的活动性[3]。

断裂在北川擂鼓地区呈现右旋走滑断裂的左阶羽列阶区，局部挤压隆起，形成一系列次级断裂，发育断裂沟槽以及一系列冲沟右旋位错，前人在此开挖探槽。历史上，北川-映秀这条断裂曾出现过数次中强等级地震，2008 年破坏力巨大的 8.0 级地震正是在此。

8.1.3 前山断裂

前山断裂在中北段为灌县-安县断裂和江油断裂，是龙门山断裂带东侧的主断裂，南西端始于天全附近，向北东延伸经芦山大川、大邑双河、都江堰、彭州通济场、安县(今绵阳市安州区)、江油、广元插入陕西汉中一带消失。剖面上所见断裂破碎带并不太宽，一般为数米至 20 余米。平面上断裂的贯通性较差，表明可能是一条生成时间较晚的断裂。显示北西盘相对上冲，且具有走滑运动的脆性破裂特征[2]。

断裂的北西侧地层变形程度大，断层发育，南东侧地层变形相对较弱，断裂倾角为 50°～70°，以高角度逆冲为特征，灌县-安县断裂在遥感影像上线性特征明显，断裂两侧地貌差异明显，断层陡坎、断错水系、断错山脊和断错塘等构造地貌发育[2]。

8.1.4　山前断裂

山前断裂即广元-大邑隐伏断裂，以北东向展布于成都断陷区，其断续在雅安、灌口一带出露，大部分隐伏于地下，倾向北西，倾角不定，是一条隐伏的逆冲断裂，是龙门山构造带前缘逆冲推覆作用向四川盆地扩展的结果。2013 年 4 月 20日雅安市芦山县发生的 7.0 级地震即位于山前断裂[1]。

8.1.5　龙门山断裂带城市衰落现象研究综述

龙门山断裂带在地震及其次生灾害发生后的城市衰落主要表现在人口大量减少、经济产业遭受重创、建筑及基础设施损坏严重、地震受灾地区生态环境遭受严重破坏四个方面。

1. 人口大量减少

2008 年，汶川、青川、北川由于地震引发了 1701 处滑坡、1844 处岩石崩塌、1093 处边坡失稳，导致物质搬运，阻塞河道，形成堰塞湖。其中，北川县滑坡导致 1600 人被埋死亡，数百间房屋被毁。青川东河口滑坡，致使 7 个村庄被埋，死亡约 400 人。绵竹、什邡、茂县、安县、都江堰、平武、彭州均有次生灾害发生，造成大量人员伤亡。

2. 经济产业遭受重创

受灾的城市不仅在人口方面损失惨重，其经济与产业也遭受重创。"5·12"汶川地震对四川经济造成了严重的影响。由于生产资本受到严重损害，生产受到严重挫折，特别是在地方经济的关键部门，如直接关系经济正常运行的交通和公用事业部门，其直接经济损失占生产性资本总损失(不包括家庭损失)的 34%。地震后，无数的山体滑坡堵塞了河流和道路，许多桥梁被毁，电力、供水和通信中断。由此造成的损失是巨大的，其至少在短期内限制了生产过程，甚至改变了当地的生产结构。此外，中间消费的生产瓶颈可能放大了生产能力的不足。

3. 建筑及基础设施损坏严重

建成环境的损坏不仅影响居民居住与生活，还需要花费大量的财力物力来重建，而重建环境的不充分也导致城市衰落。近年来，四川龙门山断裂带活动频繁，发生大量或轻或重的地震及次生灾害，给断裂带周围山地城市带来巨大影响。

2008 年 "5·12" 汶川地震导致大量化工业受损，5 条国道、10 条省道干线公路部分路段严重受损和断道，部分地区道路、桥梁、电力等基础设施损失较为严重。

4. 地震受灾地区生态环境遭受严重破坏

震后环境，特别是地震次生灾害的影响，影响了当地的生态环境。"5·12" 汶川地震发生后至 2009 年 9 月，全区共发生 4 级以上余震 306 次（中国地震台网中心），其中 6 级以上余震 8 次，5～6 级余震 38 次。同时，还观察到许多次生灾害，在受灾最严重的地区引发了大量的地质灾害，对基础设施和公共设施造成了灾难性破坏。"5·12" 汶川地震后地质灾害的频繁发生与灾区的构造环境、地形参数、岩性、余震等密切相关。一是地震灾区位于龙门山活动断裂带北东走向，地震多发。在 "5·12" 汶川地震发生之前，1657 年的汶川地震（6.2 级）就被认为是由这条断层造成的。地震资料分析和野外观测表明，"5·12" 汶川地震在龙门山逆冲带北东走向产生了北川-映秀地表破裂、汉王-白鹿地表破裂和小玉洞地表破裂三个地表破裂带。大多数滑坡发生在主要地表破裂处，并集中在破裂的上盘。

8.2　龙门山断裂带重大地震及次生灾害现状研究

8.2.1　龙门山断裂带历史地震及次生灾害概况

我国现可查阅的相关历史地震资料始于公元 638 年，据记载，位于龙门山地区和岷山构造带的震级大于等于 4.7 级的地震多达 66 次，其中，位于龙门山断裂带中段及南段的较高等级的地震有 1957 年汶川地震，其震级为 6.5 级；1958 年北川地震，其震级为 6.2 级；1970 年大邑地区地震，其震级为 6.2 级，迄今为止该地区共发生高于 6 级以上的地震总计 19 次，4.7～5.9 级地震共 19 次。此外，龙门山地区小等级地震也十分频繁，震级为 2.0～4.6 级的地震主要分布于龙门山断裂带南段，其走向为东北走向，与龙门山南段地质灾害相比，北段的地质活动相对较弱。

笔者查阅了龙门山地区的相关地震资料，发现龙门山地区地震在近几十年内开始逐渐频繁，地质动荡等不稳定因素致使该地区再次发生地震的可能性十分大，而龙门山断裂带就是震源潜在的地震带，龙门山的三条主干断裂带的地质情况都十分复杂，由此可见，该地区一直以来且未来仍旧存在发生高等级地震的风险，其中北川-映秀断裂是引发地震的最主要断层，强震复发间隔至少应在 1000a 左右，因而，龙门山构造带及其内部断裂属于地震活动频度低但具有发生超强地震的潜在风险的特殊断裂，以逆冲-右行走滑为其主要运动方式[2]。

8.2.2 龙门山断裂带重大地震灾害研究

1. "5·12" 汶川地震概况

2008 年 "5·12" 汶川地震是我国自 1949 年以来破坏程度最大、灾害损失最严重的地震地质灾害，其地震等级达到里氏 8.0 级，最大烈度达到 11 度，与此同时，"5·12" 汶川地震还伴随着大规模的严重次生灾害，如泥石流、山体滑坡、崩塌、堰塞湖等。我国统计部门数据显示，汶川地震造成了多达 6.9 万人死亡，导致 37.4 万人受伤，另外还有 1800 余人在此次地震中失踪，4554.76 万人都遭受了地震及其次生灾害的严重影响。

"5·12" 汶川地震所带来的破坏是巨大的，就直接经济损失而言，大量的城市及房屋倒塌，其中震中所在地汶川以及重灾区北川尤为严重。遥感监测数据显示，该地区多达 150 万亩耕地遭受破坏，其损失率将近 10%，受损耕地多分布于评定的 18 个核心灾区。就道路交通等基础设施而言，道路桥梁、隧道、水电设施、通信设施等均受到严重的破坏，据统计，四川省的主要道路破坏量达到 22 条，其破坏道路长度总计 17 000km，四川部分地区多山，隧道是通往这些地区的重要生命线，但许多隧道在地震中发生坍塌，受损情况严重。就各产业受损情况而言，第三产业受损严重，众多工厂厂房受地震影响坍塌、受损，工业设施设备等被严重损坏，工业成就毁于一旦。据统计，四川省 14 207 家工业企业受到地震的影响。地震发生当年，地震导致的经济损失为 2007 年全国 GDP 的 3.43%，共计 8451.4 亿元，占四川省 GDP 的 80.4%。

从各层次各系统所公布的 "5·12" 汶川地震损失数据来看，地震所造成的破坏力是极大的，其对整个国家及多个省份的人民都带来了难以恢复的重大损失，人民的生命受到威胁，生活难以保障，赖以生存的生态环境遭受严重破坏，生产设施等遭到毁灭性破坏，许多家庭支离破碎、乡镇居民流离失所。

迄今，"5·12" 汶川特大地震已过去十余年，在政府及社会各界的支持下，地震灾区恢复重建在 2011 年 5 月基本完成。但是灾区的恢复发展仍然面临次生地质灾害的威胁。地震引发了诸多次生地质灾害，如山体滑坡、崩塌、泥石流。震后至今，汶川地震灾区已经发生了 "8·13" "7·10" 等多起大型滑坡泥石流，在未来的几年内该区域泥石流等次生灾害活动将更加频繁，这对灾区人民生命和财产安全造成了巨大的威胁[4]。因此，本书将 "5·12" 汶川地震灾区作为研究对象之一，分析重点受灾地区的衰落现象，从而提出衰落防治对策建议。

2. "4·20" 雅安地震概况

"4·20" 雅安 7.0 级地震发生于 2013 年 4 月 20 日，震中位于四川省雅安市芦山县境内。本次地震发生于龙门山断裂带南段，是在 "5·12" 汶川地震后龙门山地区再一次造成严重损失的地震,其地震原因是青藏高原中东部巴颜喀拉块体与四川盆地碰撞挤压。此次地震造成 196 人死亡、21 人失踪、11 470 人受伤,与"5·12"汶川地震相同,其造成了众多居民房屋和工业厂房的坍塌,许多建筑被毁,地震伴随着大规模的次生灾害,在此需要说明的是,"4·20"雅安地震与"5·12"汶川地震不同,起源于龙门山断裂带上的西南段,而这一断裂带是在"5·12"汶川地震时并未造成破裂影响的地段。

龙门山断裂带位于青藏块体东缘,由后山、中央、前山和山前隐伏等多条断裂呈叠瓦状构成。由于青藏块体向东挤压,遇到四川盆地刚性块体阻挡,导致青藏块体东缘软弱的下地壳物质向上逆冲挤出,沿二者之间的边界形成龙门山逆冲推覆构造带。"5·12"汶川 8.0 级地震发生在龙门山断裂带中北段,地表破裂带从南西向北东方向呈单侧扩展,震源机制为以逆冲为主兼右旋走滑分量,发震断层为出露地表的走滑逆断层。"5·12"汶川地震和"4·20"雅安地震都发生在龙门山断裂带中南段,但是从余震分布看,"4·20"雅安地震与"5·12"汶川地震之间的破裂并没有贯通。之前的研究表明,"4·20"雅安地震主震震源机制显示出高倾角的纯逆冲特征。震后野外现场调查未发现明显的地表破裂,结合断裂带及余震分布,西倾的断层面为"4·20"雅安地震的破裂面,龙门山断裂带南段的山前盲冲断层有可能为此次地震的发震构造,但究竟是哪条断裂,目前仍难有定论。GPS 同震位移结果表明,"4·20"雅安 7.0 级地震虽然致使龙门山断裂带西南段积累的应变有一定程度的释放,但由于未发生在主干断裂,因此释放的尺度有限。而"5·12"汶川地震以几乎纯逆冲破裂开始,破裂的后期兼有走滑特性。这两次地震分别向相反的方向破裂。因此,在"4·20"雅安地震与"5·12"汶川地震之间仍然存在一个"破裂空段",鲜有余震发生。"破裂空段"在两次强震应力加载下累积发震概率不断增大,如果周边区域没有发生显著地震且区域应力继续增强,这个"破裂空段"有可能发生破裂,使得"4·20"雅安地震与"5·12"汶川地震之间的破裂贯通[5]。

8.3　地震及次生灾害在经济因子下的衰落表征研究

8.3.1　基于经济要素的城市衰落诊断方法

本书选用受灾市县级 GDP 和农业相关指标数据对"5·12"汶川地震和"4·20"雅安地震进行衰落表征分析,此外由于 GDP 作为评价城市发展的经济相关因子,在某些时候由于受其他因素的影响不能完全地代表经济发展情况,故而本书还采用了阅读引用的方式,对相关学者用其他指标测算的"5·12"汶川地震间接经济损失进行了说明,其中包括夜间灯光反应的间接损失以及区域投入产出(adaptive regional input-output，ARIO）模型评估间接经济损失。

1. 基于受灾地区 GDP 和产值数据的多地区横向对比研究

为了直观地分析龙门山断裂带城市受地震灾害影响的表现，本节通过获取"5·12"汶川地震、"4·20"雅安地震两次龙门山高震级地震共 23 个研究对象的多项相关经济指标数据，对受灾地区 GDP、农民经济情况、农林牧渔业总产值等进行定量分析，通过图表趋势诊断重灾地区是否出现经济衰退现象。

2. ARIO 模型及其对地震间接经济损失的评估

ARIO 模型有利于评估自然灾害导致的对经济的间接损失。Hallegatte 等对该模型进行了全面描述，并将其应用于评估卡特里娜飓风对路易斯安那州的气候变化影响、哥本哈根海平面上升的影响以及孟买的洪水影响[6-8]。

李宁等利用 ARIO 模型对"5·12"汶川地震的产业间连锁反应进行了监测，并对四川"5·12"汶川地震的间接经济损失进行了评估[9]。ARIO 模型是在传统投入产出(input-output，IO)表的基础上改进的，用于区域灾害影响建模。它是一个有用的工具，可用于评估整体灾难冲击对区域经济系统造成的连锁反应。

8.3.2　重点市、州 GDP 概况

1. 阿坝藏族羌族自治州 GDP 概况

阿坝藏族羌族自治州作为"5·12"汶川地震严重受灾地区，在地震过后承受了严重的负面影响。通过分析 1999～2016 年阿坝藏族羌族自治州 GDP(图 8.1)可知，2008 年国内生产总值仅为 75.63 亿元，较前一年下降 25%，其中第二产业生产总值严重下滑，为前一年生产总值的 50%，第三产业发展情况也不容乐观，较前一年减少 20%，由此说明，"5·12"汶川地震对极重灾区各产业发展均存在极大的威胁，地质灾害所造成的各产业衰退是限制经济发展的重要原因。

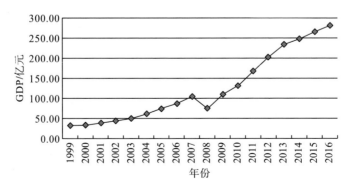

图 8.1　1999～2016 年阿坝藏族羌族自治州 GDP

通过分析 1999~2016 年阿坝藏族羌族自治州 GDP 可知(图 8.1),阿坝藏族羌族自治州经历了长期、迅速的经济发展。但是"5·12"汶川地震成为该地区发展的主要负面影响因素,并导致 2009 年 GDP 仅为 109.59 亿元,也就是将近 2007年的价值。此现象说明因为地震的原因,阿坝藏族羌族自治州的经济相当于失去了两年的发展时间。

2008 年之前,阿坝藏族羌族自治州的主导产业为第二产业,虽然第二产业长期是阿坝藏族羌族自治州 GDP 的主要部分,但是,2008 年及 2009 年第三产业成为该地区的主导产业。2007 年第二产业产值为 45.39 亿元,2008 年仅为 22.89 亿元,2009 年为 43.21 亿元(图 8.2、表 8.1)。可见,"5·12"汶川地震对阿坝藏族羌族自治州的工业影响非常大,造成的损失在一年半之内并未恢复。同时,突发性的产业结构变化对该地区的所有产业长期发展都具有负面影响。2008 年第一产业的增长主要来源于突发性的食品价格上涨,而并不是该产业的生产力提高。

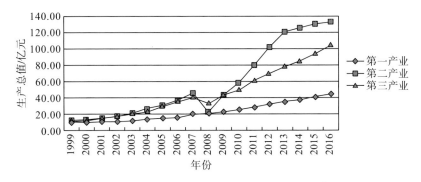

图 8.2 1999~2016 年阿坝藏族羌族自治州三次产业产值

表 8.1 1999~2016 年阿坝藏族羌族自治州 GDP 及三次产业产值 (单位:亿元)

年份	GDP	第一产业	第二产业	第三产业
1999	33.47	10.33	12.28	10.86
2000	35.28	10.13	12.57	12.58
2001	40.21	10.29	14.64	15.28
2002	45.21	10.47	16.92	17.82
2003	51.72	11.34	20.63	19.75
2004	62.65	13.46	26.27	22.92
2005	75.19	14.71	30.69	29.79
2006	86.98	15.66	36.82	34.50
2007	105.10	19.55	45.39	40.16
2008	75.63	20.20	22.89	32.54
2009	109.59	22.97	43.21	43.41
2010	132.76	25.13	58.53	49.10

续表

年份	GDP	第一产业	第二产业	第三产业
2011	168.48	27.86	79.67	60.95
2012	203.74	31.57	102.12	70.05
2013	233.99	35.04	120.84	78.11
2014	247.79	37.25	125.31	85.23
2015	265.04	40.84	130.02	94.18
2016	281.32	44.05	132.90	104.37

此外，对震中所在地阿坝藏族羌族自治州进行进一步研究，阿坝藏族羌族自治州是少数民族自治州，羌族和藏族文化给当地带来了具有发展潜力的旅游业，然而其下辖汶川县是此次"5·12"汶川地震的震中，阿坝藏族羌族自治州成为典型的严重受灾区。全州 13 县(市)均受到不同程度的影响。其中，极重灾区有汶川和茂县 2 个县，重灾区有理县、小金、黑水、松潘和九寨沟 5 县，一般灾区有金川、马尔康、红原、若尔盖和阿坝 5 个县(市)。"5·12"汶川地震不仅给当地人民群众生命财产造成巨大损失，而且给当地的旅游业造成重大损失。据不完全统计，阿坝藏族羌族自治州旅游经济因地震灾害损失达167.05 亿元[10]。

2. 绵阳市 GDP 概况

绵阳作为"5·12"汶川地震严重受灾地区之一，出现了经济增长缓慢现象。虽然该地区的 GDP 没有呈现负增长，但是 2008～2010 年的 GDP 生产总值增长速度非常缓慢，远远不如地震前及地震多年过后的年增幅(图 8.3)。

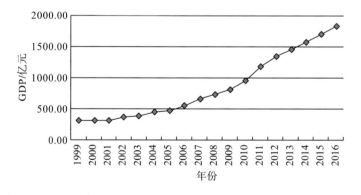

图 8.3　1999～2016 年绵阳市 GDP

"5·12"汶川地震对绵阳市的工业影响非常大，尤其是第二产业的发展受到了限制。地震对工业的负面影响主要表现在劳动力短缺及工厂破坏两个方面。

因此，绵阳的工业发展在地震后的三年都非常缓慢。2008 年第一产业的增长主要来源于突发性的农产品价格上涨，而并不是该产业的生产力提高。2009 年农业经历了衰退，可见地震后的短期食品价格上涨及相关短期利润上涨并无法变成长期发展第一产业的良好基础(图 8.4、表 8.2)。

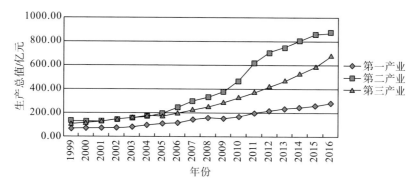

图 8.4　1999～2016 年绵阳市三次产业产值

表 8.2　1999～2016 年绵阳市 GDP 及三次产业产值　　　（单位：亿元）

年份	GDP	第一产业	第二产业	第三产业
1999	310.52	70.14	133.00	107.38
2000	317.89	71.19	131.40	115.30
2001	330.09	72.62	127.39	130.08
2002	369.71	76.70	149.60	143.41
2003	396.58	81.14	156.65	158.79
2004	454.94	100.41	172.65	181.88
2005	482.52	110.44	196.96	175.12
2006	560.84	116.18	245.34	199.32
2007	673.50	144.63	301.80	227.07
2008	743.16	158.09	331.59	253.49
2009	820.17	156.72	375.64	287.81
2010	960.22	166.49	468.27	325.46
2011	1189.11	199.23	616.56	373.32
2012	1346.42	219.19	706.22	421.01
2013	1455.12	238.96	747.61	468.55
2014	1579.89	247.64	805.33	526.92
2015	1700.33	260.05	858.93	581.35
2016	1830.42	280.29	876.04	674.09

总之，绵阳作为"5·12"汶川地震严重受灾地区之一，经历了经济增长缓慢现象。虽然最近几年该地区的发展比较稳定，但是可预测的是，如果当时绵阳没有受到地震的负面影响，其经济一定会比现在更发达。

3. 成都市 GDP 概况

成都作为四川省的省会，据抗震救灾总指挥部生产恢复组通报数据、国资委统计数据及第一财经日报在"5·12"汶川地震后公布数据得知，"5·12"汶川地震给成都市造成的直接经济损失约 1200 多亿元，地震对成都市经济的主要影响体现在以下几个方面。①工业受灾面大，成都市受灾的工业企业超过 4000 户，地处都江堰重灾区的企业损失较大，地处彭州市的企业受灾也比较严重，如地处彭州重灾区小渔洞镇的虹光化工厂损失较大，直接损失达 5009 万元，宿舍和厂房垮塌 14 000m²，设备毁损 216 台(套)，道路、通信、库房部分毁损，部分原材料损失。②对农业的影响较大，养殖业受灾严重，但抢收抢种成效明显。据市农委反映，成都市有受灾乡镇 47 个、受灾农户 91.12 万户，整个农村的受灾人口达到了337.38 万人，农田损毁 226.87km²，林地损毁 241.33km²，农屋损毁 388.96 万间，彻底倒塌 92 万间；农作物受灾面积达到了 279.8km²，其中粮食作物受灾 65.33km²、经济作物 214.47km²；养殖业牲畜圈舍损毁 2.87km²，牲畜死亡 866.21 万头。③旅游业遭受重创，市内重点旅游景区受损严重。世界级文化遗产都江堰景区中的主要建筑二王庙、伏龙观损坏严重，经济损失达 12 亿元，作为成都市避暑、度假地的彭州市银厂沟景区地质结构发生较大变化[11]。

2007 年以前，成都市 GDP 呈现指数型增长，在 2008 年"5·12"汶川地震这一年，其增长速度有些缓慢，直至 2011 年，其增长速度才逐渐恢复。但是，与极重受灾地区相比，成都市的 GDP 走势并没有受到较大程度的负面影响(图 8.5)。

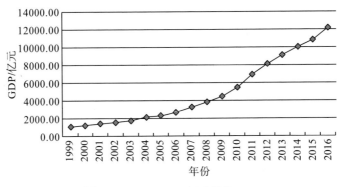

图 8.5 1999~2016 年成都市 GDP

图 8.6 可直观反映 2008~2010 年成都市第一、第二、第三产业均呈现经济增长减幅现象，但是不存在长期的衰退现象。可见，因为成都市不是极重受灾地区，

其经济并没有进入衰退或严重缓慢阶段，都江堰市作为成都市代管县级市及地震严重受灾区则出现经济衰退现象。

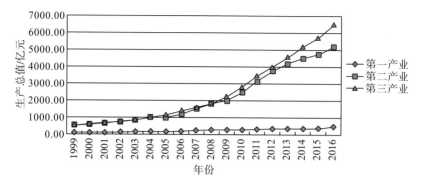

图 8.6　1999～2016 年成都市三次产业产值

成都下辖区域内仅都江堰市受灾严重，成都市内其他地区并未受到"5·12"汶川地震较大影响，对成都市 GDP 影响不大，灾害所呈现破坏数据主要来自都江堰(表 8.3)。

表 8.3　1999～2016 年成都市 GDP 及三次产业产值　　　　　（单位：亿元）

年份	GDP	第一产业	第二产业	第三产业
1999	1190.03	123.74	532.39	533.90
2000	1312.99	125.56	587.00	600.43
2001	1492.04	131.74	676.15	684.15
2002	1667.10	140.08	758.78	768.24
2003	1870.89	149.57	859.05	862.27
2004	2185.73	168.01	1021.99	995.73
2005	2370.77	182.05	1006.51	1182.21
2006	2750.48	195.13	1211.61	1343.74
2007	3324.17	235.10	1504.02	1585.05
2008	3900.99	270.15	1816.66	1814.17
2009	4502.60	267.77	2001.80	2233.03
2010	5551.33	285.09	2480.90	2785.34
2011	6950.58	327.34	3143.82	3479.42
2012	8138.94	348.10	3765.62	4025.22
2013	9108.89	353.17	4181.49	4574.23
2014	10056.59	357.07	4508.53	5190.99
2015	10801.16	373.15	4723.49	5704.52
2016	12170.23	474.94	5201.99	6493.30

可见，远离地震区域、偏离龙门山断裂带的地区，在同一时间段内经济发展较为稳定，由此可以说明，与成都相比，重灾地区所呈现的经济增幅下降、经济衰退等现象是地震及其次生灾害导致的。都江堰受灾导致成都市的经济增长是有一定的减缓，但成都市大部分地区不在龙门山断裂带上，故而整体影响并不十分明显。

4. 雅安市 GDP 概况

通过对相关研究的分析可知，地震对雅安市经济的影响在短期内都是负面的，而中期的灾后重建与基数效应又会使得当地经济出现更快增长。重灾区雅安市GDP 仅占四川省 GDP 的 1.67%，从各统计数据分析，"4·20"雅安地震对四川其他地区未造成大幅经济负面影响(表 8.4)。

表 8.4　1999～2016 年雅安市 GDP 及三次产业产值　　　　　(单位：亿元)

年份	GDP	第一产业	第二产业	第三产业
1999	67.08	16.73	32.18	18.17
2000	73.94	17.82	35.42	20.70
2001	81.05	19.00	39.03	23.02
2002	89.52	21.32	42.63	25.57
2003	100.35	21.84	49.98	28.53
2004	121.59	26.75	61.48	33.36
2005	126.47	28.35	56.86	41.26
2006	148.91	32.76	69.02	47.13
2007	176.75	38.49	84.29	53.97
2008	213.22	46.08	107.02	60.13
2009	239.61	44.80	124.50	70.31
2010	286.54	49.97	157.83	78.74
2011	350.13	56.87	200.38	92.88
2012	398.05	60.39	233.56	104.10
2013	417.97	63.25	240.23	114.49
2014	462.41	66.58	264.16	131.67
2015	502.58	72.44	280.92	149.22
2016	545.33	76.58	291.26	177.49

由图 8.7 可知，2013 年前雅安市 GDP 呈现指数型增长，在 2008 年"5·12"汶川地震这一年，其增长速度开始放缓，2013 年之后同样出现这种趋势。可见，"5·12"汶川地震及"4·20"雅安地震都对雅安市有负面影响，导致该地区

的经济发展受到了一定程度的限制。雅安市的经济发展与地震发生存在一定关联性(图 8.7)。

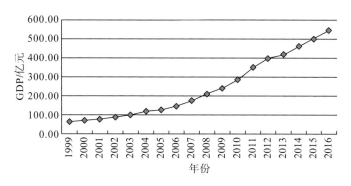

图 8.7　1999～2016 年雅安市 GDP

图 8.8 可直观反映 2013 年第二产业呈现经济增长减幅现象,可见,"4·20"雅安地震对该地区的工业影响非常大。地震对工业的负面影响主要表现在劳动力短缺及工厂破坏两个方面。因此,雅安市的工业发展在地震后变得非常缓慢(图 8.8)。

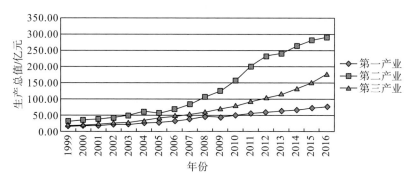

图 8.8　1999～2016 年雅安市三次产业产值

8.3.3　受灾县(市)GDP 分析

1. "5·12"汶川地震受灾县(市)GDP 分析

GDP 被视为能够反映一个地区经济状况的指标。通过对"5·12"汶川地震 12 个受灾县(市)2003～2016 年 GDP 进行统计,可见 2008 年几乎所有的地区都呈现明显的经济衰退。同时,2008 年过后的经济发展虽然显得比较迅速,但同时呈现不稳定的特征。影响最严重的地区主要为绵竹市、都江堰市、什邡市及汶川县等极重受灾地区。

2. "4·20"雅安地震受灾县(市)GDP分析

"4·20"雅安地震对受灾区的GDP负面影响较为明显。通过对"4·20"雅安地震11个受灾县(市)2003～2016年GDP进行统计,可见2008年几乎所有的地区都呈现明显的经济衰退。2013年的"4·20"雅安地震对雨城区、康定市、芦山县和泸定县带来的负面影响非常明显。这些地区的经济增长变得缓慢,甚至出现经济衰退现象。

值得一提的是,以上大部分地区受"4·20"雅安地震的影响没有"5·12"汶川地震那么严重。此现象说明这些地区在"5·12"汶川地震过后采取了相关措施并降低了地震对其经济带来负面影响的风险。同时这些数据证明某些专家提出的单独迁移受地震风险的人口并不是最佳解决问题方式,可见有效的地震后恢复也是可能降低地震造成的损失的。

8.3.4　基于 ARIO 模型的"5·12"汶川地震导致间接经济损失及重建进展评估

1. ARIO 模型介绍及其对"5·12"汶川地震间接经济损失的评估结果

李宁等[9]利用 ARIO 模型对"5·12"汶川地震的产业间连锁反应进行了监测,并对地震的间接经济损失进行了评估。ARIO 模型是在传统 IO 表的基础上改进的,用于区域灾害影响建模。它是一个有用的工具,可用于评估整体灾难冲击对区域经济系统造成的连锁反应。

根据李宁等的研究,第一轮间接经济损失来源于灾害损失造成的供不应求。①供应短缺:对生产设施的直接损害导致需要这些供应产品的公司出现投入短缺(远期间接损失)。对于生产者来说,有两种选择(适应行为)是可能的:如果产品是可运输的,则从受影响地区(进口)以外获得额外的供应。由于运费增加,这一策略将增加生产成本,当生产恢复正常时,产品仍由原本地供应商供应;从未损坏的工厂获得供应补给(过剩产能)。②减少需求:受损的工厂减少了对其他生产商投入的需求(后向关联的间接损失),或者来自家庭、政府、投资和出口需求的商品和服务供应减少。面对生产商和消费者因灾难而对商品和服务减少的需求,受影响的公司可能被迫缩减经营规模,或者他们可以找到其他渠道,如出口,以尽可能减少损失(适应行为)。直接损失和随后的间接工厂停产或关闭造成的高失业率将减少个人收入支付,并可能导致家庭的正常需求下降(表8.5)。

表 8.5　按 ARIO 部门划分的汶川地震给四川省造成的间接经济损失

序号	ARIO 模型产业部门	2008 年直接经济损失/亿元
1	农业(农业、林业、畜牧业和渔业)	83.6
2	采矿(煤炭、石油、天然气等)	107.1
3	制造业(食品、设备、机械等)	853.5
4	公用设施(电、热、气、水)	829.5
5	施工	25.5
6	运输、仓储和邮政服务	666
7	信息(计算机服务和软件产业)	115.7
8	批发和零售贸易	48.2
9	金融、保险、房地产、出租、旅游等	640
10	专业和商业服务(科研等)	400
11	其他服务	13.6
12	教育服务、医疗保健、社会保障和社会福利	380.4
13	文化、体育、娱乐、住宿和餐饮服务	60.5
14	政府(公共行政和社会组织)	267
15	户(住房和财产,包括汽车、家具等)	3000

2. 间接经济影响的解释因素

除了"5·12"汶川地震造成的严重直接损失外,灾区重建资金短缺、震后环境不稳定、建材价格上涨等也可能造成巨大的间接经济损失。

重要生产部门的严重直接经济损失是造成严重间接经济损失的重要因素之一,"5·12"汶川地震对四川省经济造成了严重的影响。特别是由于生产资本受到严重损害,生产受到严重挫折,在地方经济的关键部门,如直接关系经济正常运行的交通和公用事业部门,其直接经济损失占生产性资本总损失(不包括家庭损失)的 34%。地震后,无数的山体滑坡堵塞了河流和道路,许多桥梁被毁,电力、供水和通信中断。由此造成的损失是巨大的,它们至少在短期内限制了生产过程,甚至改变了当地的生产结构。此外,中间消费的生产瓶颈可能放大了生产能力不足。

产品价格上涨,劳动力短缺。"需求激增"是指由于重建需求可能比正常年度需求大几倍而导致的建筑行业价格和工资上涨。事实上,由于供应不能满足需求,特别是对于建筑材料,如水泥、砖块、木材、原木、钢铁,产品价格和劳动力成本往往在震后出现上涨。"5·12"汶川地震后,各类物资价格明显上涨。图 8.9 显示了 2008 年 5~11 月四川省受灾最严重地区和河北省未受地震影响地区的主要建筑材料价格变化情况。结果显示,受灾最严重地区的所有产品价格上涨了 5%～28%。页岩砖较震前上涨 28%。在 2008 年底至 2009 年 5 月国际钢材市场明显低迷的情况下，工字钢和鹅卵石价格上涨 13%，铁铸件价格上涨 15%，原木价格上涨 11%，冷轧带肋钢筋价格上涨近 10%，中砂和圆钢价格上涨 9%。

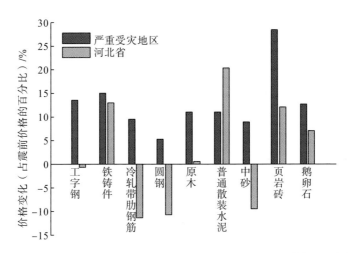

图 8.9 四川省受灾严重地区和河北省(未受地震影响)主要建筑原材料价格变动情况

地震后建筑材料价格的上涨受到几个过程的影响。一是生产能力尚未完全恢复，物资供应无法满足重建需求。此外，水泥、河砂和砖块不易运输，因此主要在当地生产，与其他货物相比，供应短缺更严重。为缓解这一问题，政府实施了多项优惠政策，包括减税、免税、价格干预、简化林业用地申请手续、鼓励砖混建筑企业投资等，尽管生产商可以从受灾地区以外的地方进口这些材料，但由于灾后运输基础设施受到严重破坏，运输成本增加。

劳动力供应是包括重建在内的经济活动的另一个关键制约因素。劳动力短缺，特别是住房改造技术人员短缺，严重影响了住房改造的进度。除此之外，地震还造成大量人员伤亡，更加剧了劳动力短缺。灾害对就业有两方面的影响：一是生产能力下降和企业破产减少了劳动力需求；二是重建需求增加了就业。根据具体情况，这些影响的结合可能会导致劳动力短缺或失业率上升。灾难甚至可能永久性地改变当地的就业结构。截至 2007 年底，"5·12"汶川地震已造成四川省 20.6% 的就业人口受灾，6.9 万多人死亡。在受灾最严重的地区，有 2.7%的人死亡，考虑到震后移民，灾区的人力资本可能会长期降低。地震后伤亡造成的结构性劳动力供应短缺，可能已经严重影响到重建进程。同时，四川省是劳动力输出大省，13.8%的就业人口在省外工作。虽然震后返乡支援重建的农民工短期返乡，在一定程度上弥补了劳动力不足的问题，但绝大多数来自这类农村地区的年轻劳动力通常会迁出该地区，到城市找工作，因此即使在正常情况下也会加剧劳动力短缺。

这些因素也导致工资上涨。

　　"5·12"汶川地震灾后重建总成本约 1000 亿元,几乎相当于 2007 年四川省的 GDP,占 2007 年中国 GDP 的 3.9%。此外,大多数人和企业不在保险范围之内。因此,资金短缺是重建的主要压力。特别是当家庭和企业不得不依靠自己的资源为重建提供资金时,他们往往会节省更多的钱来偿还由此产生的债务,从而减少消费和最终需求。这些宏观经济的反向传播造成的经济损失是不容忽视的。

　　总之,"5·12"汶川地震造成的间接经济损失为 3010 亿元,占直接经济损失(7490 亿元)的 40%。ARIO 模型预测重建时间约为 8 年。"5·12"汶川地震也显示出四川省及周边地区的高地震风险,由于近期地震的社会经济成本急剧增加,建立保险体系成为减轻灾害风险的当务之急。为了满足这一需要,政府计划建立一个巨灾保险制度。

　　通过数据反映,地震在短期内对所在地区经济的影响都是负面的,但有些地区从中期来看,由于受到受灾后所必需的灾后重建与基数效应的影响,在 GDP 等指标上会反映出当地的经济增长加快的现象。通过分析可知,灾害发生后,短期内四川省多个市、县级地区都出现了与同期全国甚至是四川省级不同的明显经济下滑现象,但在一年后由于灾后重建,部分地区开始出现经济回升,部分地区出现了长期影响下的经济增长率下降趋势,还有少部分地区出现了长期的经济衰退现象。

　　对重点市、州 GDP 概况,受灾县(市)GDP 分析,受灾县(市)农业经济情况进行研究,分别对受"5·12"汶川地震和"4·20"雅安地震影响的 23 个县(市)及 5 个市进行数据分析,其结果反映了地震影响较为严重的地区其一、二、三产业大部分都出现了不同程度的下滑现象,总体而言,简单 GDP 数据无法反映当地企业及小型公司的生存状况,实际经济情况比数据表象更为严重,多数受灾地区企业及其员工短期经济休克及长期的经济危机依旧持续。

　　基于夜间灯光影像的"5·12"汶川地震导致间接经济损失及重建进展评估和基于 ARIO 模型的"5·12"汶川地震导致间接经济损失及重建进展评估的结果相似,两者对间接经济损失评估及恢复时间的评估也较相似。可知,地震的直接经济损失及间接经济损失都成为四川省"5·12"汶川地震极重受灾区的经济拖累。

8.4　地震及次生灾害在人口因子下的衰落表征研究

8.4.1　基于人口要素的城市衰落诊断方法

　　本书将从人口因子入手,对 1999～2016 年的人口数据进行分析,从宏观表现进行分析,选取成都市、绵阳市、广元市、阿坝藏族羌族自治州这四个地区,对其做出人口及自然变动情况宏观表现分析，以探究"5·12"汶川地震及其次生灾害在四川省内大区域中是否存在严重人口衰落现象。

8.4.2　重点市、州人口及自然变动概况

1. "5·12"汶川地震受灾市、州人口及自然变动

1) 成都市人口及自然变动

1999～2006 年成都市人口及自然变动见表 8.6。

表 8.6　1999～2016 年成都市人口及自然变动

年份	年底总人口/万人	非农业人口/万人	出生率/‰	死亡率/‰	自然增长率/‰
1999	1003.6	336.2	8.2	5.9	2.3
2000	1013.3	345.9	9.6	6.6	3.0
2001	1019.9	354.8	7.1	5.5	1.6
2002	1028.5	365.7	6.6	6.4	0.2
2003	1044.3	386.2	6.6	6.0	0.6
2004	1059.7	453.7	6.8	5.9	0.9
2005	1082.0	543.9	6.3	4.7	1.6
2006	1103.4	571.5	6.8	4.9	1.9
2007	1112.3	595.5	7.6	5.6	2.0
2008	1125.0	612.1	7.7	5.6	2.1
2009	1139.6	629.4	7.7	5.7	1.9
2010	1149.1	650.9	6.77	4.83	1.94
2011	1163.3	705.7	7.11	5.03	2.08
2012	1173.4	716.7	8.65	6.17	2.48
2013	1188.0	728.7	7.33	5.01	2.32
2014	1210.7	755.8	8.12	5.23	2.89
2015	1228.1	720.6	9.57	6.08	3.49
2016	1398.9	614.3	11.73	6.54	5.19

注：数据来源于官网，并进行了四舍五入。下同。

从前文对历史地震的概述可知，四川地区的地震都来自西北方向，是受龙门山、鲜水河地震带的影响，成都市区历史上并未发生过大的地震。地质学家、中国科学院院士刘宝珺指出："成都所在的扬子地块与周边的造山带是完全不同的地质构造单元，边缘的大断裂就像一堵墙把二者隔开了。成都和龙门山之间有一个由相对松软的沉积物充填的拗陷，能部分地衰减来自龙门山的地震波对成都的冲击。即像'护城河'一样，大大减轻了龙门山地震对成都主城区的冲击。"

从 1999～2016 年成都市人口及自然变动图(图 8.10)中可观察得出,成都市人口仍旧在正常范围内增长,受"5·12"汶川地震的影响较小,但隶属于成都市的都江堰市及彭州市是主要的受灾区,其中,都江堰市有 3069 人遇难,彭州市有 952 人遇难,但由于成都市人口数量庞大,成都市下辖少数县级市受灾对其整体城市人口影响不明显。

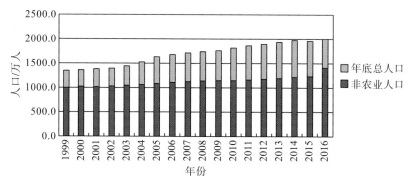

图 8.10　1999～2016 年成都市人口及自然变动

2) 绵阳市人口及自然变动

由图 8.11 可知,2008 年绵阳市人口自然增长率出现 1999～2016 年唯一负值,为-1.2,死亡率高达 8.9‰,由此可知,其人口自然增长受到"5·12"汶川地震及其次生灾害的极大冲击。2008 年前后绵阳市自然增长率与死亡率呈现对称趋势,且在灾后几年内其自然增长率仍呈现下降或低增长的情况,由此可知,"5·12"汶川地震对绵阳市人口长期衰落存在直接且明显的关系。

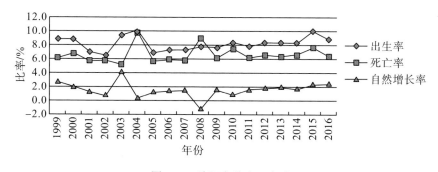

图 8.11　绵阳市总人口变动

3) 广元市人口及自然变动

由图 8.12 与表 8.7 可知,2008～2010 年广元市死亡率呈现小幅上涨,直至 2011 年后,该地区自然增长率才处于稳定增长水平,由图中曲线可知,由于地震导致的死亡人数在 2008 年上升以外，2009～2010 年的死亡率也出现了大幅上涨，本书认为，震后一两年死亡率上升是当地人口在地震当年所造成的创伤导致的，这一创伤既包括身体创伤，也包括心理创伤，广元市受灾县(市)区域内重伤人数较多，此外从心理创伤来说，地震引起的创伤后应激障碍的危险因素和保护因素往往使人们更容易患上创伤后应激障碍，这些疾病均与震后几年该地区死亡率的升高有着密切关系。

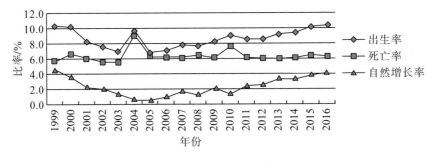

图 8.12　广元市总人口变动

表 8.7　1999～2016 年广元市人口及自然变动

年份	年底总人口/万人	非农业人口/万人	出生率/‰	死亡率/‰	自然增长率/‰
1999	301.4	52.8	10.3	5.7	4.6
2000	302.6	54.8	10.2	6.6	3.6
2001	303.2	56.1	8.3	6.1	2.2
2002	303.8	57.2	7.6	5.6	2.0
2003	304.1	59.1	6.9	5.5	1.4
2004	303.9	59.5	9.7	9.1	0.6
2005	304.2	60.4	6.8	6.3	0.5
2006	306.2	61.8	7.1	6.2	0.9
2007	307.4	62.7	7.8	6.2	1.7
2008	310.4	64.4	7.7	6.5	1.2
2009	312.7	66.8	8.3	6.1	2.2
2010	310.9	68.4	9.05	7.67	1.37
2011	311.2	70.0	8.51	6.11	2.40
2012	311.7	71.3	8.56	6.03	2.53
2013	310.2	72.2	9.21	5.95	3.26
2014	310.1	73.5	9.38	6.12	3.26
2015	305.3	73.5	10.16	6.42	3.74
2016	304.8	236.2	10.36	6.26	4.10

4) 阿坝藏族羌族自治州人口及自然变动

阿坝藏族羌族自治州辖马尔康 1 市，金川县、小金县、阿坝县、若尔盖县、红原县、壤塘县、汶川县、理县、茂县、松潘县、九寨沟县、黑水县 12 县。其中，汶川县映秀镇为此次"5·12"汶川地震的震中，汶川县在地震中死亡 15 941 人，受伤 34 583 人，失踪 7 930 人。

由于阿坝藏族羌族自治州是少数民族聚集地，属于高出生率地区，人口增长数量本应该相比其他地区稍高，但由表 8.8 中数据可知，2008 年阿坝藏族羌族自治州人口自然增长率相比上年下跌 1.7‰，由此可见"5·12"汶川地震对于该州的人口损失严重。

表 8.8　1999~2016 年阿坝藏族羌族自治州人口及自然变动

年份	年底总人口/万人	非农业人口/万人	出生率/‰	死亡率/‰	自然增长率/‰
1999	81.6	15.3	12.3	4.9	7.4
2000	82.9	15.5	17.3	5.4	11.9
2001	83.5	15.8	10.9	4.3	6.6
2002	83.8	16.2	9.6	3.6	6.0
2003	84.7	16.5	13.0	5.0	8.0
2004	84.8	16.8	12.9	7.2	5.6
2005	85.1	17.3	12.2	5.9	6.3
2006	85.8	18.0	9.9	4.8	5.1
2007	87.4	18.5	9.8	4.7	5.1
2008	88.2	18.8	9.6	6.2	3.4
2009	89.2	19.7	9.6	4.2	5.4
2010	89.9	20.2	9.89	4.72	5.17
2011	90.7	20.4	8.72	3.74	4.98
2012	91.4	20.8	8.76	3.72	5.04
2013	92.0	20.5	8.48	3.43	5.06
2014	92.2	20.8	8.40	4.64	3.76
2015	91.4	31.5	9.59	4.47	5.12
2016	92.0	65.7	9.87	4.21	5.66

据图 8.13 可知，2008 年死亡率较前一年增长 1.5 个千分点，人口自然增长率达到 17 年来最低水平(3.4‰)。

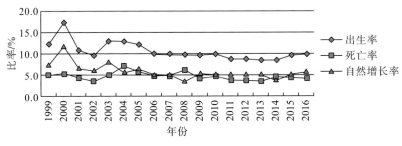

图 8.13   阿坝藏族羌族自治州总人口变动

5）"4·20"雅安地震受灾地区人口及自然变动

与"5·12"汶川地震受灾市、州人口及自然变动研究模式相同，本节选取雅安地区数据，仍对 1999～2016 年的人口数据进行分析，对其做出人口及自然变动情况宏观表现分析，以探究"4·20"雅安地震在该市级范围内是否存在严重人口衰落现象。

由表 8.9 中数据可知，2013～2015 年雅安地区的人口自然增长率大幅下跌，由此可判断，在"4·20"雅安地震后，雅安地区在人口自然增长方面存在一定的人口衰落问题。

表 8.9   1999～2016 年雅安地区人口及自然变动

年份	年底总人口/万人	非农业人口/万人	出生率/‰	死亡率/‰	自然增长率/‰
1999	149.0	27.2	9.4	6.0	3.4
2000	149.8	27.6	11.5	6.7	4.8
2001	151.1	28.7	11.7	5.5	6.2
2002	152.6	29.6	9.9	5.3	4.6
2003	153.1	30.2	10.7	4.6	6.1
2004	153.4	31.2	11.8	7.4	4.4
2005	154.3	33.3	9.3	5.1	4.2
2006	152.6	33.8	9.4	5.0	4.4
2007	153.7	34.3	10.1	5.8	4.3
2008	154.5	34.6	10.0	5.6	4.4
2009	155.2	36.1	10.5	6.3	4.2
2010	154.9	37.5	9.32	5.80	3.51
2011	155.8	38.6	8.66	5.22	3.44
2012	156.5	39.3	8.76	4.97	3.79
2013	157.0	42.6	9.04	5.48	3.55
2014	157.2	43.6	8.48	5.66	2.82
2015	154.9	54.0	9.03	8.77	0.26
2016	155.0	89.2	9.21	5.34	3.87

据图 8.14 可知，雅安地区人口自然增长率自 2013 开始连续下跌，出生率水平也存在多年下降趋势，由此可见，雅安地区人口受"4·20"雅安地震及次生灾害影响尤为严重，致使该地区人口出生率多年才回归正常水平。

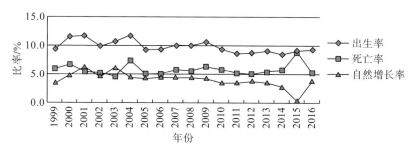

图 8.14　雅安总人口变动

8.4.3　灾后心理障碍对人口要素影响研究

地震作为一种自然灾害，不仅会造成人员死亡、身体疾病、基础设施破坏和经济损失，还会对相关人员的心理健康产生长期影响。地震时，瞬时的强烈破坏会导致经历这一过程的灾区居民出现心理障碍，如创伤后应激障碍(post-traumatic stress disorder，PTSD)、抑郁、认知障碍、人格障碍等。

地震灾害是相对突发、瞬时、广泛损害财产和生命的公共事件，对人们的社会网络和基本日常生活产生系统性的持续破坏性影响。灾后，受灾地区恢复城市基础设施和安置灾民面临巨大困难，当资源过度紧张，社区基础设施受到影响时，情况往往会变得更糟。这可能导致失业、缺乏住房和食物、身体健康和心理健康服务差、学校关闭、学校和工作缺勤、家庭功能失调和大量人口流离失所。

虽然地震是最常见和最具破坏性的自然灾害之一，但人们对其心理健康后果和作为社会风险因素的关注相对较少。创伤后应激障碍是大地震的常见后果。有学者曾对地震幸存者进行评估，发现抑郁症和其他心理健康问题很常见。震后数周或数月可能出现抑郁和创伤后应激障碍，除了在地震中伤亡的居民，地震还引起了受灾地区内未受直接影响的人们的担忧，这些焦虑情绪引发了一种急需帮助的欲望和一种压倒性的绝望感。这种无助、绝望和不知所措的感觉是抑郁症的典型症状。

1976 年，中国唐山发生严重地震，造成 24.2 万人死亡，16.4 万人重伤，房屋和基本服务设施普遍被毁。研究人员评估了分娩之前曾经历了地震的妇女后代成年样本和未亲身经历地震的对照组的抑郁症状。唐山的孕妇在地震中承受了严重的压力。相关文献表明，暴露于产前应激可改变发育中的下丘脑-垂体-肾上腺轴，并对后代产生长期的负面影响。

另外，情绪应激对心血管系统有着显著的影响，急性或慢性应激与心血管疾病的发生有着明显的关系，1~3 级地震是产生高水平应激的灾难性自然事件。

一些研究表明，在一次不可预测的地震后，特别是在地震发生当天，与心脏相关疾病的猝死人数有所增加。Chen 等发现，"5·12"汶川地震发生后，11 例患者无论年龄、性别、是否确诊或怀疑患有高血压，其平均血压和心率均明显升高。研究表明，地震后心血管反应迅速，尤其是血压和心率的升高。此外，高血压患者血压昼夜节律异常与已知的地震猝死昼夜变化一致[12]。

综上，地震及其次生灾害对于城市居民生活的影响是持续性的，心理上的伤害同样是导致受灾地区居民健康生活的极大阻碍，龙门山断裂带所发生的地震及其次生灾害程度严重，受灾者不计其数，年轻群体的心理障碍和抑郁症对于该地区城市建设和发展都是十分不利的，灾害导致的心理障碍与灾害导致人员伤亡的表现不同，其趋势不会直接反映在当年的人口自然增长率降低或死亡率上升中，但从长期来看，这一问题会导致受灾地区的人口自然增长率低于正常发展速度、劳动力人口发展缓慢以及高知城市人口的减少。因此，灾后心理障碍也是人口衰落的一大间接因素。

地质生态环境与城市是人居住生活的载体，人地关系是相辅相成、相互作用的结果，因而人口是在地震及其次生灾害发生时最易受到影响的群体之一。相比暴发力极强的地质灾害，人面对地震和泥石流、滑坡、坍塌等灾害时的应对能力是十分微弱的，此次研究观察得出，大多地区人口受地震影响程度与城市所遭受地震强度呈现正向相关，不过由于各个城市的人口组成和主导产业的不同，其自然增长率、死亡以及人口变化情况会存在一定的差距，另外间接的灾害影响如心理障碍等也是城市人口衰落的一大关键因素，而这一部分却是当前研究较少关注的。

总之，由汶川及雅安重灾区的数据表明，在地震及其次生灾害发生当年，各地区均存在死亡率上升及人口自然增长率不正常下跌现象，震后多年人口增长仍不能恢复震前增长速度水平。此外，农业人口受地质灾害影响明显，与其他产业人口相比呈现低增长率甚至负增长趋势。

8.5 地震及次生灾害导致受灾地区的衰落结论

本书以龙门山断裂带地区为研究对象，以 2008 年"5·12"汶川地震及 2013 年"4·20"雅安地震的重灾区为研究区域，通过对以上地区的人口和经济数据进行分析，对多地区进行横向对比研究，研究了地震及其次生灾害对龙门山地区城市及乡村的衰落影响，主要得出以下结论。

8.5.1 地震及次生灾害导致受灾地区人口衰落

"5·12"汶川地震及"4·20"雅安地震造成的人员伤亡极其严重，与其他城市衰落现象最大的区别是，地质灾害导致的城市衰落现象过程是突然、短时的。

对于受灾地区居民而言，这个过程是痛苦的，是没有心理准备的，而环境地质灾害能够在短时间内造成城市衰落的重要原因之一就是大量的人口流失，人口的衰退源于一部分人口因地震及其次生灾害死亡，此外还存在许多因为灾难留有心理创伤而流失的人口。

龙门山断裂带的分布比较集中，这在一定程度上影响了当地劳动力的供给。此次研究通过对重点市、州人口及自然变动、受灾县(市)人口变动、受灾县(市)劳动力情况的研究发现，地震发生以后，重灾地区都出现了人口自然增长率大幅下跌甚至为负值，死亡率为多年来最高，龙门山许多地区人口结构发生变化，部分地区农业人口比例降幅达到20%左右，部分地区在灾前几年各产业就业人口较为稳定，但在地震发生当年有一定的下降或缓慢增长现象。由此表明，第一，地震及其次生灾害对龙门山地区的人口自然增长水平造成了一定程度的破坏，且该水平在短期内无法回归正常；第二，地震及其次生灾害对城市及乡村环境造成了极大破坏，产业发展受阻、道路等基础设施破坏等原因也致使该区域人口在地震发生后出现大幅下降，导致了部分受灾严重地区人口迁移等现象。

8.5.2　地震及次生灾害导致受灾地区经济衰落

龙门山断裂带地区由于地质条件的不稳定性，瞬时的地震及频发的次生灾害对该地区的城市发展都存在着较大的威胁。建筑物损毁、倒塌，基础服务设施的损坏，道路交通塌方等引起的财产损失是地震灾害损失中最多见的财产损失。本书从产业经济角度对龙门山地区经济衰落现象进行总结。

1. 第一产业

地震导致农作物被毁、耕地土层被破坏、地质条件发生变化，造成粮油等主要农作物产量减少，尤其是重灾区可能会出现产量锐减，由于地震灾害极易对农村水利设施造成破坏，农业水利设施的储水蓄水能力以及调水能力都被大幅削弱，使得灾后农民用水安全及农业重建可能面临较大的难题，此外，地震发生后，山区交通会受阻，偏远农村地区更易出现生产生活物资短缺现象。由于农资供应延迟，遇上农作物的关键生长期，轻则使农作物生长周期延长，重则绝育无收。据此次研究中的经济分析得知，龙门山地区受地震或地震次生灾害影响的地区大多出现了第一产业衰退现象，部分地区农业产业急剧下降，致使此类农村地区在震后快速衰落。

2. 第二产业

由于地震造成资源和环境的严重破坏，加剧了资源短缺，制约对资源的开发与增值，进而阻碍和制约区域经济的可持续发展，许多城市工业也出现经济下滑现象，导致该地区城市经济发展受阻。

3. 第三产业

本书通过研究发现，地震对旅游经济的影响是巨大的，旅游景区、基础设施遭受破坏，特别是旅游目的地形象受到损害，这是一个需要长期恢复的过程。因此受到地震等其他次生灾害影响的以旅游业为主的城市或乡村，其产业衰退与生态环境恢复存在极大关系，而地质条件破坏是长久性、难恢复的，故而地震及次生灾害所导致的以旅游业为主的城市经济衰退十分严重且无法在短时间内恢复自然增长水平。

另外，经济稳定及平衡容易被地震所带来的损失剥夺。但是，四川省龙门山断裂带地区的经济证明了虽然"5•12"汶川大地震对其的影响极其严重，但"4•20"雅安地震时该地区已不像从前那么脆弱。龙门山断裂带虽然地质条件不甚稳定，但仍具有较好的可修复性和衰落可控性及发展潜力，综上，龙门山断裂带地区在可持续发展的方面取得了一些成功并期待更好地发展。

参 考 文 献

[1] 姜大伟，张世民，李伟，等. 龙门山南段前陆区晚第四纪构造变形样式[J]. 地球物理学报，2018，61(5)：1949-1969.

[2] 陈立春，陈杰，刘进峰，等. 龙门山前山断裂北段晚第四纪活动性研究[J]. 地震地质，2008，30(3)：13.

[3] 李勇，黄润秋，周荣军，等. 龙门山地震带的地质背景与汶川地震的地表破裂[J]. 工程地质学报，2009，17(1)：3-18.

[4] 李源. 汶川地震灾区社会经济脆弱性研究[D]. 成都：成都理工大学，2018.

[5] 韩笑. 城镇化与地质灾害耦合关系研究[D]. 北京：中国地质大学，2016.

[6] Hallegatte S. An adaptive regional input - output model and its application to the assessment of the economic cost of Katrina[J]. Risk Analysis：An International Journal，2008，28(3)：779-799.

[7] Hallegatte S，Ranger N，Mestre O，et al. Assessing climate change impacts，sea level rise and storm surge risk in port cities：A case study on Copenhagen[J]. Climatic Change，2011，104(1)：113-137.

[8] Ranger N，Hallegatte S，Bhattacharya S，et al. An assessment of the potential impact of climate change on flood risk in Mumbai[J]. Climatic Change，2011，104(1)：139-167.

[9] 李宁，吴吉东，崔维佳. 基于 ARIO 模型的汶川地震灾后恢复重建期模拟[J]. 自然灾害学报，2012，21(2)：8.

[10] 张金. 汶川地震灾区阿坝州旅游经济振兴发展研究[D]. 成都：西南财经大学，2013.

[11] 况刚. 汶川地震对成都市经济的主要影响及思考[J]. 西南金融，2008(8)：16-17.

[12] Chen Y，Li J，Xian H，et al. Acute cardiovascular effects of the Wenchuan earthquake：Ambulatory blood pressure monitoring of hypertensive patients[J]. Hypertension Research：Official Journal of the Japanese Society of Hypertension，2009，32(9)：797-800.

第9章　城市地质生态相关课题研究概述
——以山地城市为例

本章是笔者个人对于城市地质生态相关课题研究的一个方向性的思考，是城市地质生态课题研究实验及研究方法的总结。本章还探讨了几个课题研究的可能性，笔者希望借本章内容为大家打开思路，提供未来城市地质生态相关课题的研究方向，以便进一步完善对城市地质生态学的研究。

9.1　地质生态变化下山地城市规划新技术与方法研究

地质生态学是研究地质地理学中的生态学问题，并且把人类经济活动影响下"岩石圈-生物圈"自然技术系统中发生的作用作为地质生态学的自然科学研究内容。地质生态环境作为城市生存的重要而复杂的承载系统，其不同的状态和变化将影响相应的城市建设和发展，对此应有相应的城市规划理论和技术方法。课题结合山地城市独特的地质生态环境，以三峡水库蓄水、"5·12"汶川地震等一系列人为因素和自然因素引起的地质生态变化对相关城市影响为基本案例，通过区域地质生态环境调查，用 GIS 等技术手段对区域地质生态环境质量进行评价，从城市生存的最重要且复杂的承载系统——地质生态去研究问题的本质，对地质生态环境与城市协调发展关系进行科学分析与预测，采用地质生态学理论对地质生态变化下的山地城市进行研究，寻找其与传统规划技术与方法的差异性，构建适合于地质生态变化下的山地城市规划新技术与方法，探索地质生态城市理论，促进城市规划学科发展。

9.1.1　立项依据与项目研究意义

三峡水库蓄水、"5·12"汶川地震等一系列人为因素及自然因素引起不同的地质生态变化活动对城市建设和发展的影响日益引起人们的重视，更成为城市科学相关领域研究的重要课题之一。山地城市规划建设、土地利用、地下水资源、地下空间开发利用等领域都涉及山地城市地质生态问题，因此，迫切需要我们开展山地地质生态方面的研究，同时复杂的山地地质生态变化给山地城市规划工作提出了许多新问题、新需求，急需构建一套与之相适应的规划新技术与方法，急需从城市生存的最重要而复杂的承载系统——地质生态去研究问题的本质,去寻求影响城市建设和发展的根本问题。课题依托三峡水库蓄水后移民县——重庆开州区城市规划及四川绵阳江油市、平武县"5·12"汶川地震灾后重建规划等实际研究项目为研究基本案例,用地质生态学理论对山地地质生态变化的城市进行研究,构建适合于地质生态变化下的山地城市规划新技术与方法,探索地质生态城市理论,促进城市规划学科进一步发展,为制定合理的山地城市发展规划和建设"在可持续发展基础之上的合理有序、自我更新、充满活力的城市生命体"和"生态环境友好、经济集约高效、社会公平和睦的城市综合体"的和谐山地城市提供科学的依据。

9.1.2 研究内容、研究目标及拟解决的关键科学问题

1. 研究内容

1)地质生态变化下的山地城市地质生态环境承载力研究

(1)完善地质生态环境调查指标体系。

(2)建立地质生态环境数据库,并结合地质生态环境模型构建模型库,为分析评价准备基础资料。

(3)运用趋势外推法对地质生态环境承载潜力进行预测,建立地质生态环境承载力模型与 GIS 等技术的耦合分析评价模型。

(4)针对地质生态变化对山地城市建设的复杂影响,研究山地地质生态变化下的城市地质生态环境承载力,预测和分析区域土地生产状况和可承载人口的能力。

2)地质生态变化下的山地城市结构体系布局研究

探索和完善山地城市有机松散、分片集中、分区平衡的结构体系,根据自身地质生态环境找出最适合自己的生存和发展的布局结构与发展形势。

(1)深入调查地质生态变化与山地城市及区域的相互影响,并确定两者耦合体系的标准化指标。

(2)通过总结地质生态变化的类型以及对山地城市造成的复杂影响,运用结构方程模型分析方法,探索两者之间的对应关系、规律及变化,并总结出山地城市结构的模式。

3)地质生态变化下的山地城市合理人口规模研究

研究地质生态变化下的山地城市的人口规模主要是从山地地质生态环境承载力和山地地质生态变化的角度对地质生态环境人口容量进行评价。

(1)考虑不同需求层次的人口数量及用地布局的变化,对地质生态环境可承载

人口规模及用地规模进行估算，计算承载差额。

(2)应用环境容量等级系数计算和等级划分方法,对土地资源人口容量进行总体评价，得出地质生态环境在不同时期可承载的不同生活类型人口数量的状态。

4)地质生态变化下的山地城市基础设施覆盖密度和结构研究

我国山地城市地质生态环境特殊，地震、泥石流、滑坡等地质生态变化活动的频繁发生对城市基础设施破坏较大，加上我国山地城市公共基础设施建设本身相对落后，阻碍了现代工业品、信息、科技等要素向山区城市的扩散，阻碍了发达地区对欠发达地区带动作用的发挥，也限制了山地城市经济社会的发展。

(1)基于山地地质生态变化城市的城市规划应结合其特有地质生态环境，深入调查地质灾害发生时山地城市基础设施的受损程度，分析地质生态变化对山地城市基础设施的影响。

(2)探讨研究地质生态环境与城市基础设施布局及建筑密度之间的关系，寻求基于山地地质生态变化的城市基础设施合理的布局密度及布局空间结构。

5)地质生态变化下的山地城市公共服务设施系统布局研究

针对我国地质生态变化下的山地城市还存在公共服务产品供给规模效益低下、公共服务设施相对不够健全、区域公共服务设施发展不平衡等问题，研究探讨统筹山地城市公共服务设施发展规划，促进公共服务设施的合理布局建设。

(1)针对山地城市地质生态环境复杂、城市建设用地紧张等的特点，研究总结山地城市公共服务设施布局与平原城市的差异性。

(2)基于山地城市居民使用公共服务设施的行为特征和公共服务设施系统本身的特征进行分析，提出地质生态变化下的山地城市公共服务设施规划布局对策，以便更好地指导地质生态变化下的山地城市的公共服务设施系统规划设计，从多方面入手对地质生态变化下的山地城市公共服务设施系统做出系统化、科学化的统筹安排。

2. 研究目标

课题在分析传统城市规划技术与方法的基础上，结合山地城市特有的地质生态环境，从地质生态学的角度，研究山地地质生态变化与经济社会发展的动态平衡关系，针对地质生态变化所引起的山地城市建设发展问题和矛盾进行广泛的研究分析，并从城市生存的最重要而复杂的承载系统——地质生态环境去研究问题的本质，寻求影响城市建设和发展的根本问题。特别是对地质生态变化下的山地城市规划技术与方法进行深层次的理论探讨和研究，寻找其与传统规划技术与方法的差异性，并以此为基础，构建地质生态变化下的山地城市规划新技术与方法，探索地质生态城市理论，并促进城乡规划学科的进一步发展。

3. 拟解决的关键问题

(1)构建山地城市地质生态环境承载力调查分析方法体系。

(2)确定地质生态变化下的山地城市布局结构及发展规模。

(3)探索地质生态变化下的山地城市设施规划。

9.1.3　拟采取的研究方案

本课题采取文献研究法、调查研究法、定量与定性分析法、跨学科研究法、模拟法(模型方法)，系统科学方法、实证研究、GIS 等多种方法相结合，实证分析、分析反馈问题并最终解决问题，其研究方法的突出特色是，深入开展山地地质生态调查，以取得准确翔实的第一手资料，将其规律及变化特征用于对地质生态变化下的山地城市规划方法研究，并将与传统的规划技术与方法进行比较，得出其差异性，寻求适合于地质生态变化下的山地城市规划新技术与方法。

9.1.4　研究特色与创新之处

尝试将学术界较前沿的地质生态学引入城市规划学科中。突出本课题研究的交叉学科性，探索在地质生态学、城市规划学、人居环境学、城市地质学、生态学、山地城市学的研究之间的相关性，优化传统的城市规划技术方法，为城市规划学科的方法理论研究提供新的视角。

建立地质生态环境的调查数据库与评价体系。以 GIS 等技术手段进行地质生态环境评价，实现地质生态环境信息的存储、管理、查询、分析评价及结果表达等的一体化与可视化，提高地质生态环境数据的科学管理和综合分析能力，评价过程和结果直观地反映地质生态环境容量的空间分布规律及其变化特征。

通过对山地地质生态环境质量的空间分布规律及其变化特征与地质生态变化下的城市规划展开深层次研究，寻求其与传统规划技术与方法的差异性。地质生态变化的不同时期，可承载不同的城市规模、人口规模等要素，其所对应的山地城市规划的布局和模式以及运用的技术方法也有所不同。

具体技术路线如图 9.1 所示。

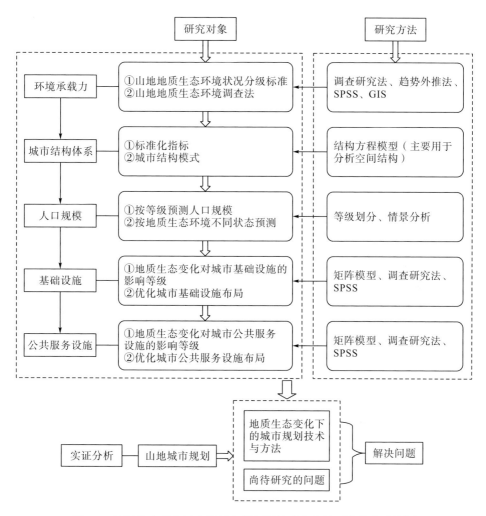

图 9.1　地质生态变化下山地城市规划新技术与方法研究技术路线图

9.2　地质生态环境与山地城市衰落现象修复研究

　　城市衰落是指城市发展过程中的停滞或后退的现象,是城市发展生命周期中的一种必然现象。现代城市意义上的衰落更多表现在城市在发展过程中自然环境、社会文化、产业经济及城市结构形态等诸多组成要素因各自条件变化出现的停滞、倒退和衰减,甚至包括雾霾引起的城市居民的健康生活品质下降和传统工业迁移转型等。地质生态环境变化是诱发城市衰落的最直接和最重要的因素之一,地质生态环境是人类社会、地质环境和生态环境的有机整体,不同的状态和变化将影响城市的发展，甚至直接导致城市的衰落。课题依托我国山地城市，以三峡库区城市迁移、四川地震频发带城市变化，以及由污染(雾霾等)引发的传统能源产业转型城市等为研究的基本案例，通过区域地质生态环境和山地城市衰落现象的调查，结合遥感影像图库、ArcGIS 地理空间信息分析等手段建立数据库，并利用 SPSS 等数学分析软件，融合生态修复工程技术，研究基于地质生态环境的山地城市衰落现象与修复方法，科学合理地制定山地城市规划建设。

9.2.1　立项依据与项目研究意义

城市衰落是指城市发展过程中的停滞或后退的现象，是城市发展生命周期中的一种必然现象。"城市兴起—城市繁荣—城市衰落(甚至死亡)—城市复兴"共同构成了城市周而复始、螺旋上升的生命循环，其中衰落现象从古至今在世界范围内各国城市均有出现，但产生原因和表现形式具有相对的多样性。现代意义上的城市衰落更多表现在城市在发展过程中自然环境、社会文化、产业经济、城市结构形态等诸多组成要素因各自条件变化而出现的停滞、倒退和衰减，甚至包括雾霾引起的城市居民的健康生活品质下降和传统工业迁移转型，以及城市之间相互比较过程中地位的降低等。

地质生态环境变化是诱发山地城市衰落的最直接和最重要的原因之一。地质生态环境泛指与人类社会经济环境相关联的地质环境、生态环境形成的有机整体，是环境系统的重要构成，是人类社会、地质环境和生态环境的有机整体，不同的状态和变化将影响城市的发展，甚至直接导致城市的衰落。山地城市具有分布广泛、数量庞杂、地质构造复杂、地质活动频繁、地质灾害严重、生态系统脆弱等地质生态环境的多样性特征。并且山地城市生态环境一旦被破坏，具有修复周期长、难度大，严重影响山地城市的建设发展，诱发山地城市的迅速衰落等特点。因此，迫切需要我们从地质生态环境的角度展开对山地城市衰落现象与修复的关联研究，探讨地质生态环境因素引起的山地城市衰落现象，引入生态修复的理论方法和科学技术，构建完善的山地城市衰落修复体系。

近年来，城市衰落的相关研究引起了西方学术界的广泛重视，但我国的研究还存在着很大的差距，同时国际国内都缺乏从地质生态环境和地质生态学的角度对山地城市衰落多样性的专项研究。课题依托我国山地城市，以三峡库区城市迁移、四川地震频发带城市变化，以及由污染(如雾霾等)引发的传统能源产业转型城市等为研究的基本案例，深入分析地质生态环境影响的山地城市衰落现象，发展城市衰落与修复理论，促进城市规划学科发展，填补国际国内从地质生态角度研究城市衰落的空白，通过从地质生态定性定量地分析城市衰落的现象及成因，为政府科学的决策提供参考依据，对科学合理地制定我国山地城市规划建设具有非常重大的意义。

9.2.2　研究内容、研究目标及拟解决的关键科学问题

1. 研究内容

1) 地质生态环境与山地城市建设的相关性研究

(1) 选择不同地质生态环境下的山地城市作为研究对象,调查研究山地城市所独有的地质生态环境,建立地质生态环境与山地城市建设的内在影响关系。

(2) 建立山地城市发展变化数据库,并与平原城市的发展变化进行对比研究,总结在不同地质生态环境作用下山地城市与平原城市的差异性。

(3) 完善山地城市地质生态环境的调查评价指标体系,结合地质生态环境模型构建山地城市地质生态环境数据库,研究山地地质生态环境因子对山地城市发展变化的作用机制,构建多因子综合评价模型。

(4) 确定地质生态环境和山地城市建设的耦合体系的标准化指标。

2) 基于地质生态环境的山地城市衰落现象研究

现代社会,科学的进步和社会生产方式的变迁使城市综合实力的判定变得更为复杂、系统和科学,也使城市衰落的表现多样化。地质生态变化下山地城市的衰落主要是在城市外部力量主导下环境的不宜居,以瞬时、大规模、连锁效应和长效影响为特点,对地质生态环境变化下的山地城市衰落现象与规律进行预测和评价。

(1) 调查山地城市在地质生态环境多因子因素作用下的衰落现象,建立现象数据库,归纳此类衰落山地城市的表现,并划分衰落山地城市类型,总结其特征及一般规律。

(2) 针对不同地质生态环境因子作用下的山地城市建成区衰落现象进行研究,探讨这类衰落山地城市建成区地质生态环境与城市规划布局、建设密度和强度之间的不适应性,深入调查地质生态环境变化下(地质灾害、泥石流、地震等)山地城市建设区的受损程度,分析地质生态环境各影响因子对山地城市建成区衰落的影响程度,运用相关分析法建立地质生态环境因子对山地城市衰落的影响分析评价 SPSS 模型。

(3) 研究地质生态环境作用下的山地城市区域自然环境衰落现象,探讨地质生态环境变化下山地城市区域自然环境承载力,研究地质生态环境作用下山地城市自然系统、土地生产状况、自然资源承载状况的衰落程度,运用相关分析法建立地质生态环境因子对山地城市衰落的影响分析评价 SPSS 模型。

(4) 研究地质生态环境作用下山地城市衰落对城市社会群体的影响,针

对城市居民生活品质、社会群体心理影响、城市地域文化等非物质环境进行评价,探讨地质生态环境作用下山地城市衰落对城市社会群体影响的相关性大小。

3) 基于地质生态环境的山地城市衰落成因机制研究

不同的地质生态环境作用下城市衰落现象是多方位和多因素综合作用的结果,研究不同地质生态环境影响下不同类型的山地城市的衰落现象和特征规律,探索不同地质生态环境因子对山地城市衰落的影响机制。

(1) 分类型、深入研究地质、水文、土地、气候、资源等地质生态环境自然因素对山地城市衰落的作用,收集实证案例数据,建立各因子分析评价模型。

(2) 分类型、深入研究大型工程项目、资源过度使用等地质生态环境人为因素对山地城市衰落的作用,收集实证案例数据库,建立相关因子分析评价模型。

(3) 分类型、深入研究环境污染(如雾霾、城市热岛效应等)对山地城市衰落的作用,如城市居民生活品质下降和产业转型引发的城市功能布局的转型等。

4) 山地城市衰落的生态修复技术适应性与模式优化研究

对于地质生态环境因素作用的山地衰落城市,从城市生态系统变化和修复的视角,运用恢复生态学、景观生态学、生态工程理论等方法理论体系,引入科学的生态修复技术,研究从环境改变影响城市可持续发展的新方法。

(1) 建立山地城市生态修复技术数据库,找出能够应用于地质生态环境因素作用下山地衰落城市修复的技术。

(2) 通过模拟实验和情景分析方法,探索区域生态修复手段与地质生态环境类型的对应关系和作用机制。

(3) 运用结构方程模型分析等方法,研究区域生态修复技术在地质生态环境因素引起的衰落山地城市的城市生态系统建设方面的应用,重点研究单因子修复和多因子综合修复两个方面,总结出基于地质生态环境的城市衰落现象修复的结构组织模式。

2. 研究目标

课题选择不同地质生态环境影响下的山地城市为研究对象,分析地质生态环境影响山地城市建设的根本性问题;结合山地特有的地质生态环境,寻找地质生态环境和山地城市衰落现象间的相关性,深入研究山地城市衰落现象的形成原因、表现和影响,并分别建立相关数据库和评价指标体系,得出山地城市衰落现象中由地质生态环境因素导致的山地城市衰落现象的根本性原因；课题以梳理传统山地衰落城市的修复案例，融合先进科学的生态修复工程技术，对山地衰落城市从外部到内部环境的生态修复入手，着重思考应对地质生态环境因素作用的山地衰落城市的修复方法，优化山地衰落城市的规划建设理论，探索山地衰落城市生态修复技术的理论与方法，促进山地城市的可持续发展。

3. 拟解决的关键问题

构建山地城市建设的发展变化数据库，研究地质生态环境与山地城市建设的相关性，从而建立地质生态环境与山地城市建设之间耦合的标准化评价指标体系，通过指标体系分析地质生态环境因子对山地城市建设的影响程度。

归纳基于地质生态环境的山地城市衰落现象的表现特征和规律，对山地城市衰落类型进行分类，建立地质生态环境作用下山地城市衰落的特征指标量化评价模型，通过 SPSS 软件分析地质生态环境因子对山地城市衰落的作用，探讨基于地质生态环境下的山地城市衰落成因机制；基于城市生态系统变化和生态修复的视角，通过模拟实验和情景分析方法，采用科学的生态修复工程技术，重点研究单因子修复和多因子综合生态修复技术在地质生态环境因素引起的衰落山地城市的城市生态系统建设方面的应用，探索山地城市衰落的生态修复技术的适应性与模式优化问题，总结基于地质生态环境的山地城市衰落修复的结构组织模式，建立基于地质生态环境的山地城市衰落现象与修复的理论和方法。

9.2.3　拟采取的研究方案

1. 研究方法

1）文献研究与实地调查相结合

地质生态环境与山地城市建设相关基础性资料应通过文献查阅获得。如以时间为线索的山地城市地质生态环境基础情况，以空间为单位的山地城市地质生态分布状况，以山地城市建设情况为核心的山地城市人口、经济增长情况等数据，需要通过大量阅读相关文献以及查阅各年度政府工作报告、政府工作数据库等。对于重要基础数据需要通过实地调研进行核对、校准，以确保研究具有现实意义。对于获取难度较大，对本书研究有突出意义的数据，需制定调查报告，分阶段进行实地调查研究，从而分析和总结在地质生态环境下山地城市衰落的现象和类型。

2）定性分析与定量分析相结合

传统的地质生态学研究多采取定性的方法，进行地质生态相关规律的研究总结缺乏定量研究。本课题定性分析山地城市地质生态状况，并采用因子分析的方法归纳总结对山地城市建设有突出作用的地质生态因子，构建地质生态环境若干要素数据。基于已有数据库的建立，采用定量分析的方法，筛选数量化的地质生态及山地城市建设数据，对其进行相关性的定量分析，研究两者间可能存在的数量关系。对于前期收集到的无量纲数据，采取专家打分法等方法进行赋权，再研究其与地质生态环境间存在的数量关系。

3) 数学研究方法

皮尔逊相关性分析法以及线性回归分析法等能够通过理性的数学手段，寻找大量数据样本间的相关关系。在前期基础数据库建立的基础上，进行山地城市社会经济数据与地质生态重要因子的相关性分析，需要在 SPSS 软件中进行因子间皮尔逊相关性等数学分析，通过相关性分析，建立地质生态环境与山地城市建设的单因子模型。在此基础上，进一步利用多元线性回归法等方法，建立单个地质生态环境因子变化对多个山地城市建设环境影响以及多个地质生态环境因子变化对单个山地城市建设环境影响的双向回归模型。

4) 案例实证分析与技术应用相结合

针对地质生态影响下的山地城市兴衰模型，提出规划的可实践性方案。在此基础上，将研究得出的以上理论及实践方案应用于西南山地城市相关案例地区，从而实现科学合理的管控规划，优化规划区生态环境的目的。课题研究中，将生态修复技术、3S 技术应用等多种方法相结合，并运用城市移动气象站、便携式多参数水污染检测仪、空气污染检测仪等多种城市地质生态测站来科学测定研究区地质生态环境，并运用于后期的长时间规划管理。

2. 关键技术

1) 地质生态环境基础资料及其处理技术

地质生态环境基础资料的收集整理是本课题研究的基础性工作。课题拟在收集、分析归纳的基础上，对地质生态环境资料进行筛选、分类，建立对应的地质生态环境数据库，不但为相关城市规划管理部门提供了可利用的城市地质生态环境分布情况档案，对课题的进一步研究也有关键性意义。由于地质生态环境包含内容多且广，课题在对包含城市区域以及城市外围区域的整个地理地质生态圈进行基础性分析之后，重点对与山地城市相关的地质生态环境资料进行收集。其主要内容包括：山地城市地质地貌资料、山地城市土壤资料、山地城市水文资料、山地城市微气候资料、山地城市植被分布状况及覆盖程度资料。

根据以上 5 个重点地质生态环境资料的特征，结合已有相关研究，进行针对性的基础资料收集和处理工作。

(1) 山地城市地质地貌资料，采用文献阅读等方法，对城市已有地质地貌数据进行整理。对于现状缺乏的关键性地质地貌数据，可运用野外勘测仪器进行实地情况的具体测量。

(2) 山地城市土壤资料，与地质地貌数据相似，主要采取文献阅读及整理的方式，对于重点数据可利用土壤年代、成分分析仪进行具体的指标测定。

(3) 山地城市水文资料，以时间为线索，整理研究城市一系列时间线上的空间分布状况及水体质量等相关信息。

(4) 山地城市微气候资料，在山地城市历史微气候资料的基础上，使用移动气候站，进行近期微气候资料的收集。

(5) 山地城市植被分布状况及覆盖程度资料，利用遥感影像，使用 ERDAS 软件对遥感影像进行解译，以获得大范围的城市区域植被覆盖数据。

2) 山地城市基础资料及其处理技术

山地城市基础资料主要指以社会经济指标为主的，包含山地城市发展与衰落情况在内的山地城市社会经济基础资料。考虑到不同山地城市社会经济条件的差异，将所研究的山地城市按其经济水平分类，在此基础上进行不同类别的社会经济资料收集。为深入研究地质生态环境对山地城市衰落的影响，且考虑到课题研究的针对性及山地城市发展的特殊规律，收集山地城市社会经济数据主要包括人口相关资料、社会经济产值相关资料及城市建设相关资料，主要采用文献查阅的方式，并对已收集的资料进行分类，录入 ArcGIS 数据库，进行分类处理。

3) 生态修复工程及其处理技术

基于课题建立的地质生态数据库、山地城市社会经济数据库，分析两者间的相关性，并建立单因子以及多因子回归模型。针对地质生态环境影响下的山地城市兴衰模型，提出基于不同城市环境的可实践方案，运用于自然生态变化下的规划的调整与应对。在规划管控过程中应用有针对性的生态修复技术。利用生物化学技术、环境学技术，结合生态的景观学设计进行合理的多学科、多部门共同参与的生态可持续的山地城市规划。

3. 技术路线

技术路线如图 9.2 所示。

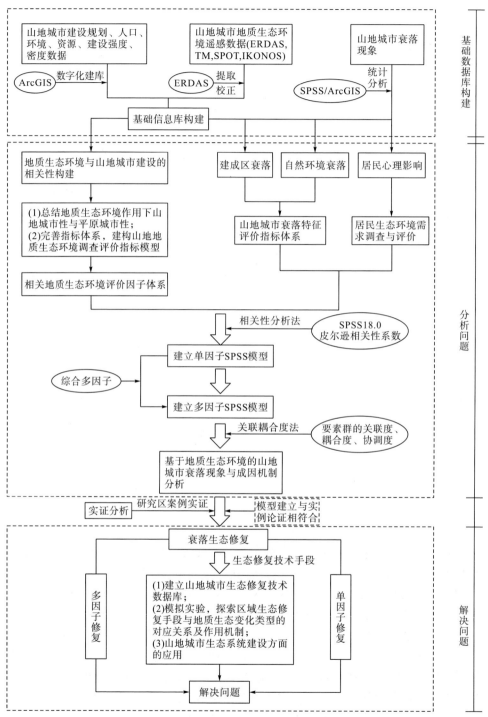

图 9.2　地质生态环境与山地城市衰落现象修复研究技术路线图

9.2.4　研究特色与创新之处

本课题提出以地质生态环境视角分析山地城市的衰落现象，并引用地质生态学的理论研究山地城市衰落的根本因素，建立由地质生态环境变化引发的山地城市衰落现象的调查数据库和评价体系。针对现有城市衰落现象研究缺乏中观和微观研究的问题，对城市衰落现象进行分类型、细化研究。分别建立地质生态环境作用下山地城市衰落现象形成原因、表现和影响的指标体系，通过细化的指标评价系统更加直观、科学地反映现象的一般规律、变化特征和影响。

拓展城市衰落现象研究的范围，提出将环境污染(如雾霾等)和传统产业转型等现象与地质生态环境变化的城市衰落现象及修复联系在一起；创新传统山地衰落城市复兴方法，探索生态修复方向，建立地质生态环境变化影响下的山地城市衰落修复技术与方法体系。

尝试将学术界较前沿的地质生态学、城市衰落理论和生态修复研究引入城市规划学科中。突出本课题研究的交叉学科性，探索在地质生态学、城市衰落研究、生态修复工程学、城市规划学、人居环境学、城市地质学、生态学、环境学、山地城市学的研究之间的相关性，填补国内外学界从地质生态环境角度研究城市衰落与修复的空白，为城市规划学科的方法理论和城市发展研究提供新的视角。

9.3　地震及次生灾害影响下山地乡村衰落现象识别及规划应对

研究山地乡村衰落现象，为保持乡村健康发展提供理论与实践支撑。现代乡村衰落现象表现在乡村发展过程中自然环境、社会经济文化等诸要素变化下出现的停滞和衰减。山地乡村自然环境复杂、环境地质灾害频发等都将影响乡村发展，甚至导致乡村衰落。课题从环境地质灾害视角出发，以地震及次生灾害为切入点，以课题组长期在龙门山断裂带地震及次生灾害频发区的相关乡村研究项目为基本案例：①结合遥感影像图库、ArcGIS 地理空间信息分析等手段，完善地震及次生灾害影响下乡村衰落主要现象收集与处理；②利用 SPSS 等数学分析软件，识别人口迁移与结构变化、乡村产业经济和道路交通基础设施三大衰落现象，寻找与其他地区乡村衰落现象的差异性；③选取道路交通基础设施作为重点实证研究的基础，提出规划应对干预，为龙门山断裂带地震及次生灾害频发区乡村健康发展提供服务，为环境地质灾害频发区的乡村规划和深入研究城乡衰落现象提供一定的理论参考。

9.3.1　立项依据与项目研究意义

1) 乡村衰落现象正逐渐影响乡村建设正常发展

乡村衰落是指乡村中常住人口的减少，农业生产、人居环境、公共基础设施等衰落的现象。随着我国工业化的快速推进，我国的城市化也逐步加快，乡村衰落随之而来，乡村衰落的表现主要有以下几点：常住人口减少、村落房屋空置、耕地(包括旱地和水田)抛荒现象严重、人居环境恶化。乡村的衰落与城市化是相辅相成的。这既是一个不可逆转的历史进程，也是一个社会剧烈变革的过程。石田宽在《日本的乡村聚落》中，研究了第二次世界大战后日本城市的快速发展及工业规模的不断扩大对乡村地区的影响。他认为日本经济的高速发展，吸纳了大量的农村劳动力，使得乡村地区的人口减少，再加上日本大部分地区是山地，基础设施建设的难度较大，无法满足人们对高质量生活的追求，使得乡村村庄凋敝。因此，乡村的衰落问题不仅仅是其历史发展过程中的表象，更是一个包括经济、社会、人类生活等的综合问题。

2) 研究山地乡村衰落现象为保持乡村健康发展提供理论与实践支撑

我国是一个乡土性的农业大国，其根基就在于乡土，而乡村则是乡土发展的主要载体。近年来，我国的乡村衰落是一个渐进的历史演变进程，其演变结果要经历较长时间跨度和复杂的社会经济变迁，关注乡村的衰落问题即是关注乡村的发展问题，本课题将在乡村建设理论的构建上有所补充。①引起学界及相关人员重视环境地质灾害引发的山地乡村衰落现象。针对目前人们对山地乡村衰落现象缺乏足够认识、学界对其相关议题难以进行阐释的问题，本课题研究基于地震及次生灾害影响的乡村衰落现象，以期为国际国内从环境地质灾害，尤其是地震以及次生灾害角度研究，对其衰落现象进行系统的阐述和科学的回答。②多层面揭示乡村发展的重要性和必要性。探究山地乡村的衰落原因，分析我国现阶段乡村发展的重要性和必要性。同时也在微观层面有助于探索山地乡村发展过程中各要素之间的关系，中观层面从国家政策、市场机制、社会意识方面探索发展的有效路径，宏观层面有助于把握区域生态文明建设、文化传承、产业发展路径。③发掘并识别地震及次生灾害影响下的衰落现象并提出规划应对干预。从历史经验看，我国是地震多发国家之一，尤其是山地灾害发生频率高、危害影响大，给乡村的发展带来极大的危害。鉴于国内外的文献大都是从建筑美学、社会文化或者人文地理视角来研究乡村衰落，极少从地震及次生灾害视角来探讨村庄衰落现象，故本课题选取地震及次生灾害角度研究山地乡村衰落问题，探讨造成山地乡村衰落的诱因及对山地乡村衰落的影响，为构建和谐山地人居环境提供一定的借鉴。

3) 自然现象中环境地质灾害是引起山地乡村衰落的主要因素之一

就山地乡村而言，受自然因素的限制和自然环境变化导致的多种环境地质灾害极大地加剧了衰落问题的产生。例如，山地乡村由于地质条件发生变化，地震、泥石流、山体滑坡等环境地质灾害逐年频发，使得该地区人口外迁，从而导致山地乡村衰落，故而环境地质灾害作为山地乡村衰落的主要原因之一，应当予以重视。①环境地质灾害指区域性地质生态环境变异引起的危害，如区域性地表沉降、干旱半干旱地区的荒漠化、石山地区的水土流失、石漠化和区域性地质构造沉降背景下山地的频繁洪灾、泥石流等。②但值得注意的是，地震及次生灾害是环境地质灾害中对乡村发展影响最显著、威胁最大的灾害之一。山地乡村地质生态环境具有分布广泛、数量庞杂、地质构造复杂、地质活动频繁、地质灾害严重、生态系统脆弱等多样性的特征。③英格玛·舒马赫提出城市的发展状况与灾害的发生呈强相关性，尤其是山地城市，项目组根据长期的实践与研究，将研究对象进一步锁定在山地乡村，发现其生态环境一旦被破坏，所需修复周期长、难度大，严重影响着山地乡村的建设发展，具有诱发山地乡村迅速衰落的威胁。

4) 选取地震及次生灾害作为山地乡村衰落的切入点，为继续研究其他衰落现象及成因提供一定的理论基础

大量乡村受到城市化进程的影响逐渐产生衰落现象，而在山地地区，由于其复杂的地质环境，地质灾害成为加剧乡村衰落的主要原因之一。在山地地区，地质结构不稳定、地质动荡频繁，易于产生不同程度的地震，地震在发生过程中，受地震波的影响，增加了地表变形和裂缝，降低了土石的力学强度指标，从而引起地下水位的上升和径流条件的改变，进一步创造了滑坡、泥石流的形成条件。课题组在参与实际规划项目的编制中发现具有类似地质环境条件的芦山等区域的山地乡村受到地震及其次生灾害的影响，与类似规模的平原乡村相比，衰落现象更加剧烈。又由于课题组在对此片区进行总体规划，故本次选取地震以及次生灾害具有代表性的山地乡村，结合国内外乡村衰落研究、深入分析受地震以及次生灾害影响的山地乡村衰落现象，探寻地震以及次生灾害对山地乡村衰落的应对机制，并在其区域内予以实行，促进城市规划学科发展，填补国际国内从地震以及次生灾害角度研究乡村衰落的空白，通过定性、定量地

分析乡村衰落的现象及成因，为政府科学地决策提供参考依据，对科学合理地制定我国山地乡村规划建设和对受地震以及次生灾害频发制约的山地乡村的应对规划具有非常重大的意义，为继续研究其他衰落现象及成因提供一定的理论基础。

5)选取龙门山断裂带地震频发区作为典型研究对象，为这一地区的乡村健康发展提供针对性的特殊服务，同时为相似地质环境区域提供一定的实践依据

四川龙门山断裂带是自东北向西南沿着四川盆地边缘分布、沿青藏高原推覆在四川盆地之上的一条裂缝，其是在龙门山主体应力的蓄积过程中，蓄积力到了一定程度地壳破裂从而产生的裂缝，不稳定的地质结构在地质环境及自然环境的影响下，引发了持续、频发的不同程度的地震、滑坡和泥石流等环境地质灾害。自 12 世纪以来，此区域共发生破坏性地震 25 次，其中 6.0 级以上地震 20 次，包括 2008 年"5·12"汶川 8.0 级地震、2013 年"4·20"雅安 7.0 级地震，而雅安地震震中附近区域近 40 年已发生 4 次 6.0 级以上地震，同时每年大小地震不断，并引发一系列的次生灾害。近年来，乡村衰落的现象愈趋明显，尤以四川龙门山断裂带地震及次生灾害频发区最为严重。

课题组在所编制的受地震及次生灾害影响严重的龙门山断裂带相关乡村的规划项目中发现，除了受正常城市化过程的影响之外，由于其地质环境的复杂性，受地震及次生灾害的影响，这些地区在人口、经济、交通及基础设施方面等均出现了严重的乡村衰落现象。受"5·12"汶川地震与"4·20"雅安地震的影响，芦山县、江油市和平武县均出现了不同程度的乡村人口负增长现象，如龙门乡、飞仙关乡、思延乡、大川乡、江油市以及平武县的乡村人口均呈现出缓慢增长、增长停滞甚至逐年下降的趋势，为探究地形及环境地质灾害对乡村发展的影响，课题组另择其他地区进行对比研究，虽其乡村地区受到城市化影响也出现不同程度的衰落趋势，但相较之下，受地震及次生灾害影响的龙门山断裂带的乡村衰落趋势更加明显。因此，课题组以龙门山断裂带地震频发区为实验研究基地，为后续其他相似的地质环境地区奠定广泛的研究基础，以期促进受地震及次生灾害影响严重的山地乡村地区的经济发展，提出适当的规划应对。

9.3.2　研究内容、研究目标及拟解决的关键科学问题

1. 研究内容

1)地震及次生灾害对山地乡村的影响识别

现代社会，科学的进步和社会生产方式的变迁等使乡村综合发展的判定变

得更为复杂、系统和科学，乡村的发展也呈现多样化的特征。因此，明晰地震及次生灾害对山地乡村发展的影响识别是课题后续研究的基础。为了更加客观地掌握地震及次生灾害对山地乡村的影响程度和作用机制，有必要采取数据量化的方法进行评价。同时，为了对山地乡村的发展状况有进一步的了解，通过人口、GDP、乡村建设等经济数据以及其他相应指标，对其影响的衰落阶段进行研判。

(1)收集地震发生的山地乡村的基础数据，包括人口的迁出与迁入、乡村产业经济发展的状况、道路等重大基础设施实施状况、乡村建设区的变化等。

(2)厘清地震及次生灾害对乡村发展的影响程度及作用机制，其中包括指标的具体名称、构建说明、计算方法、数据来源、可视化操作、时空序列对比等。

(3)项目组长期致力于龙门山断裂带地震及次生灾害频发区的规划实践工作，依托"5·12"汶川地震重灾区——江油市灾后重建城乡总体规划与30多个乡镇受灾评估，平武县、小金县受灾城乡评估与城乡总体规划，以及"4·20"雅安地震震中芦山县4个镇的村镇总体规划与控制性详细规划(在之前灾后重建规划基础上的修编规划)等大量的实践项目为课题提供了实验基础。因此，以龙门山断裂带地震及次生灾害频发区作为研究区域，重点分析"5·12"汶川地震和"4·20"雅安地震两次重大地震及次生灾害对该区域乡村的影响，对其长期的人口迁移、产业变动、乡村建设等进行分析，从而能够对提出的指标体系进行实践操作后的检验修正，以达到科学合理的评判标准。

2)基于地震及次生灾害影响下的山地乡村衰落现象的规划应对干预

通过对衰落现象的典型表征研究，对三大衰落主要现象提出一定的规划应对干预，但由于乡村衰落现象属于多因素共同作用的结果，在课题研究范围内不太可能对各方面均提出全面的规划应对干预，但认为地震及次生灾害在道路交通方面对乡村衰落的影响尤为严重，交通基础设施的损坏阻碍了经济发展，一定程度上也造成了乡村的人口流失，从而导致山地乡村受地灾频发的影响逐渐衰落。故课题组从三大衰落主要现象之一的道路交通角度出发，仅针对道路交通在地震及次生灾害中的衰落表征，提出衰落乡村道路选线的规划应对干预，建立相关地质因子评价体系，通过数据统计、遥感手段、地理信息系统(GIS)等技术手段建立地震及次生灾害和山地乡村衰落技术数据库，结合多种分析方法建立运输适宜性评价体系，进而运用定量方法制定受地震及次生灾害影响最小的山地乡村交通网络，以期建立一个在地质环境稳定时期保证乡村积极健康发展的稳定交通网络、地灾发生时期不受或受灾害破坏极小的生命及应急物资运输通道，以及灾害发生后期快速恢复衰落乡村建设的交通选线评价体系，以城乡规划的视角从道路网络体系方面为受地震及其次生灾害影响的衰落山地乡村提出应对指导。

3）次生灾害对山地乡村衰落主要现象识别

山地乡村衰落现象的一部分是环境地质灾害的伴随产物，山地乡村由于地形原因分布广泛，其地质活动频繁导致地质灾害频发，尤以地震及其次生灾害所带来的破坏最为严重，地震及其次生灾害影响下山地乡村的衰落主要是在乡村外部力量主导下环境的不宜居，具有瞬时与缓慢兼具、大规模、连锁效应和长效影响等的特点，故课题组首先对地震及其次生灾害影响下的山地乡村衰落现象进行识别研究。调查山地乡村(尤其是龙门山断裂带地震及次生灾害频发区域的乡村)在地震及次生灾害影响下的衰落现象，归纳此类山地衰落乡村的表征，并划分山地衰落乡村类型，总结其特征及一般规律。

地震在发生过程中，受地震波的影响，地表变形和裂缝增多，降低了土石的力学强度，从而引起地下水位的上升和径流条件的改变，进一步创造了滑坡、泥石流的形成条件。故本课题组在对山地乡村衰落总体现象进行识别后，再从以上地质灾害的影响入手，深入探究山地乡村衰落的几大表征。

(1)人口迁移与结构变化。频繁的地质动荡一方面限制了山地乡村的经济发展，另一方面，地震的心理性次生灾害也加剧了山地乡村的衰落现象，因而乡村产业发展受阻、道路等基础设施破坏致使经济水平下降、地区人口在地灾发生后出现大幅下降，但课题组在受地震及次生灾害影响的乡村考察过程中发现，在灾后部分选址新建的乡村人气甚至不如旧址重建。故研究以人口为衰落现象的测度指标之一，分析地震及次生灾害前、中、后期的人口变化关系，进一步分析地震及次生灾害对山地乡村人口的影响权重。

(2)乡村产业与经济。西南山地因雨水充沛、森林繁茂，旅游业相对发达，加之其民俗特色产业的优势，第三产业对山地乡村尤为重要，而近年来不同等级的地震频发致使九寨沟、芦山等龙门山断裂带地震及次生灾害频发区的经济受损严重，安全隐患极大程度上限制了第三产业的发展，研究以产业经济为衰落现象的测度指标之一，分析地震及次生灾害发生前、中、后期龙门山断裂带地震及次生灾害频发区各乡村 GDP 等多个经济指数变化，进一步分析地震及次生灾害对山地乡村产业经济的影响权重。

(3)道路交通基础设施。地震会造成公路路基缺口、滑塌、沉陷，地震次生灾害则会造成山体发生裂缝和崩塌，山石滚落堵塞公路，山体滑坡遇到暴雨形成泥石流、堰塞湖等引发公路水毁，造成路基缺口、滑塌、沉陷、冲刷、淘空、冲毁等。道路交通在地质灾害发生之时作为生命通道、灾害发生后作为灾后重建恢复生产生活的基础设施，以及在乡村健康发展过程中的重要作用，在很大程度上决定了受灾害影响严重的山地乡村是否会直接走向衰落。道路选线应着重以地质因子进行考量，研究以道路交通为衰落现象的测度指标之一，力图从规避和降低地震及次生灾害影响的角度探究道路选线的最优路径。

2. 研究目标

本课题研究旨在为龙门山断裂带地震及次生灾害频发区山地乡村健康发展服务。在一定程度上对此类乡村衰落在乡村产业经济、人口、道路交通方面的现象和表征进行总结。同时结合城乡规划和环境地质知识，为该地区提供较好的规划应对措施，降低其带来的负面影响，为当前的乡村建设提出建设性的意见。

以地震及次生灾害为切入点，为继续研究环境地质灾害影响下的山地乡村衰落建立一定的基础。从城乡规划学和环境地质学的交叉研究出发，吸收国内外相关既有研究成果对乡村衰落的概念、现象、机制和应对等的探索，旨在分析地震及次生灾害与乡村衰落现象的直接联系，进一步将研究思路扩大到环境地质灾害对山地乡村衰落的影响，为进一步对规划应对等难点问题继续深入研究做准备。

认识城乡衰落现象广泛存在的自然规律，并尝试在科学的规划基础上进行干预的可能性。通过对本课题的研究和总结，为进一步深入探索城乡衰落问题做好前期的准备工作，以期下一步能够在一定程度上开展城乡衰落的多层次、多角度、多尺度研究，为城乡规划做出科学的决策。

3. 拟解决的关键问题

数据收集与整理：收集山地乡村建设的发展变化相关实验数据，从而构建地震及次生灾害与山地乡村建设的相关耦合标准化指标体系，通过指标体系客观解析和量化地震及次生灾害对山地乡村建设的影响程度和作用机制。

现象识别：运用多数据多技术手段集成归纳地震及次生灾害影响下的山地乡村衰落现象表征并探索其基本规律。选取乡村产业经济、道路交通、人口作为主要研究指标，建立地震及次生灾害影响下山地乡村衰落的特征指标量化评价模型，通过 SPSS 等分析软件对衰落现象规律进行总结。

规划应对：从城乡规划学科角度探索山地乡村衰落下的应对干预机制。课题组选取衰落特征中的道路交通作为规划应对干预的研究重点，结合多种分析方法建立运输适宜性评价体系，进而运用定量和定性结合的方法制定受地震及次生灾害影响最小的山地乡村交通网络。

9.3.3　拟采取的研究方案及可行性分析

1. 拟采取的研究方案

1) 研究方法

(1) 多种技术方法的综合运用。运用浏览器/服务器(browser/server，B/S)，服务器/客户机(server/client，C/S)混合架构组成地质环境数据管理系统，运用 Oracle、MapGIS IMS、Visual Studio 2008 等工具和 Web Service、XML 等技术，构建村镇环境地质管理系统后台子系统。利用高分辨率卫星或航拍图像和 LiDAR 数据，便于快速和初步地评估危害。通过数据与空间分析结合法，基于高分辨率遥感数据提取不同时段的乡建区范围，将大数据支持下体现乡村发展状况的各类数据在 GIS 中进行空间化分析，得出山地乡村衰落的基本资料。基于此，使用层次分析法(analytic hierarchy process，AHP)、灰色关联分析(grey relation analysis，GRA)和德尔菲法对模型适宜性进行评估。运用多种分析法收集并计算因素适宜性值，得出最优路径。

(2) 定性分析与定量研判相结合，对构建的评价体系和模型中的因子选择进行完善。传统的地质生态学研究多采取定性的方法，进行地质生态相关规律的研究总结缺乏定量研究。本课题在定性分析山地乡村发展及影响的基础之上，充分考虑经验数据的获取难度，补充定量分析。基于此，本课题计划收集人口迁移与结构特征、产业经济运行状况、道路交通等重大基础设施建设状况等反映乡村发展状况的数据，从而建立一套更为综合全面的指标体系，用以识别地震及次生灾害对乡村的影响。

(3) 文献综述、案例筛选分析与专家研讨、问卷访谈相结合，获取研究所需的基础资料。研读乡村衰落、收缩城市、乡村建设发展、环境地质灾害等国内外最新的研究动态和既有成果；结合专家访谈和研讨会的形式，吸纳相关权威专家的意见进行修正。访谈中将重点围绕其对乡村衰落问题的看法、在规划编制中对乡村发展的预测和定位等关键议题。同时，课题组将通过网络、微信和实地发放调查问卷，以此判定各方对山地乡村衰落受地震及次生灾害影响的问题认知、看法、态度以及对未来规划应对干预的差异性。

2) 技术路线

技术路线如图 9.3 所示。

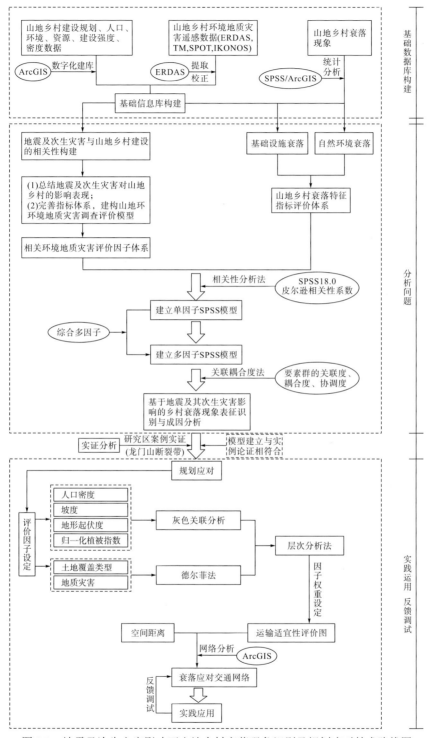

图 9.3　地震及次生灾害影响下山地乡村衰落现象识别及规划应对技术路线图

2. 可行性分析

1) 研究思路明确

本课题的研究思路建立在团队前期开展的环境地质灾害及乡村衰落相关研究及理论基础之上，并结合相对应的实践项目进行初步研究，同时将前沿的环境地质学研究、城乡衰落研究与城乡规划学科作为交叉学科共同研究。课题的总体研究思路和目标明确，研究结果具有前瞻性。

2) 研究基础良好

近年来，城乡衰落现象逐渐引起学术界重视，更是成为城乡规划学科相关领域研究的重要课题之一。此外，中外不同领域的学者从不同角度对其进行的研究在理论和技术实践上为课题奠定了一定基础。课题组依托"5·12"汶川地震重灾区——江油市灾后重建城乡总体规划与30多个乡镇受灾评估，平武县、小金县受灾城乡评估与城乡总体规划，以及"4·20"雅安地震震中——芦山县4个镇的村镇总体规划与控制性详细规划(在之前灾后重建规划基础上的修编规划)等大量的实践项目为课题提供了实验基础。

3) 团队前期准备充分

课题负责人曾卫教授有着多年在国外从事规划研究工作的经验，在地质生态领域与国外多所高校在相关研究领域有着良好的合作交流，并举行过多次国际交流会议。此外，曾卫教授团队还直接参与"5·12"汶川地震、"4·20"雅安地震次生灾害防治工作，深入灾区中心，实地勘测，为灾区地质灾害排查、救灾应急场地选择、生命通道抢修等工作提供专业指导。

9.3.4　研究特色与创新之处

(1) 从环境地质新视角看待山地乡村衰落现象。促进环境地质和城乡规划领域的交叉和创新发展。项目从现代视野、新视角看待乡村衰落，随着工业化和城市化的加速，以及农村劳动力的大量迁徙流动，乡村衰落成为一个不可忽视的现象。而国内的相关研究大都是从建筑美学、社会文化或者人文地理视角来研究城市的衰落，极少从地震及次生灾害视角来探讨乡村衰落现象，故研究选取地震及次生灾害角度研究山地乡村衰落问题，探讨造成山地乡村衰落的诱因及对山地乡村衰落的影响，建立环境地质灾害影响下的山地乡村衰落现象形成原因、表现和影响的指标体系，通过细化的评价指标系统更加直观、科学地反映现象的一般规律、变化特征和影响，为构建和谐山地人居环境提供一定的借鉴。

(2) 以地震及其次生灾害为切入点，对乡村衰落现象表征进行识别并提出规划应对。项目聚焦乡村衰落现象的研究范围，从环境地质灾害角度出发，选取对山地乡村影响最为严重的典型地质灾害——地震及其次生灾害为研究背景，探究山地乡村衰落的表征。此外，针对衰落现象最为典型表征——道路交通，建立一个在地质环境稳定时期保证乡村积极健康发展的稳定交通网络、地灾发生时期不受或受灾害破坏极小的生命及应急物资运输通道以及灾害发生后期快速恢复衰落乡村建设的交通选线评价体系，从规划视角在道路网络体系建立方面为受地震及其次生灾害影响的衰落山地乡村提出应对指导。

结　　语

写一本与地质科学相关的书还有点与生俱来的感觉。回想童年时代曾看过一部电影《年青的一代》，讲述了一位青年地质工作者身患顽疾仍坚持工作，奔赴祖国最需要地方的故事，深深被影片中地质队员崇高的思想境界和健康挺拔的身体吸引；我有一位二姨大学毕业后一直在铁路工程队工作，在极其复杂的地质地理环境下，为成昆铁路的修建，翻山越岭，风餐露宿；让我对地质最感兴趣的是一位早年毕业于长春地质学院(今吉林大学)的姨爹，是一名参加过全国第一届运动会的吉林省自行车运动员。这些少年的记忆曾希望自己像地质队员那样去找到金属矿和发现大庆油田。

我是 2006 年从加拿大回重庆大学执教，除了讲授城市规划与设计专业课外，还承担了专业外语的教学，为了在课堂上给学生们传播更多国外先进的科学知识和专业英语阅读，我查阅了大量国外比较前沿的专业学术论文，从自己的研究兴趣出发，将学术研究与学术专业英语结合起来。经过阅读和研究发现：西方的地质生态研究最早可以追溯到 20 世纪 20～30 年代；紧接 60～80 年代地质生态研究在研究方法上实现了定性化到定量化转型；90 年代国外的地质生态研究进入了崭新的发展阶段；直到 21 世纪初城市地质学的概念被提出，地质生态研究才开始系统性地涉及城市规划与城市建设。我曾设想到如果将地质生态学与城市科学相结合，以及地质科学、生态科学和城市地质学等结合来研究和解决城市问题，学科之间融合就可以形成一门新的"城市地质生态"交叉学科。

古人曰：十年磨一剑！2020 年我完成了《山地森林城市》，从 2010 年上海世博会提交重庆展馆主题"山地森林城市·重庆"到 2020 年整书出版，用了近十年时间。这本《城市地质生态学》从 2011 年我在香港参加住房和城乡建设部和中国城市住宅研究中心联合举办的"中国城市住宅研讨会"上宣读了第一篇地质生态与城市相关联的会议学术论文：《基于地质生态理论的山地城镇规划方法研究》；2014 年第一次在期刊上(《西部人居环境学刊》)发表了第一篇地质生态与城市相关联的学术论文《地质生态学与山地城乡规划的研究思考》；2020 年终于得到国际学术界认可，在中国科学院 SCI 一区 *Sustainable Cities and Society* 发表论文 "Coupling coordination evaluation and sustainable development pattern of geo-ecological environment and urbanization in Chongqing municipality, China"，并获当年 ESI 高被引用；到 2022 年底该书稿手稿全部完成，前后发表近数十篇地质生态与城市相关联会议和期刊学术论文，正好也经历了十余年的时间。从 2009 级到 2019 级大概有十年的研究生直接或间接参加了《城市地质生态学》理论和实践的研究工作，我们分别选取了重庆市开州、合川、江津和四川江油、汉源、芦山等地展开调查研究，期间也得到国家自然科学基金课题"地质生态变化下山地城镇新技术与新方法研究"资金的支持，以及调查研究现场各地政府部门横向课题资金的支持。

近年来我们研究团队相续完成的"城市地质生态"研究成果也为当下"国土空间规划"起到了很好的理论支撑，尤其是"资源环境承载力评价"。"资源环境承载力评价"指的是对自然资源禀赋和生态环境基底的综合评价，也指在一定国土空间内自然资源、环境容量和生态服务功能对人类活动的综合支撑水平。评价体系研判区域内土地资源、水资源、矿产资源、能源、旅游资源、水环境、大气环境等资源环境要素，对区域经济社会发展的最大人口规模、经济规模和建设规模的支撑能力，人类活动的承载能力，以及经济、社会活动提供的生态系统服务能力。这些也正是《城市地质生态学》涉及和研究的主要内容。

在《山地森林城市》一书被科学出版社出版后，紧接着安排《城市地质生态学》的出版工作，前后有几位研究生分别承担了该书稿的整理和编校等工作。《城市地质生态学》计划在 2021 年出版，但受到新冠疫情影响，直到今年（2023 年）才完成全部稿件审查和编排工作。在此，要感谢科学出版社的厚爱！科学出版社在各个环节中表现出宽广科学视野，严谨工作态度，无私奉献精神！感谢科学出版社对本书的好评："城市地质生态学是一门交叉与融合性很强的学科，书中对相关的基础理论和交叉学科进行了介绍，从城市地质生态学的理论(相关学科、理论框架、组成要素、测试技术)，城市地质生态环境变化下城市的空间结构、城市的衰落等结合来研究和解决城市问题。该书内容丰富、结构完整，是一部交叉又综合性很强且值得一读的好书。"

同出版的《山地森林城市》一书中，我感激抗战期间就读"合川国立二中"的母亲对我的养育之恩；并遵从抗战期间从北师大弃笔从戎入黄埔军校留校后任教官的外公对后代要求走学术或技术之道路；以及毕业于上海交通大学的幺爷爷教我做学问一定要认真多去查阅英文大词典；还有毕业于浙江大学的姑爷爷要我平时多做知识积累，并教我将收集的材料装订成册以方便日后查阅，还将自己多年研究并出版的《唐宋说辞》和《古代诗歌》赠与我学习，要求我去做一个学者，而且一定要有专著。

就在这本《城市地质生态学》完稿前，我 95 岁的老父亲在 2022 年底疫情中不幸去世，这让我一直处在悲痛之中不能自拔。父亲终生在商务印书馆和新华书店工作，作为一辈子与书打交道和卖书的人生前一直关心我的新书出版，多次教育我"出书就要出好书！"，并曾在我面前自豪地说："我们'商务印书馆'从来不会出不健康的书，我们也只卖自己出版的书！"。在世时，他还很关切过问，《山地森林城市》那本书卖得如何？

这本书谨献给我敬爱的父亲，以表达我对父亲的怀念。

2023 年 05 月 01 日·重庆

感谢工作室全体学生对我回国执教十多年及该项学术研究的贡献：

(1)牛丽娟、黄侨、陈雪梅、陈肖月、王华、杨春、李震、周玉婷、高雅洁、陈丹。

(2)童果、马肖、高小钦、吴越、李芬、王梦倩、金昕、谢雨丝、王琳琳、陈明春；冯德懿、朱雯雯、付豫蜀、安纳、黄敏慧、袁玲慧、马芊、封建、郑传桥、高心怡、张艺可、赵樱洁、卢秋润、胡晓、王茂吉、夏菲阳、杨雪梅、葛毅晖、王福海。

(3)许华华；尤娟娟、杨青、许可、陈东亮；江征、梁容、张伟；龚道香、郭可为、曾一龙；王旭、李宏东、郑其聪、刘江乔、袁芬、尹艺霖、张锐敏、孙港、卓星宇、卜呈祥；唐上捷、何远艳、王倩、于家玮、邓婷婷、皮雪平、谭连杰、李林蔚、杨圆、易成龙、吴娇娇、吴燕燕、王雪妮、JOHN KOCH-SCHULTE、ACON HERNANDEZ ELAINE MARIA、ELITA FRANCISCA MEDINA UTEBEKOVA、HAMMAD SEBA。